普通高等教育"十三五"电子信息类规划教材

ARM 嵌入式系统教程：基于 Cortex-M4 内核和 TM4C1294 控制器

尤　鋆　编著

U0316749

机 械 工 业 出 版 社

本书从微处理器系统的基本组成和工作原理开始介绍，便于初学者了解最基本的嵌入式系统的工作原理。本书以 TI 公司的 Cortex-M4 处理器 TM4C1294NCPDT 为核心（该芯片是 TI 公司目前的主力 ARM 芯片），详细介绍了该芯片的组成部件及结构特点，重点介绍了外设接口、常用通信接口及模拟接口，每部分都有相应的例程供读者理解。所有例程均在 TI 公司的 CCS 开发环境中进行了实际运行测试，并且详细介绍了 CCS 的使用方法及开发步骤，对于读者学习使用 TI 公司的其他嵌入式产品也有很大的帮助。

　　本书深入浅出，既适合作为广大本科学生学习嵌入式系统或微机接口等课程的教学用书，也可作为大学生电工电子竞赛的辅助参考资料。同时，也可作为嵌入式系统开发人员的参考书。

图书在版编目（CIP）数据

　　ARM 嵌入式系统教程：基于 Cortex-M4 内核和 TM4C1294 控制器/尤鋆编著. —北京：机械工业出版社，2016. 10

　　普通高等教育"十三五"电子信息类规划教材

　　ISBN 978-7-111-54983-3

　　Ⅰ. ①A… Ⅱ. ①尤… Ⅲ. ①微处理器-系统设计-高等学校-教材 Ⅳ. ①TP332

　　中国版本图书馆 CIP 数据核字（2016）第 235825 号

机械工业出版社（北京市百万庄大街 22 号　邮政编码 100037）

策划编辑：吉　玲　责任编辑：吉　玲　叶蕾薇　王　康

责任校对：张　征　封面设计：张　静

责任印制：常天培

北京中兴印刷有限公司印刷

2017 年 1 月第 1 版第 1 次印刷

184mm×260mm · 17 印张 · 412 千字

标准书号：ISBN 978-7-111-54983-3

定价：38.00 元

前　　言

随着"互联网＋"时代的到来，互联网及传统行业对信息通信的要求必将越来越高，对于传统产业的升级换代也将起到巨大的促进作用。技术变革对于微处理器的科研应用及教学提出了新的要求，在东南大学电气学院领导和相关任课教师的鼓励以及 TI 公司的支持下，作者编著了本书，并作为微机原理与接口课程的教学用书。

本书以嵌入式系统开发和应用实践为基础，首先介绍了微机系统的基本工作原理，对于计算机和存储器、外部设备输入/输出接口等做了基本的介绍，便于初学者了解最基本的计算机系统工作原理。随后重点介绍了 TI 公司的 Tiva 系列 ARM 芯片，使读者基本了解 Tiva 系列芯片的结构和特点，对 ARM 的 Cortex-M4 处理器内核也有基本介绍。在此基础上，以 TI 公司最新的 ARM 芯片 TM4C1294NCPDT 为例，详细介绍了芯片所有的外设和通信接口，并介绍了模数转换接口。对于以太网部分，由于内容繁杂，本书未做介绍。USB 和 CAN 总线部分，出于同样的原因，本书仅做粗略介绍。相关内容，作者计划在后续实践教学用书中，结合嵌入式操作系统做较为详细的介绍，以方便需要深入学习和掌握的读者参考。

本书例程都已在 TI 公司的 CCS 开发环境中进行了实际运行测试，并详细介绍了每个开发步骤，对 TivaWare 函数库的应用也做了深入分析，使读者能够轻松快速地掌握 TI 公司 ARM 芯片的开发过程。

本书在读者掌握基本数制、码制规则以及逻辑运算、基本电子电路的基础上，对读者理解微处理器工作原理，以及 ARM 的实际应用有很好的帮助，有利于读者掌握 CCS 的开发环境，并且对 TI 公司的 DSP、单片机开发也有一定的参考价值。本书不仅适用于广大学生作为微机原理和嵌入式系统课程的教学参考书，同时也适用于从事嵌入式系统开发的工程技术人员用于深入了解 TI 公司 ARM 的使用开发。

本书由尤鋆编著，肖华锋老师对第 7 章的 I^2C 及 CAN 部分做了大量工作，时斌副教授对本书的内容提出了许多参考意见。学生蔡林君绘制了本书的部分插图，学生沈昊骢、翟浩、郁浩、闻俊、程都、高艳、温馨、李蕴力等参与了本书部分文字录入工作，在此一并表示感谢。

特别感谢 TI 公司在本书编写过程中提供的相关技术资料，在 TI 公司的支持下，本书获得了教育部"2015 年产学合作专业综合改革项目和国家大学生创新创业训练计划联合基金项目"的支持。本书在编写及后续实验平台开发过程中，还得到了 TI 公司黄争、崔萌、王沁等同志的大力支持，在此深表谢意。

本书在编写过程中，得到了东南大学电工电子实验中心主任、教学名师胡仁杰教授的大力帮助，在此致以最衷心的感谢。留学生 Haroon Ahmed 也参与了本书的部分校稿工作，在此一并表示感谢。同时，本书的出版还得到了东南大学"2015 年度校级教学改革研究与实践项目"的支持，在此表示感谢。

东南大学计算机科学与工程学院的任国林老师，在南京火炉一样的盛夏中，放弃了难得的休假，夜以继日、披星戴月地审阅本书，付出全身心的热情和精力，提出了非常中肯的建议和意见，在此深表敬意并送上最衷心的感谢。感谢本书的吉玲编辑，对本书的出版付出了很多努力。

由于作者能力和学识有限，不妥之处在所难免，还有许多地方需要学习、提高和补充，恳请各位读者多加批评指正。

编著者

目　　录

第1章　计算机系统基本工作原理

1.1　计算机的历史与分类

1.1.1　计算机的发展历程

在电子计算机问世之前，人们为了完成计算工作，发明了各式各样的机械设备，通过齿轮、杠杆和滑轮等部件所组成的系统来实现加、减、乘、除等运算。随后出现的加法器、打孔卡和分析机等都可视为现代计算机的雏形。它们具有一定的辅助计算能力，但是没有现代计算机必需的存储功能。第二次世界大战期间，美国为弹道计算所发明了电子数值积分计算机（Electronic Numerical Integrator and Calculator，ENIAC）标志着现代计算机的诞生。

1. 第一代电子计算机（1946~1957 年）

1946 年 2 月 14 日在美国宾夕法尼亚大学诞生了世界上第一台电子计算机，占地 150 平方米，由 18800 只电子管组成，重达 30 吨，是为美国陆军军械部阿伯丁弹道研究实验室研制的 ENIAC。它从此开启了一项高速发展的学科，并从根本上改变了人类几乎所有的工作乃至生活方式。

ENIAC 的功率有 140kW，每秒可进行 5000 次加法运算，使用水银延迟线存储器，虽然以现在标准看其功耗太大、速度太慢，但已经比它之前最快的运算器要快 100~1000 倍。

2. 第二代电子计算机（1957~1964 年）

第二代电子计算机采用 AT&T 贝尔实验室（Bell Laboratories）发明的晶体管技术制造，这一技术标志着第二代电子计算机的诞生。晶体管相比电子管其功耗大为降低、尺寸大为减小、重量大为减轻，因此发热大为减少，而寿命大为增长，同时可靠性也增强很多。1958年，美国国际商用机器（IBM）公司生产了世界上第一台全晶体管计算机，运算速度提高到每秒几十万次，采用磁芯存储器。

随后的发展中，印制电路板、随机存储器以及 Fortran 程序设计语言等革新使得电子计算机的应用环境越来越完善。

3. 第三代电子计算机（1964~1977 年）

以德州仪器（Texas Instruments）和仙童半导体（Fairchild Semiconductor）公司发明的集成电路技术为代表，采用中小规模集成电路技术制造的电子计算机为第三代电子计算机。

在此期间，集成电路存储器取代了磁芯存储器，高速缓存、虚拟存储器、并行和流水线技术以及操作系统的出现，都将电子计算机的性能发挥得越来越充分。

4. 第四代电子计算机（1977 年至今）

利用大规模集成电路（LSI）和超大规模集成电路（VLSI）技术设计制造的电子计算机称为第四代电子计算机。英特尔（Intel）公司在一个硅片上实现了一个完整的处理器，开启了微处理器的时代。从此，微处理器技术开始了飞速发展，其性能迅速超过了上一代的大中型计算机，且不断发展直至今日，并由此引出了著名的摩尔定律：价格不变时，集成电路上可容纳的晶体管数目，约每 18 个月便会增加一倍，性能也将提升一倍，即价格不变时，微处理器性能约每 18 个月增加一倍。这种信息技术发展进步的速度，是人类历史上任何一种进步都不可比拟的。

第四代电子计算机发展初期的微处理器代表有英特尔（Intel）公司的 8086/8088、齐格洛（Zilog）公司的 Z80 以及摩托罗拉（Motorola）公司的 M6800 等。在此基础上开始出现了个人计算机，最早的代表者即为苹果（Apple）公司的 Apple II 和 IBM 公司的 PC。

1.1.2　计算机的分类

计算机按应用目的、性能和技术等标准可大致分为以下几类。

1. 个人计算机（Personal Computer）

个人计算机的称呼来源于 IBM 推出的第一台桌上型计算机 PC。它可独立完成计算、编辑、辅助设计和娱乐等功能，可分为台式计算机、笔记本式计算机和工作站等，可用于个人、教育、商业、办公及一般工程应用。

2. 嵌入式计算机（Embeded Computer）

嵌入式计算机是针对某个特定应用的专用计算机，可用于商业、网络、通信、音频、视频、工控、安保、家电和交通等领域，用户可能从外形上无法判断产品内部包含的计算机系统。

与常规 PC 不同，嵌入式计算机的系统外围芯片一般与 CPU 整合在一起，多采用定制的实时操作系统，而应用程序软件"嵌入"到系统硬件平台中。

3. 服务器（Server）

作为可被大量用户访问的高性能计算机，服务器具有高速运算能力、强大的数据库功能以及长时间的稳定运行能力，可用于办公自动化（Office Automation，OA）、企业资源计划（Enterprise Resource Planning，ERP）、邮件、音频、视频、网络和工业等，通过网络终端为不同的用户提供服务。

4. 超级计算机（Super Computer）

超级计算机是当前计算机中性能最强、体积和存储容量最大、价格最高的计算机，具有极强的运算和处理数据能力，一般用于军事、物理、空间探索、天气及地震预报、石油勘探等代表国家最高科技水平和综合实力的领域。

超级计算机耗资巨大，运行成本也十分高昂。全球最新的超级计算机主要在美国、中国、日本、德国、法国和意大利等国家，我国的"天河"系列超级计算机现为世界上最快的超级计算机之一。

1.2　计算机系统

计算机系统的基本组成结构如图 1-1 所示，是以计算机为核心，以外部设备、系统软件和应用软件为配合构建的系统。

外部设备按照应用可分为输入设备和输出设备，常见的有鼠标、键盘、扫描仪等输入设备，以及显示器、打印机等输出设备。系统软件主要指操作系统、数据库和程序编译及汇编

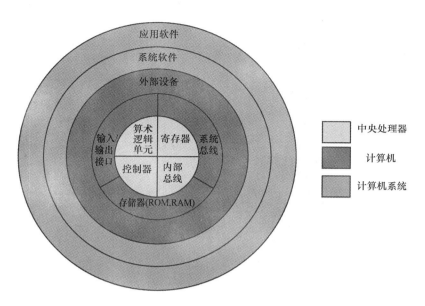

图 1-1　计算机系统的基本组成结构

软件等。应用软件是为某个具体应用所开发的软件，如各种办公软件、财务软件和辅助设计软件等。

1.2.1　计算机基本组成部件

计算机由基本独立的几个部分组成，包括：中央处理器、存储器、系统总线、输入/输出接口。

中央处理器（Central Processing Unit，CPU）是计算机的运算和控制核心，其基本结构如图 1-2 所示，主要包括算术逻辑单元（Arithmetic and Logic Unit，ALU）和控制器（Control Unit，CU）两大部件，还包括各种寄存器和实现各部件之间联络的内部数据、地址及控制总线。算术逻辑单元实现算术和逻辑运算操作。控制器由指令寄存器、指令译码器、时序和控制逻辑电路及中断控制电路组成，通过产生时序和控制信号并读取外部设备传送给 CPU 的状态信号，实现计算机内所有设备的协调运行。

存储器是计算机中的记忆设备，保存的是程序和数据。计算机运行所需要的所有信息，如程序指令、输入信息、中间运算判断数据和最终输出结果都必须保存在存储器内。存储器根据控制器给出的地址信号和相应的读写控制信号工作，读写相应的数据信息，支持 CPU 的正常工作。

系统总线实现了计算机中 CPU 和各部件之间的信息传送。其中，数据总线是双向传送数据信息，其位数或称为宽度，一般和 CPU 的位数相对应，是计算机的一个主要性能指标。数据总线上传送的除了数据之外，也可能是指令代码、器件状态或控制信号。地址总线负责从 CPU 单向传送地址信息，其位数决定了 CPU 可直接寻址的存储器范围。控制总线上传输的控制信号是 CPU 与存储器或输入/输出设备之间的控制信号，包括中断、读/写控制、复位、地址选择、数据选择和时钟等信号。

输入/输出接口连接外部设备和计算机，通过接口电路完成信息的输入/输出。

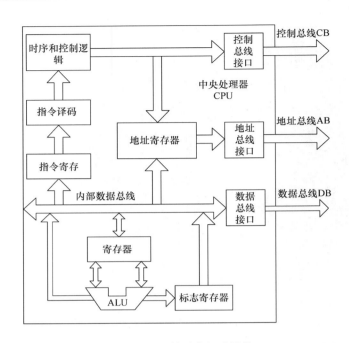

图 1-2　CPU 的基本组成结构

1.2.2　计算机常用体系结构

以图灵机理论为基础的冯·诺依曼（Von Neumann）体系结构，也称为普林斯顿（Princeton）结构，以二进制作为计算机的数制基础，将程序存储器和数据存储器合并在一起，进行"程序存储、程序控制"操作。冯·诺依曼结构是目前主要采用的计算机体系结构，图 1-2 所示 CPU 采用的就是该结构。

在冯·诺依曼结构中，数据和程序指令共享同一总线。指令寄存器（Instruction Register，IR）中保存当前正在执行的指令，通过指令译码器产生时序控制信号；程序计数器（Program Counter，PC）指向下一条将要被读取和已满的指令所在的存储器地址，根据指令执行情况，设置相应的更新值。

为了采用流水线技术以提高 CPU 的性能，现代计算机中常采用哈佛结构，程序存储器和数据存储器分别独立，CPU 从程序存储器中读取程序指令后，译码得到数据地址，再从对应的数据存储器中读取数据，随后完成指令操作。程序存储器和数据存储器的独立，使得指令和数据总线可以有不同的宽度，程序执行时也可以预先读取下一条指令，从而具有较高的执行效率和设计灵活性。数字信号处理器（Digital Signal Processor，DSP）一般采用哈佛结构，可以很好地解决卷积等操作对高速数据存取的要求。

冯·诺依曼结构简单，实现成本低；哈佛结构复杂，对外部设备连接和处理能力要求较高。两者各有优缺点，在实际应用中，有些体系结构设计采取了两者的优点融合交错。

1.2.3　计算机基本工作结构

计算机的各个基本组成部件依靠总线连接在一起，每个基本部件都必须满足总线的规范标准要求，在图 1-1 所示计算机系统结构中，每个层次都有各自的总线，分别为片内总线、片上总线和片外总线。

以常用的冯·诺依曼型结构为例，计算机工作利用片上总线如图 1-3 所示。CPU 利用控制总线对存储器和输入/输出接口发送控制信号并接收状态信号，利用地址总线选择需要处理的存储器或输入/输出接口，利用数据总线对存储器及输入/输出接口收发数据。

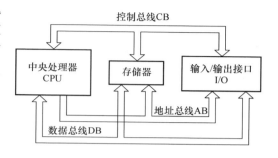

图 1-3　计算机的基本工作结构

1.2.4　常用微处理器类型

按性能、体积及价格等条件，计算机又可分为巨型机、大型机、中型机、小型机和微型机等类型，从结构和原理上来看，微型机和其他几类计算机没有本质区别。由于体积小、重量轻、可靠性高、操作方便、应用灵活及价格低等优点，微型机占据了目前计算机市场的绝大部分份额。

微型机的核心中央处理器即微处理器，按其字长可分为 4 位、8 位、16 位、32 位和 64 位等，而按其设计及主要用途又可分以下几类。

1. 通用 CPU

以 Intel 的 80X86 系列为代表的微处理器，以此为核心处理器设计的 IBM PC 是当时计算机领域的代表，其主要技术一直被保留，后来设计的微型计算机也一直向上兼容。

微型计算机可用于科学计算、文字处理、音频和视频编辑、数据库管理、生产过程、仪表控制、医疗仪器等领域。

2. 单片机

从通用 CPU 发展而来的微型控制器（Microcontroller Unit，MCU），将 CPU、存储器和 I/O 接口等组成的微型机最小系统集成在一个大规模集成电路芯片上，具有计算机的基本功能，更容易集成到对体积要求严格的家用电器、通信、工业控制、医疗仪器等设备中。

单片机是目前世界上应用数量最多的处理器，最著名的单片机是 Intel 公司的 MCS51 系列，爱特梅尔（Atmel）公司生产其兼容产品，其他主要的单片机还有 Microchip 公司的 PIC 系列、德州仪器（Texas Instruments，TI）公司的 MSP430 系列、飞思卡尔（Freescale）公司（原摩托罗拉半导体部）的 ColdFire 等系列、恩智浦半导体（NXP Semiconductors，原飞利浦半导体部）公司的 LPC 系列、意法半导体（STMicroelectronics）公司的 STM8 系列、Atmel 公司的 AVR 系列、英飞凌（Infineon）公司的 XC 系列等、瑞萨电子（Renesas）公司的 RL78 系列以及亚德诺半导体（Analog Device，ADI）公司的 Blackfin 系列产品。

3. DSP

傅里叶变换（Fourier Transform）被提出后，由于牵涉大量的计算，并没有被充分利用，直到快速傅里叶变换算法的发现，才加速了数字信号处理（Digital Signal Processing）的发展，随后产生了数字信号处理器。DSP 采用哈佛结构和有效的硬件乘法累加器，可以快速完成数字信号处理算法，适用于通用数字信号处理、图像处理、语音处理、测量信号处理、通信和工业控制等。

1982 年，Texas Instruments 公司推出了世界上首枚 DSP，其 TMS320 系列产品占据了 DSP 市场的大半江山。另外，亚德诺半导体公司也有 ADSP 系列产品。

4. ARM

传统的微处理器采用复杂指令集（Complex Instruction Set Computer，CISC）架构，为了配合日益发展的硬件集成电路技术，指令系统不断增加更多的由硬件执行的复杂指令，同时为了向上兼容，导致旧指令不能被删除，指令系统越来越复杂。但是，这么多的指令中，只有很少一部分是经常使用的指令，而大部分指令并不常用，复杂的指令系统增加了计算机系统研制的复杂性，并增加了维护的难度。

为了简化计算机指令系统，只保留一些简单的功能，把复杂的功能用子程序来实现。基于此思想，美国加州大学伯克利分校提出了精简指令集（Reduced Instruction Set Computer，RISC）的概念。通过选取使用频率最高的指令、取消复杂的指令、减少寻址方式、将指令长度固定等措施，RISC 架构使用简单、功耗低、设计周期短。

由于 RISC 和 CISC 具有各自的优点，在很长一段时间内，它们并不会互相代替，而是会发挥各自的优点，互相融合发展。

1985 年，Acorn Computer Group 开发出了全球第一款商业 RISC 处理器，集成了 25000 个晶体管。1987 年，Acorn 的 ARM 处理器作为第一款 RISC 处理器被用于低价 PC。1990 年，Advanced RISC Machines（ARM）由 Acorn 和苹果公司联合成立，提出了一项新的微处理器标准，VLSI Technology 第一个投资并被授权。至此，ARM 既是一种处理器架构又可视为一个公司诞生了。1991 年，ARM 推出了第一款嵌入式 RISC 内核，即 ARM6 解决方案。从 1992 年开始，越来越多的国际性半导体公司不断获得 ARM 许可授权。1993 年，ARM 推出了 ARM7 内核。1995 年，ARM 发布了 Thumb 架构扩展，以 16 位的系统开销提供了 32 位 RISC 性能，并提供业界领先的代码密度，开发了软件工具包，Digital Semiconductor 推出了第一个 StrongARM 内核。1996 年，ARM 和 VLSI Technology 推出了 ARM810 微处理器；ARM 还和 Microsoft 一起将 Windows CE 扩展到 ARM 架构上。1997 年，ARM 和 Sun 宣布为 ARM RISC 架构提供直接的 JavaOS 支持，发布了 ARM9TDMI 系列，同时开始了兼并、收购以及上市之路。1998 年，ARM 开发了 ARM7TDMI 核的综合版本，ARM 的合作伙伴销售了超过 5000 万个 ARM 支持的产品。1999 年，ARM 推出了 PrimeCell 外设；发布可合成的提高了信号处理能力的 ARM9E 处理器。2000 年，ARM 为智能卡发布了 SecurCore 系列。2001 年，ARM 在 32 位嵌入式 RISC 微处理器市场的份额已增至 76.8%，发布新的 ARMv6 架构，成立了 ARM Connected Community。2002 年，ARM 宣布到目前为止已出货超过 10 亿个微处理器核，发布了 ARM11 微架构和 RealView 系列开发工具。2003 年，ARM 发布 TrustZone 技术，为 ARM 内核的核心提供一个安全平台，还发布了 AMBA 3.0（AXI）方法，以及针对多核系统的 CoreSight 实时调试和跟踪解决方案。2004 年，ARM 发布了基于 ARMv7 架构的 ARM Cortex 系列处理器，同时还发布了新型 Cortex 处理器内核系列中首款产品 ARM Cortex-M3、NEON 媒体加速技术、第一个集成多处理器即 MPCore 多处理器，以及具有开创性的嵌入式信号处理内核 OptimoDE 技术。2005 年，ARM 被"电子商务"列为过去 30 年中电子行业最有影响力的 10 家公司之一，此后获得了一系列的最佳雇主和最佳创新等奖项，还发布了 Cortex-A8 处理器，并提出 DesignStart 计划。2006 年，IEEE 为 ARM 颁发 2006 年度企业创新成就奖，ARM Cortex-A8 处理器被 4 家电子行业领导出版社评选为"2005 年最佳处理器"。

2007 年，ARM 向移动设备市场出货 50 亿个它支持的处理器，发布了 ARM Cortex-M1 处理器，即第一个专门设计为在 FPGA 中实现的 ARM 处理器；发布了 AMBA 自适应验证 IP；针对嵌入式软件分析推出了 RealView Profiler；推出 Cortex-A9 处理器以实现可扩展性能和低功耗设计；推出针对智能卡应用的 SecurCore SC300 处理器。2008 年，ARM 宣布出货 100 亿个处理器；宣布为 IBM 45nm SOI 代工厂推出业界第一款绝缘硅物理 IP；ARM Mali-200 GPU 成为全球第一个在 1080p HDTV 分辨率下达到 Khronos Open GL ES 2.0 标准的产品。2009 年，ARM 宣布实现具有 2GHz 频率的 Cortex-A9 双核处理器；推出体积最小、功耗最低和最高能效的处理器 Cortex-M0。2010 年，ARM 为实现高性能的数字信号控制推出了 Cortex-M4 处理器；与关键合作伙伴一起构建了 Linaro 来加速推出基于 Linux 的设备；通过 Cortex-A15 MPCore 处理器拓展了处理器系列的性能范围；ARM Mali 成为被最广泛许可授权的嵌入式 GPU 架构；ARM Mali-T604 图形处理单元通过高能效的属性提供行业领先的图形性能；宣布推出了符合 AMBA 4 协议的系统 IP，即 Corelink 400 系列。2011 年，Microsoft 在 CES 2011 上推出了基于 ARM 的 Windows；ARM 发布 Cortex-A7 处理器，发布了 Big.LITTLE 处理技术，将 Cortex-A15 和 Cortex-A7 处理器连接在一起，在 TechCon 上推出 ARMv8 架构；ARM 和 Avnet 发布嵌入式软件库 Embedded Software Store（ESS）；ARM、Cadence 和 TSMC 一起推出第一款 20nm Cortex-A15 多核处理器。2012 年，第一代 Windows RT（基于 ARM 的 Windows）设备问世；ARM 与 TSMC 共同研发适用于下一代 64 位 ARM 处理器的 FinFET 处理技术。2013 年，ARM 收到第一个 ARMv8-A 架构的授权产品，发布了 Mali-T760 和 Mali-T720 GPU，基于 ARM 的芯片累计出货超过 500 亿个。

ARM 本身不生产具体的 ARM 芯片，而靠许可证授权各大半导体公司生产其设计，作为知识产权（Intellectual Property，IP）提供商获得了巨大的成功，带来了嵌入式系统领域的一场革命。ARM 芯片在低功耗嵌入式应用、移动通信领域、图形图像处理行业、网络系统、存储以及消费类电子产品等占据领先地位，已经渗入到我们生活的方方面面。

目前，ARM 的主要授权生产商有德州仪器、恩智浦半导体、意法半导体、Atmel、英飞凌、瑞萨电子以及亚德诺半导体等。

5. 其他

除了上述四种典型微处理器外，也有一些半导体公司将单片机、ARM 或 DSP 相混合；或再配合高性能模拟电路后推出一些高性能嵌入式微处理器，其使用比一般的单核系统复杂；或可在一块电路板上使用多种类型的处理器，以实现一些复杂应用。

1.3 存储器

存储器是计算机系统的主要组成部分之一，用于保存程序指令和程序指令运行所涉及的数据。计算机系统的存储器主要由主存、辅存和缓存组成。

1. 主存储器

主存储器（Main Memory）或称为主存（Primary Memory），用来容纳当前被执行的程序指令和用到的数据，一般由半导体存储器组成。

2. 辅助存储器

永久性辅助存储器（Secondary Storage）用于长期保存程序和数据，计算机不频繁访问的信息也保存在辅助存储器，它的访问时间比主存储器长。通常有硬盘、光盘（Optical Disk，DVD 或 CD）或闪存 Flash 等。

3. 高速缓存

高速缓存（Cache）是主存储器与 CPU 之间的缓冲器，速度比主存更快，利用程序访问局部性来提高访问效率。

1.3.1 存储器类型

存储器的种类繁多，根据其工作原理和应用类型，主要可按以下几类指标进行分类。

1. 存储器位置

根据存储器在计算机内与 CPU 的位置，存储器可分为以下两类。

（1）内存 在计算机主板或插槽上，可被 CPU 直接访问。内存存放常用的指令和数据，以保证需要的时候能够快速读写。因此，内存也称为主存。

（2）外存 作为计算机外部设备的一种，被 CPU 通过系统总线方式读写。外存保存不常用的信息，通常是大量的程序和数据，访问速度较慢。外存也称为辅存。

外存的容量比内存大得多，但是读写速度也慢很多，CPU 不能直接访问外存。计算机一般从 ROM 引导启动系统，然后从外存读入系统程序指令送到内存。特定应用程序指令运行的中间步骤一般都保存在内存中，运行结束后才将结果保存到外存，该结果中的内容还可随时调入内存进行修改或重新运行。

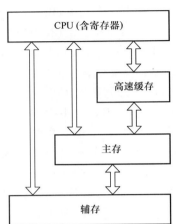

图 1-4 计算机系统中的存储体系结构

2. 存储保存性

根据存储器内保存数据的时效性进行以下分类。

（1）易失性 易失性存储器（Volatile Memory），也称为易挥发存储器，断电后存储器中的数据便会消失。

（2）非易失性 非易失性存储器（Non-Volatile Memory），也称为不挥发存储器，存储器中的数据在断电后仍能保存。

3. 存储方式

根据存储器读写数据的方式可进行以下分类。

（1）随机存取 随机存取存储器（Random Access Memory，RAM），又称为随机存储器，任何存储单元的内容都能按需要被随时存取，且存取时间和存储单元的物理位置无关。

（2）顺序存取 顺序存取存储器（Serial Access Memory，SAM），只能按某种顺序来存取数据，访问时间和存储单元的物理位置有关，典型代表为磁带存储器。

（3）直接存取 直接存取存储器（Direct Access Memory，DAM），存取时首先指向某个具体区域，再按顺序读写，访问时间与数据位置有关，一般用于硬盘、光盘存储器。

4. 存储介质

存储器采用具有两种稳定状态的物理材料构成，两种状态分别代表"0"和"1"。按存储材料的物理特性和工作原理可进行以下分类。

（1）磁性媒介　用磁性材料做成的存储器，向读写磁头的磁性线圈施加相应的电流脉冲可将数字信息储存到磁性薄膜上；而磁性薄膜相对于读写磁头上的磁轭运动时，又会导致磁性线圈感应出电压，此时可读出保存的信息。磁性存储器主要有以下几种。

1）软盘。软盘（Floppy Disk）的塑料外壳中包含一个可移动的塑料磁盘，软盘驱动器的旋转轴可以插入磁盘中心的孔转动磁盘，可以在塑料外壳的开口处读写磁盘。软盘是最早的移动存储器，价格低廉，但存储容量很小，访问时间较长，故障率较高，目前已基本被U盘闪存取代。

2）硬盘。硬盘（Hard Disk Drive，HDD）特指传统的机械硬盘，由安装在一根轴上的单片或多片磁盘组成，驱动器能以恒定速度旋转该组件。盘体和读写磁头被密封在一个外壳中，外壳可对空气进行过滤，这样的设计可以获得更大的存储容量、更快的访问速度以及更好的数据保存性。

3）磁盘阵列。由于受机械运动时间的限制，磁盘的访问速度无法跟上处理器速度的增加，人们利用多个磁盘并行操作来减少访问时间，这就诞生了独立磁盘冗余阵列（Redundant Arrays of independent Disks，RAID）。根据不同的配置方案，从 RAID 0~RAID 53 的每种层次结构都能提供额外的特性，并能增加存储的可靠性。

4）磁带。磁带记录信息的原理与磁盘相同，只是用塑料带代替了塑料盘作为磁性薄膜的载体，适合大量数据的备份。数据按记录（Record）的形式组织，一组相关的记录构成文件（File）。

（2）光学媒介　利用改变存储单元的反射率，通过光学方法来读写数据。激光可以聚焦于很小的一个点，在透明盘基上可以刻出凹坑来储存信息；光电传感器通过检测塑料盘上的反射层对激光源的反射信息，从而读出储存的信息。光存储器主要有以下几种。

1）光盘。音频系统的光盘（Compact Disk，CD）是第一种实用的光存储器，利用数字信息存储模拟的声音信号，可以提供 75min 高质量的声音记录和复原。

2）只读光盘。将 CD 技术用于计算机系统作为高容量的只读存储器，同时添加了附加位提供数据纠错功能，就是光盘只读存储器（CD-ROM）。

3）可刻录光盘。CD 和 CD-ROM 都是用户只读存储器，而可刻录光盘（CD-Recordable，CD-R）允许用户一次性写入自己的数据信息，以后读取信息和 CD-ROM 相同。

4）可擦写光盘。允许用户多次写入自己数据信息的 CD 称为可擦写光盘（CD-ReWritable，CD-RW）。其基本结构与 CD-R 类似，刻录层用合金代替有机染料，用不同功率的激光来刻录、擦除或读出存储数据。

5）数字多功能光盘。数字多功能光盘（Digital Versatile Disc，DVD）的尺寸和 CD 相同，其采用的激光波长更短、凹坑更小、轨道间距更近，因此存储容量比 CD 高得多，能记录 135min 的电影资料。

除了普通的 DVD 以外，还有 DVD-R、DVD + R、DVD-RW 和 DVD + RW 等系列产品。

6）蓝光光盘。蓝光光盘（Blu-ray Disc，BD）是 DVD 标准之后的下一代光盘格式，可用来存储更高品质的影音以及更高容量的数据。BD 采用波长更短的蓝色激光代替红色激光进行读写操作，可存储 4h 的高清电影。

（3）半导体　用半导体器件作为存储介质的存储器，按其制造工艺可分为双极型和MOS 型两种，按其功能可分为随机存储器和只读存储器两种。

固态硬盘（Solid State Drive，SSD）是特殊的半导体存储器。它采用闪存颗粒来存储数据，但其接口的规范和定义、功能及使用方法上与普通磁性硬盘又完全相同，在产品外形和尺寸上也完全与普通硬盘一致。由于没有机械移动部件，其读写速度快、防震抗摔能力强、功耗低、无噪音、重量强，不足的是价格高、容量相对较小、寿命相对较短。

由于单位存储容量价格昂贵，一般计算机系统的辅助存储器都采用相对经济的磁性或光学存储器，目前只有一些高端的计算机才配备半导体闪存固态硬盘，而海量存储目前还是以磁盘存储为主。

1.3.2　半导体存储器分类

嵌入式系统从体积、可靠性等角度考虑，主要使用半导体类型的存储器，根据其读写特性，又主要分为如下两大类。

1. 随机存储器

随机存取存储器（Random Access Memory，RAM）又称作随机存储器，是可以随时读出或写入的半导体存储器，而且存取速度与信息保存的位置无关。断电后，存储器内保存的数据信息将丢失，通常用于保存操作系统或应用程序的运行数据。

（1）静态型　静态随机存储器（Static RAM，SRAM）只要不停电就能一直保持存储信息的状态。存储器单元由多个晶体管组成，访问速度快但是集成度低、功耗较高、价格较贵。

（2）动态型　动态随机存储器（Dynamic RAM，DRAM）中的信息以电荷形式存在，只能保存很短的时间，为了保持数据状态，必须不断得刷新存储单元。存储器单元采用单管结构，集成度高、价格便宜，但读写控制电路比较复杂。

同步动态随机存储器（Synchronous DRAM，SDRAM）的存储单元与 DRAM 一样，但使用时钟信号，芯片内置控制电路，刷新和读写时钟与时钟信号同步，可以达到非常快的访问速度。

（3）非易失型　非易失 RAM 即 Nonvolatile RAM（NVRAM），一般为 SRAM 配合后备电池的设计，既可作为 SRAM 使用，掉电后其储存的信息还可维持数年之久，又具有 ROM 的部分特点。

（4）双口式　双口 RAM 在普通 SRAM 存储器上配备两套独立的数据、地址和读写控制总线，允许两个独立的设备同时对 RAM 进行随机读写，并有访问冲突避免机制，常用于实时数据的共享和缓存。

（5）铁电型　铁电存储器（FRAM）利用铁电晶体材料加电后，晶体中心原子的 2 个稳定状态能保留 100 年以上的特性，使得铁电存储器同时拥有 RAM 和非易失性存储器的特点。FRAM 具有写入速度快、功耗低、基本无限次写入等优点。

2. 只读存储器

在系统电源关闭后仍能保存信息的存储器，其操作一般只涉及读取数据，这种类型的半导体存储器称为只读存储器（Read-Only Memory，ROM）。ROM 中存储的数据不能快速方便地修改，可认为存储的内容是固定不变的，一般常用于保存固定程序和数据，主要有以下几种。

（1）掩膜型　只读存储器通过工厂的掩膜（Mask）制作，数据在 ROM 生产时就被写入一次，以后不能再修改，适合大规模生产的定型产品。

（2）可编程型　可编程只读存储器（Programmable ROM，PROM）也叫作 One-Time Programmable ROM（OTP-ROM），是允许用户一次性编程的只读存储器，以后不能再修改，适合小批量产品生产。

（3）可擦除可编程型　用紫外线照射存储器芯片上的透明视窗，可以清除储存信息的存储器是可擦除可编程只读存储器（Erasable Programmable ROM，EPROM）。EPROM 可被重复擦除和写入数据信息，编程好的芯片必须用不透明的贴纸盖住芯片封装上的石英玻璃窗口，防止环境中的紫外线破坏集成电路中保存的数据。芯片内部资料的擦除要使用专门的紫外线擦除器，编程需要能产生高压脉冲的专用编程器。

（4）电可擦除可编程型　EPROM 的使用很麻烦，电可擦除可编程只读存储器（Electrically Erasable Programmable ROM，EEPROM，即 E^2PROM）的使用方便得多，可加电在线擦除或编程，可指定擦除的存储单元位置。但是，EEPROM 擦除、写入和读出数据所需的电压各不相同，增加了芯片电路的复杂度，而且擦除信息的时间较长，但其优点更加突出，在使用中已基本替代了 EPROM。

（5）闪存　闪速存储器（Flash Memory）简称闪存，与 EEPROM 的操作有些类似，但其数据的擦除必须按块（Block）操作。闪存的存储密度高、功耗低、价格便宜、擦除速度快，在嵌入式领域中的应用越来越广泛。

闪存芯片本身的存储容量有一定限制，需要大容量数据存储时主要有以下两种应用形式。

1）U 盘。利用 USB 接口和 Flash 相结合构成的便携式存储器 USB Flash Disk 即 U 盘，也称为闪存盘，可多次擦写、速度快，不需外接电源，可做到即插即用。

2）闪存卡。将闪存芯片配上指定的接口做成卡片状存储器就是闪存卡，根据不同的应用和接口，主要分为 CF 卡（Compact Flash Card）、SD 卡（Secure Digital Card）、记忆棒（Memory Stick）、MMC 卡（Multi-Media Card）和 XD 卡等。

1.3.3　半导体存储器连接

嵌入式系统的主存和辅存与常规的计算机系统不太一样，一般都采用半导体类型的存储器，所以没有采用计算机系统中主存 + 缓存 + 辅存的三级结构，而是采用主存 + 辅存的二级结构，利用 RAM 作为主存，利用 ROM 作为辅存。很多微处理器芯片封装还内置了大容量的 RAM 和 ROM，简化了存储器系统设计，方便开发而且增加了系统可靠性。处理器芯片封装没有内置存储器或容量不够的嵌入式系统设计，则必须外扩存储器。

1. 芯片内部结构

存储器芯片一般由存储体、地址译码选择电路和数据读写控制电路构成，内部典型结构如图 1-5 所示。

（1）存储阵列　存储器中具有"0"和"1"稳定状态的基本物理元称为存储"位"（Bit），是存储芯片中的最小存储容量。数据被从存储芯片中按地址读写时，是以 n "位"为整体单元构成的"字"（Word），$n \geqslant 1$，一般为 4、8、16 和 32 等，n 越大则存储芯片的数据线位数越多。大量存储单元的集合构成存储阵列。

每个存储单元的编号为其唯一的地址,译码电路通过地址译码选中需要读取的存储单元。芯片中的存储单元越多,其容量越大,则需要的地址线(m)也越多。

$$存储芯片容量 = 存储字数 \times 存储字长 = 2^m \times n$$

(2)译码选择电路　存储器芯片内的译码选择电路根据芯片地址线输入的地址信号,通过片内译码电路的译码选中相应的存储单元,对该存储单元进行读写操作。

存储字呈线性排列时,被一个片内地址译码器的输出线选中,即单译码结构,如图1-5a所示。当存储字排列成矩阵形式时,需要两个译码器,分别为行和列译码器,由行和列的译码输出线共同选中存储字,即双译码结构,如图1-5b所示。

当数据容量较大时,寻址同样的数据单元,双译码结构能够明显地减少所需芯片内部译码器输出线。

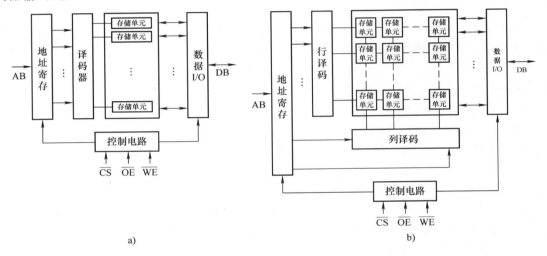

图 1-5　存储器芯片内部的典型结构

(3)控制端　RAM 和 ROM 的控制电路从本质上来看是一样的,只是 ROM 少了写入功能,典型的控制信号有以下几种。

1)片选信号。片选控制端$\overline{CS}$(Chip Select)或$\overline{CE}$(Chip Enable)。片选信号有效时即选中该芯片,可对该存储芯片进行读写操作。片选信号无效时,存储芯片的数据总线呈现高阻状态,与系统总线隔离。

2)读信号。读控制端一般标记为$\overline{RD}$(Read)或$\overline{OE}$(Out Enable)。片选信号有效时,若读信号有效,存储芯片将芯片中被选中存储字的数据送到数据总线上。

3)写信号。写控制端一般标记为$\overline{WR}$(Write)或$\overline{WE}$(Write Enable)。片选有效时,若写信号有效,存储芯片将数据总线上的数据写入芯片中被选中存储字。

需要注意的是,有些存储器芯片没有片选控制端,则读、写控制信号同时实现片选功能。

2. 片选信号的产生

存储器芯片的片选信号一般都由系统总线的高位地址线产生,系统总线的低位地址线一般都用于存储器芯片的片内译码。存储器芯片的片选信号产生方法主要有以下几种。

(1)全译码法　除了用于存储器芯片片内译码的地址线,其余地址线(一般是高位地址线）都进行地址译码以产生片选信号。全译码法中，所有的地址线都参与了存储器译码，保证了系统能寻址所有的存储器空间。

当存储器实际容量比寻址空间小时，全译码法仍然可以保证地址选择连续，选择的存储字地址可以保证唯一性，不会有地址重叠。它的缺点是译码电路比较复杂，电路接线较多。

（2）部分译码法　除了用于存储器芯片片内译码的地址线，剩余地址线只有一部分进行地址译码以产生片选信号，一般保留最高位的地址线不参与译码工作。

由于不参与译码的高位地址线可以取任意值，因此会出现地址重叠的现象。

（3）线选法　线选法让不参与存储器芯片片内译码的地址线直接连接存储器芯片的片选端，每条用于线选法的地址线可接一个地址芯片。

线选法常用于存储容量要求不高的场合，接线简单，不需要地址译码器。缺点是：存储空间的地址不连续；一般情况下，高位地址线又有剩余，同时导致出现地址重叠现象。

在特殊情况下，存储器芯片的片选端不接地址译码信号，而令其常有效。这种方法最简单，该芯片就是整个系统的存储空间，缺点是无法再进行存储器扩展。

3. 存储容量扩展方法

RAM 和 ROM 的连接方法从本质上来看都是一样的。其存储器的外围电路设计只与控制信号和存储容量有关，即只与数据、地址和读（写）控制线的信号有关，与存取速度无关（芯片选型时考虑）；其容量也只与数据线和地址线位数相关。

（1）字扩展　当存储系统需要多个存储器芯片时，可以将多个存储器芯片在地址总线上进行扩展，这种方式就是字扩展，也称为地址扩展。字扩展时，存储器芯片的数据线、片内译码地址线和读写控制线并联，靠片选信号区分不同的存储器芯片，如图 1-6 所示。

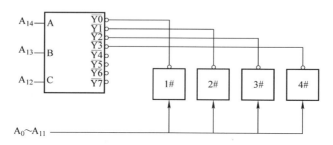

图 1-6　存储器芯片的字扩展

图 1-6 所示为存储器芯片的字扩展例子，片选信号使用不完全译码法，地址线 $A_{19} \sim A_{15}$ 标为 × 可任意取 0 或 1，不用的地址线通常选择 0，这样得到的是最小可用地址。寻址范围分析见表 1-1。

表 1-1　寻址范围分析

存储器芯片	$A_{19} \sim A_{15}$	$A_{14}A_{13}A_{12}$	$A_{11} \sim A_0$	最小可用地址范围
1#	× × × × ×	000	00…0~11…1	0FFFH~0000H
2#	× × × × ×	001	00…0~11…1	1FFFH~1000H
3#	× × × × ×	010	00…0~11…1	2FFFH~2000H
4#	× × × × ×	011	00…0~11…1	3FFFH~3000H

（2）位扩展　当存储器芯片的数据线位数不够时，可以将多个存储器芯片在数据总线上进行扩展，这种方式就是位扩展。位扩展时，存储器芯片的片内译码地址线、片选信号和读写控制线并联，数据线分别接不同的存储器芯片，如图 1-7 所示。

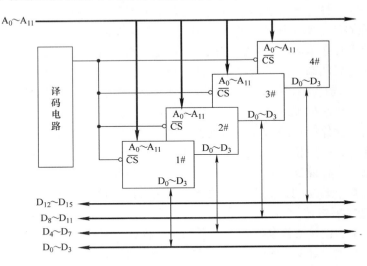

图 1-7　存储器芯片的位扩展

（3）字、位同时扩展　当单个存储器芯片无论是数据宽度还是存储单元个数都不能满足系统要求时，就要在数据总线和地址总线上同时扩展，即字、位同时扩展。

1.4　输入/输出接口

输入/输出接口（Input/Output Interface）即通常所说的 I/O 接口，是计算机系统的重要组成部分，它负责处理计算机与外界设备的数据交换。计算机系统的外部设备多种多样，其信息主要有数字量、模拟量和开关量等几大类，而且这些外部设备在工作原理、驱动方式、信息模式以及工作速度等方面都差异巨大，且数据处理速度也比 CPU 慢很多。因此，这些外部设备要想与计算机相连，必须通过相应的 I/O 接口。

1.4.1　输入/输出接口的功能

I/O 接口的主要作用有以下几点。

（1）外部设备寻址　计算机系统中可能有若干个外部设备，每个外部设备又可能有不同的端口，这些外部设备或端口大部分没有地址选择端，因此若要对它们进行正确的访问，必须要由 I/O 接口提供外部设备地址译码功能，从而进行正确的外部设备寻址操作。

（2）信号联络　外部设备与计算机之间建立的联系，既有外部设备接收或发出的信号，也有主机发出或接收的信号。外部设备与主机之间的就绪（Ready）、等待（Wait）、选通（Strobe）、忙（Busy）、空闲（Idle）和应答（Acknowledge）等信号，需要 I/O 接口产生或转发。通过 I/O 接口的联络信号，能够确定计算机和外部设备的状态，完成相应的请求或控制等操作。

（3）信号变换　计算机能处理的信息是 0、1 二进制代码，数据总线是并行格式，但是外部设备的信号是五花八门的，这就需要在输入/输出信息时对双方的信号格式进行变换以适应各自的要求。例如数据的串行、并行格式转换等。

（4）信号匹配　计算机系统中外部设备的速度比 CPU 慢，因此一般在输出环节中需要对 CPU 的输出数据进行锁存；如果数据总线的驱动能力不够，还需要驱动单元增加输出数据总线的驱动能力。而在输入时，为了隔离区分不同的设备，需要缓冲器作为选通环节。有时也暂存来自总线或设备的信息，以匹配两侧的传送速度等。

1.4.2　输入/输出接口的组成

I/O 接口的典型结构包含三种寄存器。它们与 CPU 和外部设备的连接如图 1-8 所示。CPU 和外部设备建立联系并交换信息时，不同的信息通过各自的总线进入相应的寄存器，这些寄存器就是所谓的 I/O 端口，每个端口都有确定的端口地址。

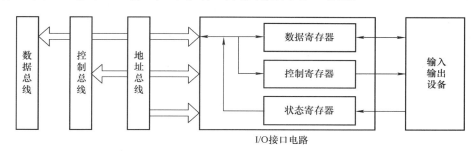

图 1-8　I/O 接口电路连接

I/O 接口中的寄存器主要有以下几种。

（1）数据寄存器　数据寄存器用于保存 CPU 和外部设备之间传输的数据信息，CPU 的数据发往数据输出寄存器，外部设备的数据发往数据输入寄存器。数据输入、输出寄存器一般共享一个端口地址，通过读、写控制实现数据输入/输出的功能。

（2）控制寄存器　控制寄存器保存 CPU 发出的控制命令，用于控制外部设备的动作，也可用于控制 I/O 接口本身的工作。该端口叫作控制端口，也称为命令端口。

（3）状态寄存器　状态寄存器用于保存外部设备或 I/O 接口本身的状态信息。

计算机与外部设备之间的信息联络都是通过 I/O 端口完成的，为了采用与访问存储单元一样的机制进行 I/O 端口访问，必须给 I/O 端口分配地址。I/O 端口的编址方式主要有以下两种。

（1）统一编址　计算机系统中只有一个地址空间，I/O 端口和存储器共享该地址空间，CPU 指令不区分访问 I/O 端口或存储器。这种编址方式也称为存储器映像方式，即将 I/O 端口的地址映射到存储器空间。

（2）独立编址　计算机系统中有两个地址空间，为了能分别访问 I/O 端口或存储器，系统必须提供不同的指令和控制信号。在通常情况下，I/O 端口的地址空间小于存储器地址空间，且 I/O 端口的寻址方式少于存储器的寻址方式。

1.4.3 输入/输出控制的方式

计算机系统中，主机与外部设备之间的信息传送主要由 CPU 或直接内存访问（Direct Memory Access，DMA）控制器所控制。由 CPU 控制的数据传送，实现的是外部设备与 CPU 之间的数据传输，可分为程序控制方式和程序中断方式两种。由 DMA 控制器控制的数据传送，实现的是外部设备和存储器之间的数据传输，称为 DMA 方式。

1. 程序控制方式

程序控制的输入/输出方式是在 CPU 所执行的输入/输出程序控制下，实现主机与外部设备之间的信息传送。该方式又分为无条件输入/输出方式和查询输入/输出方式。

（1）无条件输入/输出　在确保外部设备准备就绪的情况下，CPU 不判断 I/O 端口的状态，直接通过数据端口进行信息的传送，这种输入/输出方式称为无条件输入/输出方式。这种传送方式最为简单，通常用于工作方式简单、信号变化缓慢的外部设备，如键盘、LED 发光二极管、光耦合器和继电器等。

无条件输入/输出方式的 I/O 接口电路和程序设计都较为简单，这种方式处理的外部设备状态变化缓慢，对于 CPU 可认为始终处于就绪状态，其工作原理如图 1-9 所示。

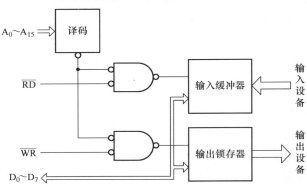

图 1-9　无条件 I/O 方式

1）无条件输入。无条件输入时，外部设备的信号保持时间比 CPU 处理的时间长很多，只需要将数据输入缓冲器隔离即可。CPU 执行的输入指令使读信号（$\overline{RD}$）有效，选通输入缓冲器将外部设备的数据通过数据总线传送给 CPU。

2）无条件输出。无条件输出时，CPU 输出信号的时间比外部设备处理信号的时间短很多，因此需要数据输出锁存器。CPU 执行的输出指令使写信号（$\overline{WR}$）有效，选通输出锁存器将 CPU 输出的数据通过数据总线保存到锁存器的输出端。

（2）查询输入/输出　由于无条件输入/输出方式只能处理慢速简单设备，因此其应用面较窄，广泛使用的程序控制输入/输出方式是查询输入/输出方式，也称为条件输入/输出方式。

应用查询输入/输出方式时，CPU 需要不断查询外部设备的状态，在外部设备就绪时才进行数据传送。外部设备的状态有就绪（Ready）和忙（Busy）等，保存在 I/O 接口的状态寄存器（状态端口）中。CPU 对不同 I/O 端口执行输入/输出指令，可完成不同的操作功能，如读/写数据、读取状态和控制设备等。

查询输入/输出方式工作时，CPU 首先读状态寄存器中的状态标志位，若满足就绪条件，则执行数据输入或输出操作，否则等待下一次的查询。查询方式的流程如图 1-10 所示。

1）查询输入。查询方式输入接口的工作原理如图 1-11 所示。外部输入设备准备好数据后，向 I/O 接口发送"选通（Strobe）"信号。该选通信号将外设的输入数据送进 I/O 接口的锁存器，同时通过 D 触发器产生"就绪（Ready）"状态信号，输入数据和状态信号都可以通过数据总线送往 CPU。CPU 首先通过读状态口查询输入设备是否就绪，若输入设备就绪即输入数据已被送入锁存器，则执行读指令来读取数据口的数据，读数据操作的同时，复位状态口的"就绪"状态位，以便进行下一次输入操作；若设备未就绪，则等待下一次查询操作。

2）查询输出。查询方式输出接口的工作原理如图 1-12 所示。CPU 在输出数据前，通过读状态口查询输出设备是否"忙（Busy）"，

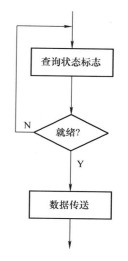

图 1-10　查询方式流程

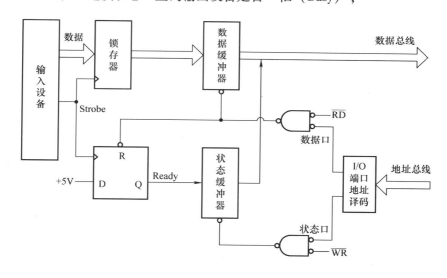

图 1-11　查询输入方式

若输出设备不忙即输出锁存器中的数据已被外部设备取走，则 CPU 向数据锁存器写入新的输出数据，同时产生触发信号通知外部设备接收数据并将状态口置"忙（Busy）"状态。外部输出设备从数据口取走数据后，送出应答（Acknowledge）信号将状态口置"不忙"状态，以便进行下一次输出操作。若 CPU 查询外部设备处于忙状态，则等待下一次查询操作。

当计算机系统中有多个外部设备需要采用查询方式输入/输出数据时，程序通常是轮流查询各个外部设备对应的状态口，以实现需要的输入/输出操作，常称为轮询方式。

2. 程序中断方式

查询输入/输出方式的电路相对简单，效率相对较高，适用性广，比无条件输入/输出方式可靠性高，但是当外部设备数据较多时，查询过程会占用 CPU 大量资源，使得系统效率急剧下降。而且，对于不同种类的外部设备，查询方式无法满足随机提出的输入/输出要求，

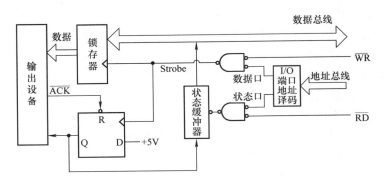

图 1-12　查询输出方式

因此不具备实时性。为了获得更高的系统效率和实时性，可以采用中断方式进行输入/输出操作。中断方式的输入/输出请求由外部设备提出，外部设备由此具有了申请 CPU 服务的权利。

（1）中断过程　若 CPU 执行程序中第 n 条指令时，收到中断请求（Interrupt Request）信号，CPU 在当前指令执行完成（程序计数器已变为第 $n+1$ 条指令的地址）且准备处理该中断请求时，进入中断响应阶段，自动保存断点现场（如程序计数器、标志寄存器等），识别出最高优先级的中断源后，将对应的中断服务程序入口地址加载到程序计数器中，即可转去执行中断服务程序（Interrupt Service Routine）；执行完中断服务程序后，进入中断返回阶段，CPU 自动恢复断点现场，程序计数器被加载为第 $n+1$ 条指令的地址，CPU 即可继续执行第 $n+1$ 条指令，中断过程结束，中断过程如图 1-13 所示。

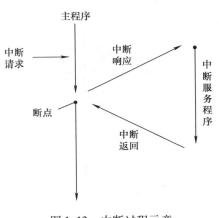

图 1-13　中断过程示意

（2）中断允许　在收到外部设备的中断请求后，CPU 可以选择暂时停止一个程序而转去执行另外一个程序，因为中断产生的随机性可能改变程序指令的执行顺序，所以对中断程序的执行必须要有限制条件，该限制条件通过中断使能来实现。

CPU 可以设置允许或禁止中断响应，外部设备也可能被设置允许或禁止提出中断请求。CPU 靠状态寄存器中的中断使能（Interrupt Enable，IE）位来选择接受或忽略中断响应。当 IE 位置 1 时，外部设备的中断请求可以被响应；当 IE 位清 0 时，外部设备的中断请求被忽略。有些特殊的中断不能被禁止，即非屏蔽中断（Non Maskable Interrupt，NMI），不管状态寄存器中的 IE 位如何，CPU 只要收到 NMI 信号则必须立刻响应中断。

在 CPU 开始执行中断服务程序前，将状态寄存器中的 IE 位清 0，自动禁止中断响应；执行完中断服务程序后，状态寄存器中的 IE 位置 1，才允许中断响应。

（3）中断嵌套　若执行中断服务程序时禁止中断响应，则 CPU 必须等到该中断服务程序执行完毕后才能接受其他外部设备的中断请求。在此过程中若有更高级别的中断请求出现，过长的等待时间可能会导致不可预料的问题出现，此时需要在中断服务程序中执行其他外部设备的中断请求，这就是中断嵌套。在中断嵌套结构中，每个中断服务程序的程序计数器和状态寄存器都必须保存在堆栈中，以便能够正确执行各个中断服务程序。

中断嵌套只能是高级别的中断请求打断低级别的中断服务程序，这就需要一个中断优先级仲裁机制，当多个中断同时提出中断申请时，也需要该仲裁机制的判断。

利用中断查询程序实现的软件中断优先级裁判，程序较为复杂，实时性较差。一般采用的硬件优先级仲裁电路有中断优先级链式电路和中断优先级编码电路。

（4）中断识别　收到中断请求时，CPU 首先要判别是哪个外部设备发出的中断请求信号。这可以通过读取外部设备的状态寄存器获得。外部设备发出中断请求后，中断标志位（Interrupt Request）被置 1，CPU 可依次查询该标志位从而确定请求中断设备。先被查询的设备拥有更高的优先级，查询中断的过程也是优先级排列的过程。

中断查询的方式实现方便，但由于要查询所有的中断设备，效率较低，为减少查询时间，可让申请中断的设备标明自己身份，常用的中断标识就是中断向量（Interrupt Vector）。当 CPU 响应外部设备中断后，中断设备将中断向量号通过数据总线发送给 CPU，中断向量号指示的中断向量与中断服务程序在存储器中的起始地址一一对应。所有的中断向量构成一个中断向量表，在存储器中有唯一确定的位置负责存放中断向量表，一般位于存储器的最低端，而中断服务程序可以安排在存储器中任意合适的位置。

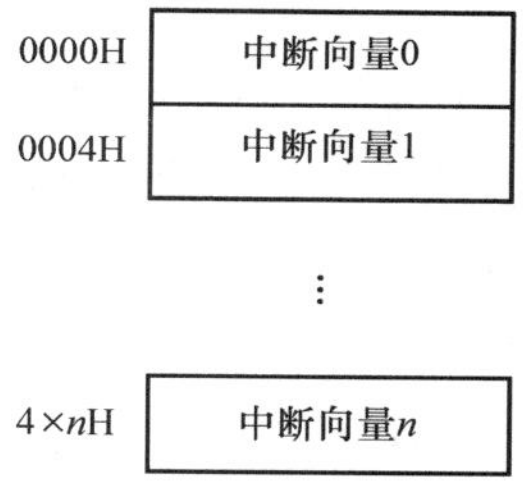

假设每个中断向量为 4 字节，则中断向量 0 放置在从 000H~0003H 的 4 个字节中，这 4 个字节数据即中断向量 0 对应的中断服务程序的入口地址。以此类推，中断向量表如图 1-14 所示。

0000H	中断向量0
0004H	中断向量1
⋮	
4×nH	中断向量n

图 1-14　中断向量表

CPU 除了处理外部设备的中断请求，有些还具有内部中断，其工作原理和处理过程与外部设备中断基本相似。

3. DMA 方式

程序控制方式和程序中断方式的输入/输出都是靠 CPU 执行指令实现的，外设和处理器之间的数据传送都要经过 CPU，查询过程以及中断服务程序的进入和返回都要消耗 CPU 的资源。当传送数据块时，由于每个数据的传送都需要相同的操作步骤，大量的开销使得高速外设与存储器之间的数据块传送不能满足实时性的要求，这就需要直接存储器访问不经过CPU 而直接用硬件完成大量数据的传输。

DMA 方式用控制器 DMAC 来产生存储器地址、控制信号并累加传输数据的字数等，在整个数据传输过程中不再需要 CPU 的介入，而由 DMAC 直接控制系统总线，具有相当高的数据传输速率。

第 2 章　Tiva129 概述

2.1　Tiva129 体系结构

TI 的 Tiva C 系列微控制器为用户提供了高性能的基于 Cortex-M 的 ARM 结构，拥有丰富的集成能力、强大的生态系统和开发工具。Tiva C 系列提供了包含浮点运算器的 120MHz Cortex-M 内核以及一系列的集成存储器和多种可编程通用 I/O 接口。通过特定用途的外设、丰富的软件工具库以减少开发板的花费和设计周期，Tiva C 系列提供了具有吸引力的高性价比解决方案。

2.1.1　Tiva C 系列概述

Tiva C 系列 ARM Cortex-M4 微控制器提供顶级的性能和高集成度，该系列定位于高性价比的应用、特殊控制过程以及需要通信能力的应用场合，如工业通信、网络应用、智能楼宇和家居、远程监控、安防、工业自动化、测试测量仪器、火灾报警、医疗仪器、游戏机、POS 机、微网/智能电网控制、智能灯控、汽车驾驶控制等。

Tiva C 系列微控制器集成了丰富的通信功能，因此可以在性能和功耗间取得平衡，并提供实时控制能力。该微控制器集成了通信外设、高性能模数功能，从而可以满足不同目标的需要，从家用电器人机界面到网络系统控制器不一而足。

另外，Tiva C 系列微控制器支持 ARM 众多的开发工具、片上系统和用户社区。这些微控制器使用 ARM 与 Thumb 兼容的 Thumb-2 指令集以减少存储器的需求以及开销。最后，TM4C1294NCPDT 微控制器和 TI 公司的所有成员都代码兼容，可以满足开发的方便性。

2.1.2　TM4C1294NCPDT 微控制器概览

TM4C1294NCPDT 微控制器具有高集成度及高性能，其特点见表 2-1。

表 2-1　TM4C1294NCPDT 微控制器特点

特点	描述
性能	
核	ARM Cortex-M4F
性能	120MHz 主频，150DMIPS 速率
Flash	1024KB
系统 SRAM	256KB 单周期 SRAM
EEPROM	6KB
内部 ROM	C 系列软件加载 TivaWare 的内部 ROM
外设接口（EPI）	8/16/32 位外设和存储器专用接口

（续）

特点	描述
安全	
硬件循环冗余校验（CRC）	16/32 位 Hash 函数支持 4 个 CRC 序列
篡改（Tamper）	支持 4 路篡改输入，配置篡改事件响应
通信接口	
通用异步收发器（UART）	8 路 UART
四同步串行接口（QSSI）	4 个支持双/四/高级模式的 SSI 模块
I^2C	10 个具有 4 种传输速度包括高速模式的 I^2C 模块
控制器局域网（CAN）	2 个 CAN 2.0A/B 控制器
以太网 MAC	10/100 以太网介质访问控制层（Media Access Control，MAC）
以太网 PHY	硬件支持的 IEEE 1588 物理层（Physical Layer，PHY）
通用串行总线（USB）	有 ULPI 接口的 USB 2.0，支持连接功率管理（LPM）
系统集成	
微型直接存储器访问（μDMA）	ARMPrimeCell 具有 32 通道，可配置 μDMA 控制器
通用定时器（GPTM）	8 个 16/32 位通用定时器块
看门狗定时器（WDT）	2 个看门狗定时器
休眠模块（HIB）	低功耗后备电池休眠模块
通用输入/输出接口（GPIO）	15 个物理 GPIO 块
高级运动控制	
脉冲宽度调制器（PWM）	1 个 PWM 模块，具有 4 个 PWM 产生块和 1 个控制块，共有 8 路 PWM 输出
正交编码接口（QEI）	1 个 QEI 模块
模拟支持	
模数转换器（ADC）	2 路 12 位 ADC 模块，每路最大采样速率为 1MB/s
模拟比较器控制器	3 路独立集成模拟比较器
数字比较器	16 路数字比较器
JTAG 和串行调试（SWD）	1 个 JTAG 模块及集成 ARM SWD
封装信息	
封装	128-pin TQFP
工作范围（环境）	工业（-40℃~85℃）温度范围 延伸（-40℃~105℃）温度范围

图 2-1 展现了 TM4C1294NCPDT 微控制器的特点，注意它是通过两条片上总线连接内核与外设。高级外设总线（APB）是传统总线，高级高性能总线（AHB）比 APB 能提供更好的背靠背访问性能。

2.1.3 TM4C1294NCPDT 微控制器特性

TM4C1294NCPDT 微控制器的组成特点和一般功能在随后的章节中有更详细的讨论。

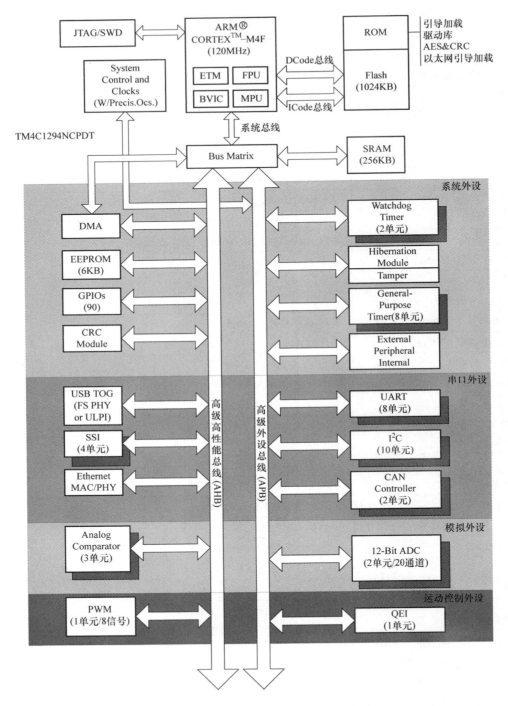

图 2-1 Tiva TM4C1294NCPDT 微控制器结构

1. ARM Cortex-M4F 处理器核

所有 Tiva C 系列成员，包括 TM4C1294NCPDT 微控制器，都是围绕 ARM Cortex-M 处理器核设计。ARM Cortex-M 处理器提供了一个高性能、低价格的平台，可以满足最少存储器实现的需要，减少管脚数量，并且做到低功耗，同时有杰出的计算能力和优异的中断系统响应能力。

2. 片上存储器

TM4C1294NCPDT 微控制器集成了一系列的片上存储器：

1）256KB 单周期 SRAM。

2）1024KB 的 Flash 存储器。

3）6KB 的 EEPROM。

内部 ROM 装载了用于 C 系列软件的 TivaWare：

1）TivaWare 外设驱动库。

2）TivaWare 引导装载。

3）高级加密标准（AES）密码表。

4）循环冗余校验（CRC）纠错功能。

3. 外设接口

外设接口（EPI）利用并行通道访问外部设备，与 SSI、UART 和 I^2C 等通信外设不同，EPI 设计成总线形式与外部设备和存储器相互作用。EPI 有如下特点。

1）用于外部设备和存储器的 8/16/32 位专用并行总线。

2）存储器接口支持相邻存储器访问与数据总线宽度无关，因此代码可直接从 SDRAM、SRAM 和 Flash 存储器执行。

3）块读或非块读。

4）通过使用一个内部写 FIFO 将处理器与时序细节分隔开。

5）使用 μDMA 控制器的高效传输。

4. 循环冗余校验（CRC）

TM4C1294NCPDT 微控制器包含一个 CRC 计算模块，用于消息传送和安全系统校验。该 CRC 模块有如下特点。

1）支持四种主要的 CRC 格式。

2）允许字和字节流入。

3）支持自动和手动初始化。

4）支持最高位和最低位。

5）支持 CCITT 后处理。

6）允许通过 μDMA、Flash 存储器和编码输入。

5. 串行通信外设

TM4C1294NCPDT 微控制器支持同步和异步串行通信方式，包括以下几种。

1）10/100 以太网 MAC 带高级 IEEE 1588PTP 硬件，以及独立媒体接口（MII）并支持简化 MII（RMII），提供集成的 PHY。

2）2 个 CAN 2.0A/B 控制器。

3）带可选高速 USB 2.0 控制器 OTG/Host/Device 通过 ULPI 接口使用外部 PHY。

4）支持 IrDA、9 位和 ISO 7816 的 8 路 UARTs。

5）带 4 种收发速度包括高速模式的 10 路 I^2C 模块。

6）支持双和四 SSI 模式的 4 路四同步串行接口模块（QSSI）。

6. 系统综合

TM4C1294NCPDT 微控制器提供了一系列的标准系统功能集成到设备内部，包括以下几种。

1）直接存储器访问（DMA）。

2）系统控制和时钟包括片上精密 16MHz 晶振。

3）8 个 32 位定时器（每个定时器可配置为两个 16 位定时器）。

4）低功耗后备电池休眠模块。

5）休眠模式下的实时时钟。

6）2 个看门狗定时器，1 个运行于主晶振，1 个运行于精密内部晶振。

7）最多 90 个 GPIO 接口，根据配置有高度灵活的管脚复用，允许用于通用 I/O 接口或数种外设功能之一，独立配置为 2、4、8、10 或 12mA 驱动能力，最多 4 个 GPIO 接口有 18mA 驱动能力。

7. 高级运动控制

TM4C1294NCPDT 微控制器提供集成在片上的运动控制功能，包括以下几种。

1）8 个高级 PWM 输出可用于运动和能量变换。

2）4 个故障信号输入可降低停机风险。

3）1 个积分编码输入（QEI）。

8. 模拟功能

TM4C1294NCPDT 微控制器提供集成在片上的模拟功能，包括以下几种。

1）2 个 12 位模拟/数字转换器（ADC），共带 20 个采样速率为 100 万次/s 的模拟输入通道。

2）3 个模拟比较器。

3）1 片电压调整器。

9. JTAG 和 ARM 串行线调试

联合测试行为组织（JTAG）端口是一种 IEEE 标准，它定义了对数字集成电路的测试访问端口和边界扫描结构，并且为控制相关测试逻辑提供了标准化的串行接口。测试访问端口（TAP）、指令寄存器（IR）和数据寄存器（DR）能用于测试装配的印刷电路板的内部连接并得到板上元件的制造信息。JTAG 端口也能提供一种访问和控制手段，如 I/O 管脚观测和控制、扫描测试和调试。德州仪器公司用 ARM 串行线 JTAG 调试端口（SWJ-DP）接口代替 ARM SW-DP 和 JTAG-DP。SWJ-DP 接口融合了 SWD 和 JTAG 调试端口在一个模块中，能够提供所有常用 JTAG 调试和测试功能包括对系统存储器的实时访问，并且不需要暂停内核或目标寄存代码。

2.2　Cortex-M4F 处理器

ARM Cortex-M4F 微控制器提供了一个高性能低价格的平台，能够满足最少存储器容量、减少管脚数量和低功耗要求的系统需要，同时拥有出色的计算能力以及杰出的中断响应能力，其特点主要如下。

1）32 位 ARM Cortex-M4F 结构优化，适应小封装嵌入式应用。

2）120MHz 主频，150DMIPS 性能。

3）杰出的处理能力结合快速中断处理。

4）Thumb-2 支持 16/32 位指令集，使得通常用于 8/16 位设备、带有紧凑存储器容量的 32 位 ARM 核具有高性能，典型应用的存储器范围通常为几 KB。

5）支持 IEEE 754 的单精度浮点单元（FPU）。

6）16 位单指令多数据流（SIMD）向量处理单元。

7）快速代码执行允许更低的处理器时钟或增加睡眠模式时间。

8）以指令和数据总线分离为特点的哈佛结构。

9）信号处理支持饱和运算。

10）适用于实时应用的确定性和高性能中断处理。

11）存储器保护单元（MPU）提供一个特权模式用以保护操作系统功能。

12）带多断点和跟踪能力的增强系统调试。

13）串行线调试和串行线跟踪减少了调试和跟踪所需要的管脚数目。

14）具有更好性能和功耗效率的 ARM7 处理器家族移植。

15）到达特定频率的单周期 Flash 存储器优化。

16）集成睡眠模式的超低功耗。

2.2.1　框图

Cortex-M4F 处理器建立于一个高性能处理器的内核之上，有哈佛结构的三级流水线，这使它适用于要求苛刻的嵌入式应用。通过有效的指令集和广泛的优化设计，处理器能够提供杰出的功耗效率，处理硬件提供包括符合 IEEE 754 协议的单精度浮点运算，一系列单周期和 SIMD 乘法及乘法累加能力，以及饱和算术和专用硬件除法。

为满足价格敏感设备的设计需要，Cortex-M4F 处理器在显著提升中断处理和系统调试能力的同时，紧耦合的系统部件减少了处理器面积。Cortex-M4F 处理器实现了基于 Thumb-2 技术的 Thumb 指令集，保证了较高的代码密度并减少了对程序存储器的需要。Cortex-M4F 指令集提供了现代 32 位系统的优越性能和 8/16 位微处理器的高代码密度。

Cortex-M4F 处理器集成了一个嵌套向量中断控制器（NVIC），能够实现行业领先的中断性能。TM4C1294NCPDT 的嵌套向量中断控制器包括一个非屏蔽中断（NMI），并提供了 8 个中断优先级。处理器核与嵌套向量中断控制器的紧密集成，可以快速执行中断处理程序并极大地减少中断延迟。为了优化低功耗设计，嵌套向量中断控制器集成了睡眠模式，包括深度睡眠模式，能够使整个芯片快速掉电。Cortex-M4F 处理器框图如图 2-2 所示。

2.2.2　概览

1. 系统级接口

Cortex-M4F 处理器提供采用 AMBA® 技术的多重接口，以提供高速低延迟的存储器访问。处理器核支持不对齐数据访问以及原子的位操作部件，以实现快速外设控制、系统自旋锁及线程安全的布尔数据处理。

Cortex-M4F 处理器有一个存储器保护单元（MPU），可提供细粒度的存储器控制，能够实现基于单个任务的安全性，包括特权级别安全，以及分离的代码、数据和堆栈安全。

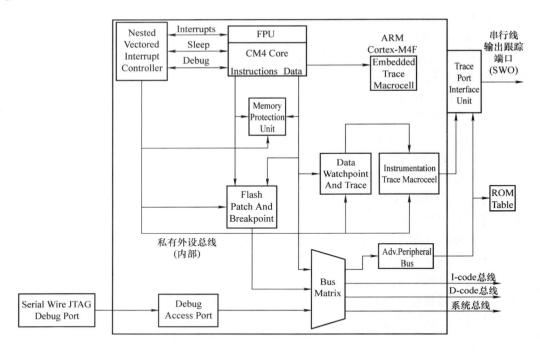

图 2-2　CPU 框图

2. 集成的可配置调试

Cortex—M4F 处理器提供了一个完整的硬件调试解决方案，通过一个传统的 JTAG 端口或 2 管脚（Pin）串行调试（SWD）端口提供了对处理器很高的系统可见性，也是微控制器和其他小封装器件的理想选择。Tiva™ C 系列利用符合 ARM CoreSight™ 的串行线 JTAG 调试端口（SWJ-DP）接口取代了 ARM SW-DP 和 JTAG-DP。SWJ-DP 接口将 SWD 和 JTAG 调试端口集成到一个模块中。

对于系统跟踪，处理器集成了一个仪器跟踪宏单元（ITM），具有数据监视点和性能分析单元。为了能够简单、高效地进行系统跟踪事件性能分析，串行线观测器（SWV）通过单个管脚流化输出软件生成的消息、跟踪数据和性能信息。

嵌入式跟踪宏单元（ETM）在比传统跟踪单元更小的面积上实现了更好的指令跟踪捕获能力，并能实现全部指令跟踪。

Flash 补丁和断点单元（FPB）提供了多达 8 个硬件断点比较器供调试器使用。FPB 中的比较器在代码存储器区还提供了多达 8 个字的程序代码重映射功能。FPB 使得存储在只读 Flash 区域中的应用程序，能在另一个存储区（如片上 SRAM 或 Flash）打补丁。如果补丁需要，应用程序会编程 FPB 重映射一组地址。当这些地址被访问时，访问会被重定向到 FPB 配置指定的重映射表中。

3. 跟踪端口接口单元（TPIU）

TPIU 充当来自 ITM 的 Cortex—M4F 跟踪数据与片外跟踪端口分析器之间的桥梁，如图 2-3 所示。

4. Cortex—M4F 系统组件细节

Cortex—M4F 包括以下系统组件。

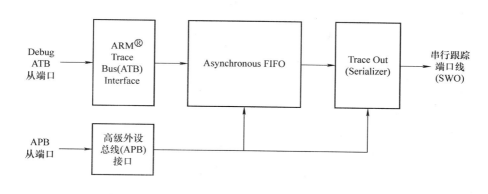

图 2-3　TPIU 框图

（1）系统定时器　24 位倒计时定时器，可以用作实时操作系统（RTOS）的节拍定时器或一个简单的计数器。

（2）嵌套向量中断控制器（NVIC）　嵌入式中断控制器支持低延迟中断处理。

（3）系统控制模块（SCB）　处理器的编程模型接口。SCB 提供系统实现信息和系统控制，包括配置、控制和系统异常报告。

（4）存储器保护单元（MPU）　通过定义不同存储器区域的存储属性来提高系统的可靠性。MPU 提供多达 8 个不同区域和一个可预定义的后备区域。

（5）浮点单元（FPU）　完全支持单精度加、减、乘、除，以及平方根运算。它也提供了定点和浮点数据之间的格式转换和浮点常数指令。

2.2.3　编程模型

本节介绍 Cortex-M4F 的编程模型。除了单个的内核寄存器，还包括处理器模式和软件执行的特权级别及堆栈的信息。

1. 软件执行的处理器模式和特权级别

Cortex-M4F 有以下两种操作模式。

（1）线程（Thread）模式　该模式用于执行应用软件。当处理器脱离复位状态时进入线程模式。

（2）例程（Handler）模式　该模式用于处理异常。当处理器完成异常的处理之后返回线程模式。

此外，Cortex-M4F 有以下两个特权级别。

（1）非特权　在这种模式下，软件有如下限制。

1）部分访问 MSR 和 MRS 指令，及不使用 CPS 的指令。

2）不能访问系统定时器、NVIC 或者系统控制模块（SCB）。

3）受限地访问存储器或外设。

（2）特权　在这种模式下，软件可以使用所有的指令并能访问所有资源。

在线程模式下，特权或非特权级的软件执行都由 CONTROL 寄存器控制。在例程模式下，软件执行总是在特权级。只有特权级软件可以写 CONTROL 寄存器来改变线程模式下的软件执行特权级别。非特权软件可以使用 SVC 指令来产生一个管理程序调用（Supervisor Call），把控制权转移到特权级软件。

2. 堆栈

处理器使用一个完全向下的堆栈，意味着堆栈指针指向内存中最后入栈的数据项。当处理器压一个新数据项到堆栈时，先减堆栈指针，然后将数据项写入一个新的存储单元。处理器实现主堆栈和过程堆栈两个堆栈，每个堆栈指针保存在独立的寄存器中。

在线程模式下，不管使用主堆栈还是过程堆栈，都由 CONTROL 寄存器控制。在处理器模式下，处理器总是使用主堆栈。处理器操作选项见表 2-2。

表 2-2　处理器模式、特权级别和堆栈使用摘要

处理器模式	使用	特权级别	堆栈使用
线程	应用程序	特权或非特权	主堆栈或过程堆栈
例程	异常处理程序	特权	主堆栈

3. 寄存器映射

Cortex-M4F 寄存器组如图 2-4 所示。

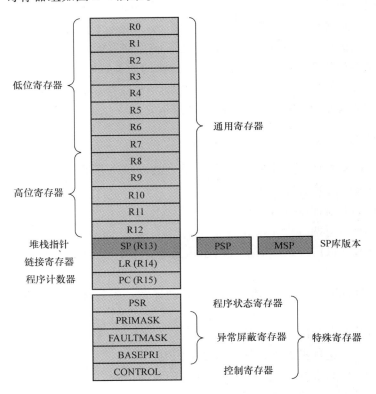

图 2-4　Cortex-M4F 寄存器组

核心寄存器映射见表 2-3。核心寄存器不是存储器映射而是用寄存器名访问的，因此无基地址并且没有偏移量。

表 2-3　处理器寄存器映射

偏移量	名字	类型	复位	描述
	R0	RW		Cortex 通用寄存器 0
	R1	RW		Cortex 通用寄存器 1
	R2	RW		Cortex 通用寄存器 2
	R3	RW		Cortex 通用寄存器 3
	R4	RW		Cortex 通用寄存器 4
	R5	RW		Cortex 通用寄存器 5
	R6	RW		Cortex 通用寄存器 6
	R7	RW		Cortex 通用寄存器 7
	R8	RW		Cortex 通用寄存器 8
	R9	RW		Cortex 通用寄存器 9
	R10	RW		Cortex 通用寄存器 10
	R11	RW		Cortex 通用寄存器 11
	R12	RW		Cortex 通用寄存器 12
	SP	RW		堆栈指针
	LR	RW	0xFFFF.FFFF	链接寄存器
	PC	RW		程序计数器
	PSR	RW	0x0100.0000	程序状态寄存器
	PRIMASK	RW	0x0000.0000	优先级屏蔽寄存器
	FAULTMASK	RW	0x0000.0000	故障屏蔽寄存器
	BASEPRI	RW	0x0000.0000	基本优先级屏蔽寄存器
	CONTROL	RW	0x0000.0000	控制寄存器
	FPSC	RW		浮点状态控制

4. 异常和中断

Cortex-M4F 处理器支持中断和系统异常。处理器和嵌套向量中断控制器（NVIC）排序并处理所有异常。异常会改变软件控制的正常流程。处理器使用例程模式处理除复位外的所有异常。

NVIC 寄存器控制中断处理。

5. 数据类型

Cortex-M4F 支持 32 位字、16 位半字和 8 位字节。处理器还支持 64 位数据传输指令。所有指令和数据的存储器访问都采用小端方式。

2.2.4　存储器模型

本节描述了处理器的存储器映射，存储器访问行为和位带（Bit-banding）特征。处理器有一个固定的存储器映射图，存储器可寻址空间高达 4GB。TM4C1294NCPDT 控制器的存储器映射图见表 2-4。在本书中，寄存器地址将作为十六进制增量给出，与存储器映射中的模块基地址相关。

SRAM 和外设区域包括位带区。位带提供了位数据的原子操作功能。处理器保留私有外设总线（PPB）地址区范围为核心外设寄存器区域。注意，在存储器映射中，试图读取或写入保留空间的地址将导致一个总线错误。此外，尝试写入 Flash 区的地址也将导致总线错误。

表 2-4　存储器映射

开始	结束	描述
存储器		
0x0000.0000	0x000F.FFFF	片内 Flash
0x0010.0000	0x01FF.FFFF	保留
0x0200.0000	0x020F.FFFF	保留给片内 ROM 区 1（1MB）
0x0210.0000	0x021F.FFFF	保留给片内 ROM 区 2（1MB）
0x0220.0000	0x022F.FFFF	保留给片内 ROM 区 3（1MB）
0x0230.0000	0x023F.FFFF	保留给片内 ROM 区 4（1MB）
0x0240.0000	0x024F.FFFF	保留给片内 ROM 区 5（1MB）
0x0250.0000	0x025F.FFFF	保留给片内 ROM 区 6（1MB）
0x0260.0000	0x026F.FFFF	保留给片内 ROM 区 7（1MB）
0x0270.0000	0x027F.FFFF	保留给片内 ROM 区 8（1MB）
0x0280.0000	0x028F.FFFF	保留给片内 ROM 区 9（1MB）
0x0290.0000	0x029F.FFFF	保留给片内 ROM 区 10（1MB）
0x02A0.0000	0x02AF.FFFF	保留给片内 ROM 区 11（1MB）
0x02B0.0000	0x02BF.FFFF	保留给片内 ROM 区 12（1MB）
0x02C0.0000	0x02FF.FFFF	保留给片内用户 ROM（4MB）
0x0300.0000	0x1FFF.FFFF	保留
0x2000.0000	0x2006.FFFF	位带片内 SRAM
0x2007.0000	0x21FF.FFFF	保留
0x2200.0000	0x2234.FFFF	从 0x2000.0000 开始的位带片内 SRAM 位带别名
0x2235.0000	0x3FFF.FFFF	保留
外设		
0x4000.0000	0x4000.0FFF	看门狗定时器 0
0x4000.1000	0x4000.1FFF	看门狗定时器 1
0x4000.2000	0x4000.3FFF	保留
0x4000.4000	0x4000.4FFF	通用 I/O 口 A
0x4000.5000	0x4000.5FFF	通用 I/O 口 B
0x4000.6000	0x4000.6FFF	通用 I/O 口 C
0x4000.7000	0x4000.7FFF	通用 I/O 口 D
0x4000.8000	0x4000.8FFF	SSI0
0x4000.9000	0x4000.9FFF	SSI1
0x4000.A000	0x4000.AFFF	SSI2

（续）

开始	结束	描述
		外设
0x4000.B000	0x4000.BFFF	SSI3
0x4000.C000	0x4000.CFFF	通用异步串行收发器 0
0x4000.D000	0x4000.DFFF	通用异步串行收发器 1
0x4000.E000	0x4000.EFFF	通用异步串行收发器 2
0x4000.F000	0x4000.FFFF	通用异步串行收发器 3
0x4001.0000	0x4001.0FFF	通用异步串行收发器 4
0x4001.1000	0x4001.1FFF	通用异步串行收发器 5
0x4001.2000	0x4001.2FFF	通用异步串行收发器 6
0x4001.3000	0x4001.3FFF	通用异步串行收发器 7
0x4001.4000	0x4001.FFFF	保留
0x4002.0000	0x4002.0FFF	内部集成电路 0
0x4002.1000	0x4002.1FFF	内部集成电路 1
0x4002.2000	0x4002.2FFF	内部集成电路 2
0x4002.3000	0x4002.3FFF	内部集成电路 3
0x4002.4000	0x4002.4FFF	通用 I/O 口 E
0x4002.5000	0x4002.5FFF	通用 I/O 口 F
0x4002.6000	0x4002.6FFF	通用 I/O 口 G
0x4002.7000	0x4002.7FFF	通用 I/O 口 H
0x4002.8000	0x4002.8FFF	脉冲宽度调制器 0
0x4002.9000	0x4002.BFFF	保留
0x4002.C000	0x4002.CFFF	正交编码器接口 0
0x4002.D000	0x4002.FFFF	保留
0x4003.0000	0x4003.0FFF	16/32 位定时器 0
0x4003.1000	0x4003.1FFF	16/32 位定时器 1
0x4003.2000	0x4003.2FFF	16/32 位定时器 2
0x4003.3000	0x4003.3FFF	16/32 位定时器 3
0x4003.4000	0x4003.4FFF	16/32 位定时器 4
0x4003.5000	0x4003.5FFF	16/32 位定时器 5
0x4003.6000	0x4003.7FFF	保留
0x4003.8000	0x4003.8FFF	模数转换器 0
0x4003.9000	0x4003.9FFF	模数转换器 1
0x4003.A000	0x4003.BFFF	保留
0x4003.C000	0x4003.CFFF	模拟比较器
0x4003.D000	0x4003.DFFF	通用 I/O 口 J
0x4003.E000	0x4003.FFFF	保留

（续）

开始	结束	描述
		外设
0x4004.0000	0x4004.0FFF	控制器局域网 0 控制器
0x4004.1000	0x4004.1FFF	控制器局域网 1 控制器
0x4004.2000	0x4004.FFFF	保留
0x4005.0000	0x4005.0FFF	通用串行总线
0x4005.1000	0x4005.7FFF	保留
0x4005.8000	0x4005.8FFF	通用 I/O 口 A （AHB）
0x4005.9000	0x4005.9FFF	通用 I/O 口 B （AHB）
0x4005.A000	0x4005.AFFF	通用 I/O 口 C （AHB）
0x4005.B000	0x4005.BFFF	通用 I/O 口 D （AHB）
0x4005.C000	0x4005.CFFF	通用 I/O 口 E （AHB）
0x4005.D000	0x4005.DFFF	通用 I/O 口 F （AHB）
0x4005.E000	0x4005.EFFF	通用 I/O 口 G （AHB）
0x4005.F000	0x4005.FFFF	通用 I/O 口 H （AHB）
0x4006.0000	0x4006.0FFF	通用 I/O 口 J （AHB）
0x4006.1000	0x4006.1FFF	通用 I/O 口 K （AHB）
0x4006.2000	0x4006.2FFF	通用 I/O 口 L （AHB）
0x4006.3000	0x4006.3FFF	通用 I/O 口 M （AHB）
0x4006.4000	0x4006.4FFF	通用 I/O 口 N （AHB）
0x4006.5000	0x4006.5FFF	通用 I/O 口 P （AHB）
0x4006.6000	0x4006.6FFF	通用 I/O 口 Q （AHB）
0x4006.7000	0x400A.EFFF	保留
0x400A.F000	0x400A.FFFF	EEPROM 和主锁 （Key Locker）
0x400B.0000	0x400B.7FFF	保留
0x400B.8000	0x400B.8FFF	内部集成电路 8
0x400B.9000	0x400B.9FFF	内部集成电路 9
0x400B.A000	0x400B.FFFF	保留
0x400C.0000	0x400C.0FFF	内部集成电路 4
0x400C.1000	0x400C.1FFF	内部集成电路 5
0x400C.2000	0x400C.2FFF	内部集成电路 6
0x400C.3000	0x400C.3FFF	内部集成电路 7
0x400C.4000	0x400C.FFFF	保留
0x400D.0000	0x400D.0FFF	外部外设接口 0
0x400D.1000	0x400D.FFFF	保留
0x400E.0000	0x400E.0FFF	16/32 位定时器 6
0x400E.1000	0x400E.1FFF	16/32 位定时器 7
0x400E.2000	0x400E.BFFF	保留

（续）

开始	结束	描述
外设		
0x400E.C000	0x400E.CFFF	以太网控制器
0x400E.D000	0x400F.8FFF	保留
0x400F.9000	0x400F.9FFF	系统异常模块
0x400F.A000	0x400F.BFFF	保留
0x400F.C000	0x400F.CFFF	休眠模块
0x400F.D000	0x400F.DFFF	Flash 存储器控制
0x400F.E000	0x400F.EFFF	系统控制
0x400F.F000	0x400F.FFFF	μDMA
0x4010.0000	0x41FF.FFFF	保留
0x4200.0000	0x43FF.FFFF	位带别名
0x4400.0000	0x4402.FFFF	保留
0x4403.0000	0x4403.0FFF	CRC 模块
0x4403.1000	0x4403.1FFF	保留（4KB）
0x4403.2000	0x4403.3FFF	保留（8KB）
0x4403.4000	0x4403.EFFF	保留
0x4403.F000	0x4403.FFFF	保留（4KB）
0x4404.0000	0x4404.FFFF	保留（64KB）
0x4405.0000	0x4405.3FFF	保留
0x4405.4000	0x4405.4FFF	EPHY 0
0x4405.5000	0x5FFF.FFFF	保留
0x6000.0000	0xDFFF.FFFF	外部外设接口 0 映射外设和 RAM
私有外设总线		
0xE000.0000	0xE000.0FFF	仪器跟踪宏单元（ITM）
0xE000.1000	0xE000.1FFF	数据监视点和跟踪（DWT）
0xE000.2000	0xE000.2FFF	Flash 补丁和断点（FPB）
0xE000.3000	0xE000.DFFF	保留
0xE000.E000	0xE000.EFFF	Cortex-M4F 外设
0xE000.F000	0xE003.FFFF	保留
0xE004.0000	0xE004.0FFF	跟踪端口接口单元（TPIU）
0xE004.1000	0xE004.1FFF	嵌入跟踪宏单元（ETM）
0xE004.2000	0xFFFF.FFFF	保留

1. 存储器区域、类型和特点

　　存储器映射和 MPU 的编程将存储器映射分割成几个区域。每个区域都有一个确定的存储器类型，有些区域有附加的存储器属性。存储类型和属性决定了访问该区域的行为。

　　存储器类型有以下几种。

1）普通：处理器为了效率和推测读性能能够进行（访存）事务的重排序。

2）设备：处理器维护相对于设备或强序存储器其他事务的顺序。

3）强序：处理器维护相对于所有其他事务的顺序。

设备和强序存储器有不同的顺序要求，即存储器系统可以缓冲对设备存储器的写操作，但不能缓冲对强序存储器的写操作。

附加的存储器属性是永不执行（XN），这意味着处理器阻止指令访问。只有执行 XN 区的指令时才产生故障异常。

2. 存储器访问的存储器系统定序

对于大多数由明确的存储器访问指令引起的存储器访问，如果存储器的访问次序不影响指令序列的运行结果，则存储器系统不保证该访问次序完全匹配于指令的程序次序。通常，如果程序的正确执行依赖于按程序次序完成两次存储器访问，则软件必须在两个存储器访问指令之间插入一个存储器栅栏指令。

然而，存储器系统保证设备和强序存储器的访问次序。例如对于两条存储器访问指令 A1 和 A2，如果 A1 和 A2 都是访问设备或者强序存储器，并且程序次序中 A1 发生在 A2 之前，则 A1 始终在 A2 之前送到存储器系统。

3. 存储器访问行为

对存储器映射每个区域的访问行为见表 2-5。Tiva™ C 系列器件会保存表 2-5 所示地址范围内的存储器空间。

表 2-5　存储器访问行为

地址范围	存储器区域	存储器类型	永久执行（XN）	描述
0x0000.0000~0x1FFF.FFFF	代码	普通		这块是程序代码的可执行区域，也能存储数据
0x2000.0000~0x3FFF.FFFF	SRAM	普通		这块是数据的可执行区域，也能存储代码。这个区域包括位带和位带别名区
0x4000.0000~0x5FFF.FFFF	外设	设备	XN	这个区域包括位带和位带别名区
0x6000.0000~0x9FFF.FFFF	外部 RAM	普通		这块是数据的可执行区域
0xA000.0000~0xDFFF.FFFF	外部设备	设备	XN	这块是外部设备存储器
0xE000.0000~0xE00F.FFFF	私有外设总线	强序	XN	这块包括 NVIC、系统定时器和系统控制块
0xE010.0000~0xFFFF.FFFF	保留			

代码、SRAM 和外部 RAM 区域能保存程序。但是，建议程序始终保存在代码区，因为 Cortex-M4F 有独立的总线可以同时取指令和访问数据。

微处理器可以忽略这段描述的默认存储器访问行为。

Cortex-M4F 可以在执行之前预取指令，并且通过分支目标地址推测预取指令。

4. 存储器访问的软件定序

由于以下原因，程序流程中的指令次序并不总是保证相应的存储器处理次序。

1）在指令序列的行为不受影响的条件下，处理器能够对一些存储器访问重新排序以提高效率。

2）处理器有多个总线接口。

3）存储器映射中的存储器或设备有不同的等待状态。

4）有些存储器访问被缓冲或者被预测。

"2. 存储器访问的存储器系统定序"中描述了存储器系统保证存储器访问的次序。但是，如果存储器访问的次序是严格的，则软件必须包括存储器栅栏指令去强制这个次序。Cortex-M4F 有以下存储器栅栏指令。

1）数据存储器栅栏（DMB）指令，确保已发出的存储器操作在下个存储器操作之前完成。

2）数据同步栅栏（DSB）指令，确保已发出的存储器操作在下个指令执行之前完成。

3）指令同步栅栏（ISB）指令，确保所有完成的存储器操作效果被后续指令识别。

存储器栅栏指令可以在以下情况使用。

1）MPU 编程。如果 MPU 设置发生变化并且该变化必须在紧接着的下条指令时有效，使用一条 DSB 指令确保 MPU 设置在上下文切换后立刻生效。

如果一个 MPU 配置代码被一个分支或调用指令访问，使用一条 ISB 指令以确保新的 MPU 设置在编程 MPU 区域后立即生效。如果 MPU 配置代码被异常机制引用，则不需要 ISB 指令。

2）向量表。如果程序改变向量表的某个入口，然后使能相应的异常，在两个操作之间使用一条 DMB 指令。DMB 指令确保如果异常在使能后立即发生，则处理器使用新的异常向量。

3）自修改代码。如果程序包含自修改代码，在程序中的代码修改后立即使用一条 ISB 指令。ISB 指令确保随后的指令执行使用更新的程序。

4）存储器映射切换。如果系统包含一个存储器映射切换机制，切换程序中的存储器映射后使用一条 DSB 指令。DSB 指令确保随后的指令执行使用新的存储器映射。

5）动态异常优先级变化。当异常在挂起或者有效时，一个异常的优先级必须改变，在改变之后使用 DSB 指令。在 DSB 指令完成后改变生效。

对强序存储器的存储器访问，如系统控制块，则不需要使用 DMB 指令。

5. 位带

位带区将位带别名区的每个字映射到位带区的单个位中。位带区占据 SRAM 和外设存储器区的最低 1MB。32MB 的 SRAM 别名区访问映射到 1MB SRAM 位带区，见表 2-6。

表 2-6　SRAM 存储器位带区域

地址范围		存储器区域	指令和数据访问
开始	结束		
0x2000.0000	0x2006.FFFF	SRAM 位带区	对该存储器范围的直接访问相当于 SRAM 存储器访问，但该区域也可通过位带别名实现位寻址
0x2200.0000	0x2234.FFFF	SRAM 位带别名	该区域的数据访问被重新映射到位带区，实现一个写操作如同读-改-写。指令访问没有被重新映射

对 32MB 外设别名区的访问映射到 1MB 的外设位带区，见表 2-7。位带区的特定地址范围见表 2-4。

表 2-7　外设存储器位带区域

地址范围		存储器区域	指令和数据访问
开始	结束		
0x4000.0000	0x400F.FFFF	外设位带区	对该存储器范围的直接访问相当于外设存储器访问，但该区域也可通过位带别名实现位寻址
0x4200.0000	0x43FF.FFFF	外设位带别名	该区域的数据访问被重新映射到位带区，实现一个写操作如同读-改-写。指令访问不被允许

注：SRAM 或外设位带别名区的一个字访问映射到 SRAM 或外设位带区的单个位。对位带地址的一个字访问导致对上面的存储器的一个字访问，半字和字节访问也是同样的。这使得位带访问匹配于上面的外设访问要求。

SRAM 位带别名区和 SRAM 位带区之间的位带映射如图 2-5 所示。

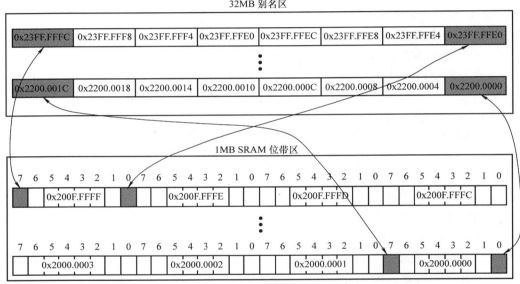

图 2-5　位带映射

6. 数据存储

处理器将存储器看作一个从零开始按增序编号的字节线性集合。例如，字节 0~3 占据第一个存储字，字节 4~7 占据第二个存储字。数据以小端方式存储，即字的最低有效字节（lsbyte）存储在最低编号的字节，最高有效字节（msbyte）存储在最高编号的字节。数据存储如图 2-6 所示。

7. 同步原语

Cortex-M4F 指令集中包含一对采用非阻塞机制的同步原语，线程或进程可以用来获得对一个存储单元的互斥访问。软件可以使用这些原语来实现一个有保证的读-改-写存储器更新序列或者一个信号量机制。

注意，可用的一对同步原语仅对单处理器使用有效，不能用于多处理器系统。一对同步原语包括以下两个。

1）一个互斥装入指令，用于读取一个存储单元的值并请求互斥访问该单元。

37

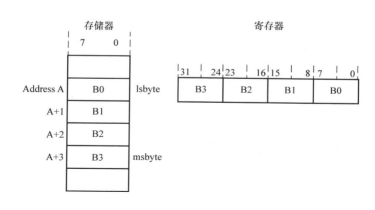

图 2-6　数据存储

2）一个互斥保存指令，用于尝试写入相同的存储单元，并返回一个状态位到寄存器。如果这个状态位被清零，则表示该线程或进程获得了存储器的互斥访问，并且写入成功；如果这个状态位被置位，则表示该线程或进程不能获得存储器的互斥访问，并且没有进行写操作。

互斥装入和互斥保存指令对有以下几种。

1）字指令 LDREX 和 STREX。

2）半字指令 LDREXH 和 STREXH。

3）字节指令 LDREXB 和 STREXB。

软件必须使用一条互斥装入指令以及相应的互斥保存指令。要对一个存储单元实现一个互斥读-改-写，软件必须执行以下步骤。

1）使用一个互斥装入指令读取该单元的值。

2）根据需要，修改该值。

3）使用一条互斥保存指令尝试对该存储单元写回新的值。

4）测试返回的状态位。如果状态位被清零，读-改-写成功完成。如果状态位被置位，没有执行写入，这表示在第 1 步返回的值中可能超时。该软件必须重试整个读-改-写过程。

软件可以使用同步原语来实现一个信号量，步骤如下。

1）使用一个互斥装入指令从信号量地址读，检测信号量是否为空。

2）如果信号量为空，使用一个互斥保存来向信号量地址写申明值。

3）如果第 2 步返回的状态位表示该互斥保存成功，那么软件已经申明了信号量。但是，如果该互斥保存失败，另一个进程可能会在软件执行步骤 1 后申明该信号量。

Cortex-M4F 包括一个专用的访问监视器用来标志处理器执行了一个互斥装入指令。如果有以下情形，处理器会移除它的互斥访问标签。

1）执行 CLREX 指令。

2）执行一个互斥保存指令，不管是否写成功。

3）一个异常发生，表示处理器可以解决不同线程之间的信号量冲突。

2. 2. 5　异常模型

ARM Cortex-M4F 处理器和嵌套向量中断控制器（NVIC）在例程模式对所有异常排序并处理。在一个异常中，处理器状态被自动保存到堆栈，并在中断服务程序（ISR）结束时自动从堆栈中恢复。向量的获取与状态保存并行，使中断进入更加有效。处理器支持链接功能，这使得背靠背中断不需要状态保存和恢复开销就能实现。

通过 **NVIC 系统例程优先级 n（SYSPRIn）**寄存器设置系统例程的优先级。通过 **NVIC 中断设置使能 n（ENn）**寄存器来设置中断的使能，优先级设置通过 **NVIC 中断优先级 n（PRIn）**寄存器实现。优先级分组可被拆分为抢占优先级和次优先级。

在内部，最高用户可编程优先级（值为 0）被视为第 4 优先级，复位后，不可屏蔽中断（NMI）和硬件故障也在这个级别。注意，0 是所有可编程优先级的默认优先级。

1. 异常状态

每种异常都处于下列状态之一。

（1）非激活　异常是不活动的，也不是挂起的。

（2）挂起　异常正在等待处理器处理。一个来自外设或软件的中断请求能改变相应中断的状态为挂起。

（3）激活　一个异常正在被处理器处理，但还没有完成。注意，一个异常处理程序可以中断另一个异常处理程序的执行。在这种情况下，两个异常都处于激活状态。

（4）激活并挂起　异常正被处理器处理，此时有一个来自相同源的挂起异常。

2. 异常类型

异常类型有以下几种。

（1）复位　复位分为上电复位或热复位。异常模型将复位作为一种特殊异常处理。当复位信号生效时，处理器有可能在指令的任何点停止运行。当复位信号失效时，从向量表中由复位入口提供的地址处重新开始执行。在线程模式下，重新开始执行视为特权级执行。

（2）NMI　非屏蔽中断（NMI）可以使用 NMI 信号线来发出信号或使用中断控制及状态（INTCTRL）寄存器软件触发。该异常有除复位外的最高优先级。NMI 被永久使能并有固定的优先级 −2。NMI 不能被屏蔽，也不能被其他异常打断，以及被除复位以外的其他异常抢占。

（3）硬件故障　硬件故障异常的发生，是因为异常处理时发生了一个错误，或者因为一个异常不能被任何其他异常机制来处理。硬件故障拥有固定的优先级 −1，这意味着它们比任何配置优先级的异常有更高的优先级。

（4）存储器管理故障　存储器管理故障是由于存储器保护相关故障引起的异常，包括访问冲突和不匹配。MPU 或固定的存储器保护，对指令和数据存储器事务限制决定该故障。即使 MPU 被禁用，该故障也用来取消对永不执行（XN）存储器区域的指令访问。

（5）总线故障　总线故障是因为指令或数据存储器处理的相关存储器故障而引起的异常，如预取错误或存储器访问故障。该故障可以被使能或禁用。

（6）使用故障　使用故障是因为涉及指令执行故障而引发的异常，举例如下。

1）未定义指令。

2）非法的未对齐访问。

3）指令执行无效状态。

4）一个错误或异常返回。

当内核被正确配置时，一个字或半字存储器访问的未对齐地址或被零除，会引起使用故障。

（7）SVCall　管理程序调用（SVC）是由 SVC 指令触发的异常。在一个操作系统环境中，应用程序可以使用 SVC 指令来访问操作系统内核函数和设备驱动程序。

（8）调试监视器　这个异常是由于调试监视器引起的（未停机时）。此异常只有被使能时才激活。如果它比当前激活程序优先级低则该异常不会激活。

（9）PendSV　PendSV 是一个可挂起的、中断驱动的系统级服务请求。在一个操作系统环境，当其他异常激活时，使用 PendSV 作为任务切换。PendSV 使用中断控制及状态（INTCTRL）寄存器触发。

（10）系统定时器　该异常是由系统定时器产生的异常，当它被使能时，到零则产生一个中断。软件也可以使用中断控制及状态（INTCTRL）寄存器产生系统定时器异常。在一个操作系统环境中，处理器可以使用该异常作为系统时钟。

（11）中断（IRQ）　中断是由外设发出信号或软件请求所产生，并通过 NVIC（设置优先级）关联的异常。所有的中断与指令执行是异步的。在系统中，外设使用中断与处理器进行通信。

对于异步异常，除复位外，在这个异常被触发和处理器进入异常例程之间，处理器可以执行其他指令。

3. 异常处理程序

处理器处理异常使用以下方法。

（1）中断服务程序（ISR）　中断是由中断服务程序处理的异常。

（2）故障处理程序　硬件故障、存储器管理故障、使用故障及总线故障都是故障处理程序处理的故障异常。

（3）系统处理　NMI、PendSV、SVCall、系统定时器（SysTick）及其余故障异常都是由系统处理程序处理的系统异常。

4. 向量表

向量表包含了所有异常处理程序的堆栈指针和起始地址重置值，也称为异常向量。向量表使用向量地址或偏移量构造。向量表中所有异常向量的顺序如图 2-7 所示。每个向量的最低位必为 1，表示异常处理程序是 Thumb 代码。

当系统复位时，向量表固定在地址 0x0000.0000。特权级软件可以写向量表偏移（VTABLE）寄存器，重新定位向量表起始地址到不同的存储单元，范围为 0x0000.0400~0x3FFF.FC00。配置 VTABLE 寄存器时要注意偏移量必以 1024B 为边界进行对齐。

5. 异常优先级

所有的异常都有其相应的优先级，较低的优先级值表示较高的优先级，除复位、硬件故障和 NMI 外的所有异常都可配置优先级。如果软件没有配置任何优先级，那么所有可配置优先级的异常都为优先级 0。

注意，为 Tiva™C 系列配置优先级的取值范围为 0~7。这意味着，复位、硬件故障和不可屏蔽异常，有固定的负优先级值，比其他任何异常具有更高的优先级。例如，分配一个较高的优先级值给 IRQ[0] 和一个较低的优先级值给 IRQ[1]，表示 IRQ[1] 比 IRQ[0] 具有更高的优先级。如果 IRQ[1] 和 IRQ[0] 信号都生效，IRQ[1] 在 IRQ[0] 之前被处理。

异常号	中断号	偏移量	向量
(N+16)	(N)	0x040+0x(N×4)	IRQN
⋮		⋮	⋮
		0x004C	
18	2	0x0048	IRQ2
17	1	0x0044	IRQ1
16	0	0x0040	IRQ0
15	−1	0x003C	系统定时器
14	−2	0x0038	PendSV
13			保留
12			为Debug保留
11	−5	0x002C	SVCall
10			
9			保留
8			
7			
6	−10	0x0018	使用故障
5	−11	0x0014	总线故障
4	−12	0x0010	存储器处理故障
3	−13	0x001C	硬件故障
2	−14	0x0008	NMI
1		0x0004	保留
0		0x0000	初始SP值

图 2-7　向量表

如果多个挂起异常具有相同的优先级，则具有最低异常号的挂起异常获得优先权。例如，如果 IRQ[0] 和 IRQ[1] 都挂起且具有相同的优先级，那么 IRQ[0] 在 IRQ[1] 之前被处理。

当处理器正在执行一个异常处理程序时，如果一个更高优先级的异常发生，则该异常处理程序被抢占。如果与正在处理的异常具有相同优先级的异常出现，处理程序不被抢占，不用考虑其异常编号。但是，新的中断状态变为挂起。

6. 中断优先级分组

为了提高系统对中断优先级的控制，NVIC 支持优先级分组。这个分组将每个中断优先级寄存器划分为两个区域：高区域定义组的优先级和低区域定义在同一组内的次优先级。

只有组优先级决定中断异常的优先权。当处理器正在执行一个中断异常处理程序时，另一个与被处理中断有同样组优先级的中断不能抢占当前处理程序。

如果多个挂起中断有相同的组优先级，那么次优先级区域决定了它们被处理的顺序。如果多个挂起的中断有相同的组优先级和次优先级，那么有最低 IRQ 编号的中断最先被处理。

7. 异常进入和返回

异常处理的描述使用以下术语。

（1）优先权　当处理器正在执行一个异常处理程序，如果另外一个异常的优先级高于正在处理的异常，则可以抢占异常处理程序。当一个异常抢占其他异常时，这两个异常被称为嵌套异常。

（2）返回　当异常处理程序完成后发生返回，并没有拥有足够优先级的挂起异常需要服务，而且完成的异常处理程序不是一个后到的异常。处理器弹出堆栈并恢复到中断发生前的处理器状态。

（3）尾链　这种机制可加速异常处理。在异常处理程序完成时，如果有满足异常进入要求的挂起异常，堆栈弹出（出栈）将被跳过，控制转移到新的异常处理程序。

（4）迟到　这种机制可加速抢占。如果在一个先前的异常状态保存过程中发生一个更高优先级的异常，处理器会切换到处理更高优先级的异常并为该异常初始化向量获取。因为两个异常的保存状态一样，状态保存不受迟到的异常影响。因此，状态保存继续进行而不被中断。直到原始异常的异常处理程序的第一条指令进入处理器的执行阶段为止，该处理器能够接受一个迟到的异常。当迟到异常的异常处理程序返回时，正常的尾链规则是适用的。

下面介绍异常进入和返回的具体步骤。

（1）异常进入　当一个挂起的异常有足够优先级，并且在处理器处于线程模式，或者新的异常优先级高于正在处理的异常情况下，新的异常将取代原先的异常，发生异常进入。当一个异常抢占另一个异常，这两个异常被嵌套。

足够的优先级意味着异常比屏蔽寄存器设置的限制有更多的优先权。优先级比屏蔽寄存器所设置限制低的异常，是未被处理器处理的挂起异常。

当处理器取走一个异常时，除非该异常是尾链的或迟到的异常，处理器会将信息压入当前堆栈。这个操作被称为压栈，8 个数据字的结构被称为堆栈帧。当使用浮点程序时，Cortex-M4F处理器在异常进入时自动堆积浮点状态结构。

压栈后，堆栈指针立即指示堆栈帧中的最低地址。堆栈帧包含返回地址，这是被中断的程序的下一条指令的地址。在异常返回时该值被恢复到程序计数器（PC），使被中断的程序重新开始。在压栈操作的同时，处理器执行一个向量提取，即从向量表读取异常处理程序的起始地址。当压栈完成后，处理器开始执行异常处理程序。同时，处理器写入一个异常返回（EXC＿RETURN）值到链接寄存器（LR），表明这个堆栈帧与哪个堆栈指针对应，以及在异常进入发生之前处理器是什么操作模式。

如果在异常进入期间没有更高优先级的异常，处理器开始执行异常处理程序并自动将相应中断状态从挂起状态改为激活。如果在异常进入期间，有被称为迟到的另一个更高优先级的异常出现，处理器开始执行这个异常的异常处理程序，并且不改变先前异常的挂起状态。

（2）异常返回　当处理器处于处理程序模式时发生异常返回，并执行下列指令之一将异常返回（EXC＿RETURN）值装入 PC。

1）一个 LDM 或 POP 指令装入 PC。

2）使用任何寄存器的 BX 指令。

3）以 PC 作为目标的 LDR 指令。

EXC＿RETURN 是在异常进入时被装入 LR 的值。异常机制依靠这个值来检测处理器什么时候完成异常处理。这个数值的最低 5 位提供了返回堆栈和处理器模式的信息。

2.2.6　故障处理

故障是异常的一个子集。下面的情况会产生一个故障。

1）获取指令、载入向量表或访问数据时的总线错误。

2）内部检测出的错误，如未定义的指令或试图用 BX 指令改变状态。

3）试图执行标记为不可执行的存储器区域（XN）中的指令。

4）由于违反特权或试图访问未管理区域的 MPU 故障。

1. 故障类型

故障类型、故障的处理程序、相应的故障状态寄存器和指示故障发生的寄存器位见表 2-8。

表 2-8　不同的故障类型

故障	处理	故障状态寄存器	位名
读向量的总线错误	硬件故障	硬件故障状态（HFAULTSTAT）	VECT
升级到硬件故障的故障	硬件故障	硬件故障状态（HFAULTSTAT）	FORCED
指令访问的 MPU 或默认存储器不匹配	存储器管理故障	存储器管理故障状态（MFAULTSTAT）	IERR
数据访问的 MPU 或默认存储器不匹配	存储器管理故障	存储器管理故障状态（MFAULTSTAT）	DERR
异常压栈时的 MPU 或默认存储器不匹配	存储器管理故障	存储器管理故障状态（MFAULTSTAT）	MSTKE
异常出栈时的 MPU 或默认存储器不匹配	存储器管理故障	存储器管理故障状态（MFAULTSTAT）	MUSTKE
延迟浮点状态保存期间的 MPU 或默认存储器不匹配	存储器管理故障	存储器管理故障状态（MFAULTSTAT）	MLSPERR
异常压栈期间的总线错误	总线故障	总线故障状态（BFAULTSTAT）	BSTKE
异常出栈期间的总线错误	总线故障	总线故障状态（BFAULTSTAT）	BUSTKE
指令获取期间的总线错误	总线故障	总线故障状态（BFAULTSTAT）	IBUS
延迟浮点状态保存期间的总线错误	总线故障	总线故障状态（BFAULTSTAT）	BLSPE
精确数据总线错误	总线故障	总线故障状态（BFAULTSTAT）	PRECISE
非精确数据总线错误	总线故障	总线故障状态（BFAULTSTAT）	IMPRE
试图访问协处理器	使用故障	使用故障状态（UFAULTSTAT）	NOCP
无定义的指令	使用故障	使用故障状态（UFAULTSTAT）	UNDEF
试图进入一个无效的指令集状态	使用故障	使用故障状态（UFAULTSTAT）	INVSTAT
无效的异常返回（EXC_RETURN）值	使用故障	使用故障状态（UFAULTSTAT）	INVPC
非法的非对齐装入或保存	使用故障	使用故障状态（UFAULTSTAT）	UNALIGN
除 0	使用故障	使用故障状态（UFAULTSTAT）	DIV0

2. 故障扩大和硬件故障

所有故障异常，除了硬件故障都有可配置的异常优先级。软件可以禁止执行这些故障的处理程序。通常，异常优先级和异常屏蔽寄存器的值一起决定处理器是否可以进入故障处理程序，以及一个故障处理程序是否可以取代另外一个故障处理程序，如 2.2.5 节异常模型所述。

在某些情况下，可配置优先级的故障被作为一个硬件故障对待。这个过程被称为优先级扩大，并且该故障作为扩大到硬件故障被描述。扩大到硬件故障发生于以下几种情况。

1）故障处理程序引起它所服务故障的同种故障。这种扩大到硬件故障的发生是因为故障处理程序不能取代自身，因为它必须具有与当前优先级相同的优先级。

2）故障处理程序引起与正在服务的故障具有相同或较低优先级的故障。这种情况的发生是因为新故障的处理程序不能取代当前正在执行的故障处理程序。

3）一个异常处理程序引起一个和目前正在执行的异常具有相同或较低优先级的故障。

4）一个故障发生并且该故障的处理程序未被使能。

如果在堆栈压栈期间，进入一个总线故障处理程序时发生一个总线故障，该总线故障不会扩大到硬件故障。因此，如果一个损坏的堆栈引起了一个故障，即使该处理程序的压栈失败，故障处理程序也会被执行。此时，故障处理程序运行，但是堆栈内容却是损坏的。

注意，只有复位和 NMI 可以抢占固定优先级的硬件故障。硬件故障可以抢占除复位、NMI 或其他硬件故障之外的任何异常。

3. 故障状态寄存器和故障地址寄存器

故障状态寄存器指示了故障起因。对于总线故障和存储器管理故障，故障地址寄存器指示了引起故障的操作要访问的地址，见表 2-9。

表 2-9　故障状态和故障地址寄存器

处理	状态寄存器名	地址寄存器名
硬件故障	硬件故障状态（HFAULTSTAT）	—
存储器管理故障	存储器管理故障状态（MFAULTSTAT）	存储器管理故障地址（MMADDR）
总线故障	总线故障状态（BFAULTSTAT）	总线故障地址（FAULTADDR）
使用故障	使用故障状态（UFAULTSTAT）	—

4. 锁止

如果执行 NMI 或硬件故障处理程序时出现硬件故障，则处理器进入锁止状态。当处理器处于锁止状态时，它不执行任何指令。处理器将保持在锁止状态，直到它被复位、不可屏蔽中断发生或者被调试器停止。

需要注意，如果锁止状态从 NMI 处理程序中发生，那么随后的 NMI 不会使处理器离开锁止状态。

2.2.7　电源管理

Cortex–M4F 处理器的睡眠模式可以减少功耗：睡眠模式停止处理器时钟，深度睡眠模式停止系统时钟并关闭 PLL 和 Flash 存储器。

系统控制（SYSCTRL）寄存器的 SLEEPDEEP 位选择使用的睡眠模式。本节介绍进入睡眠模式的机制以及从睡眠模式唤醒的条件，这两者都适用于睡眠模式和深度睡眠模式。

1. 进入睡眠模式

下面介绍了软件可以用来使处理器进入睡眠模式之一的机制。该系统可以产生伪唤醒事件，如调试操作唤醒处理器。因此，软件必须能够在类似事件后，将处理器返回睡眠模式。程序可以有一个空循环来将处理器返回到睡眠模式。

（1）等待中断　等待中断（WFI）指令会导致立即进入睡眠模式，除非唤醒条件为真。

当处理器执行一条 WFI 指令时，它停止执行指令并进入睡眠模式。

（2）等待事件　等待事件（WFE）指令会导致有条件进入睡眠模式，这依赖于事件寄存器的值。当处理器执行 WFE 指令时，它会检查事件寄存器。如果寄存器为 0，处理器停止执行指令并进入睡眠模式。如果寄存器为 1，处理器清除寄存器，并继续执行指令而不进入睡眠模式。

通常情况下，如果已经执行 SEV 指令后，虽然事件寄存器为 1，处理器执行 WFE 指令却不能进入睡眠模式。软件不能直接访问该寄存器。

（3）退出时睡眠　如果 SYSCTRL 寄存器中的 SLEEPEXIT 位被置位，当处理器完成所有异常处理程序的执行，它会返回到线程模式并立即进入睡眠模式。该机制可以用于当一个异常发生时仅需要处理器运行的应用。

2. 从睡眠模式唤醒

处理器唤醒的条件依赖于导致它进入睡眠模式的机制。

（1）从 WFI 或退出时睡眠中唤醒　通常情况下，只有当 NVIC 检测到一个导致异常进入的具有足够优先级的异常，处理器被唤醒。在处理器被唤醒并且执行中断处理程序之前，有些嵌入式系统可能需要执行系统恢复任务。进入中断处理程序可以通过设置 PRIMASK 位和清除 FAULTMASK 位来延迟。如果一个已使能的中断到达并比当前异常具有更高的优先级，则该处理器被唤醒，但不执行中断处理程序，直至处理器将 PRIMASK 位清零。

（2）从 WFE 中唤醒　如果检测到一个导致异常进入的具有足够优先级的异常，处理器被唤醒。另外，如果 SYSCTRL 寄存器中的 SEVONPEND 位被置位，即使中断被禁用或没有导致异常进入的足够优先级，任何新挂起的中断将触发一个事件，并唤醒处理器。

2.3　系统控制

系统控制配置设备的全部操作，并提供设备的信息。可配置的特性包括复位控制、NMI 操作、电源控制、时钟控制和低功耗模式。

2.3.1　信号描述

系统控制模块的外部信号及各自功能描述见表 2-10。NMI 信号是两个 GPIO 信号的复用功能，复位后的默认功能是 GPIO。NMI 引脚被保护，需要特殊方式才能配置为复用功能或者返回到 GPIO 功能。表 2-10 中"引脚复用/引脚分配"栏列出了用于 NMI 信号的 GPIO 引脚位置。在引脚位置边括号中的数字是必须编程到 GPIO 端口控制（GPIOPCTL）寄存器中 PMCn 字段的编码，用来将 NMI 信号分配给指定的 GPIO 端口引脚。此外，在 GPIO 复用功能选择（GPIOAFSEL）寄存器的 AFSEL 位必须设置为选择 NMI 功能。该表中列出的其余信号（在引脚复用/引脚分配列中的"固定"栏）有固定的引脚分配和功能。

表 2-10　系统控制和时钟信号　（128TQFP）

引脚名称	引脚编号	引脚复用/引脚分配	引脚类型	缓冲类型	描述
DIVSCLK	102	PQ4（7）	输出	TTL	基于选择时钟源的可选分频基准时钟输出，注意该信号与系统时钟不同步

（续）

引脚名称	引脚编号	引脚复用/引脚分配	引脚类型	缓冲类型	描述
NMI	128	PD7（8）	输入	TTL	不可屏蔽中断
OSC0	88	固定	输入	模拟	主晶振输入或外部时钟基准输入
OSC1	89	固定	输出	模拟	主晶振输出。当使用单端时钟源时不接该引脚
$\overline{RST}$	70	固定	输入	TTL	系统复位输入

2.3.2　功能描述

系统控制模块提供以下功能。

1）设备标识。

2）复位、电源和时钟源的可配置控制。

3）系统控制（运行、睡眠和深度睡眠模式）。

1. 设备标识

系统控制模块只读寄存器提供有关微控制器的信息，包括版本、元件型号、引脚数、工作温度范围和设备上可用的外设。设备标识 0（DID0）和设备标识 1（DID1）寄存器提供设备的版本细节、封装和温度范围等。外设存在寄存器开始于系统控制的偏移量 0x300 处，如看门狗定时器外设存在（PPWD）寄存器，提供设备包含每种类型模块数量的信息。最后，关于片上外设功能的信息都在外设属性寄存器中的每个外设寄存器空间的偏移量 0xFC0 处提供，如 GPTM 外设属性（GPTMPP）寄存器。

2. 复位控制

下面讨论复位序列之后的复位过程中，硬件方面的功能和系统软件要求。

（1）复位源　TM4C1294NCPDT 微控制器具有以下复位源。

1）上电复位（POR）。

2）外部复位输入引脚（$\overline{RST}$）信号有效。

3）V_{DDA}（模拟电压源）或 V_{DD}（外部电压源）低于允许工作的电压范围。

4）软件发起的复位（利用软件复位寄存器）。

5）违反看门狗定时器复位条件。

6）休眠模块事件。

7）通过硬件系统服务请求（HSSR）发起一个软件重启。

8）MOSC 失效。

复位后，根据复位原因设置复位原因（RESC）寄存器。该寄存器中的位是稳定的，经过多个复位序列后仍能保持它们的状态。RESC 寄存器的位可以通过写 0 来清除。

（2）引导配置　上电复位（POR）和设备初始化后，硬件加载 Flash 中基于 Flash 或 ROM 的应用程序的堆栈指针，以及 BOOTCFG 寄存器的 EN 位状态。如果 Flash 地址 0x0000.0004 处包含擦除字（值为 0xFFFF.FFFF），或 BOOTCFG 寄存器的 EN 位被清除，堆栈指针和复位向量指针分别从 ROM 中地址 0x0100.0000 和 0x0100.0004 处装载。引导加载程序执行，配置可用的引导从设备接口，并等待外部存储器加载它的软件。

如果 Flash 在地址 0x0000.0004 处的检查包含一个有效的复位向量值并且 BOOTCFG 寄存

器尚不指明引导加载程序,引导序列将从 Flash 获取堆栈指针/复位向量。此应用程序堆栈指针和复位向量被加载并且处理器直接执行应用程序。

注意,如果设备在初始化阶段失败,它切换 TDO 输出引脚作为设备未在执行的指示。此功能用于调试目的。

(3)外部产生的上电复位 在外部产生的上电复位期间,内部上电复位(POR)电路监测电源电压(V_{DD}),并在电压达到阈值(V_{POR})时产生一个复位信号,给包括 JTAG 在内的所有内部逻辑。如果具体的电压参数不符合其电气特性定义,则复位不会完成。对于有些应用程序,需要使用外部复位信号以保持微控制器比内部上电复位更长的复位时间,可以使用下面的"外部$\overline{RST}$引脚"中讨论的$\overline{RST}$输入。保持该引脚激活,即使有上电复位发生也可以在启动后保持初始化过程。在在线检测,以及其他期望器件延迟操作直到一个外部监督被释放的情况下,该操作有用。

注意,JTAG 控制器可被上电复位或保持 TMS 引脚 5 个时钟周期的高电平而复位。

上电复位过程如下:

1)微控制器等待内部 POR 变为无效。

2)内部复位被撤销,内核执行设备的一个完整初始化过程。完成后,内核从存储器装载初始堆栈指针、初始程序计数器以及由程序计数器指定的第一条指令,然后开始执行。

当微控制器从休眠状态唤醒,并且当 V_{DD} 电源跌落于其设定的工作极限时,内部 POR 仅在微控制器的初始上电处激活。

(4)外部$\overline{RST}$引脚 当外部$\overline{RST}$引脚信号有效时,根据复位行为控制(RESBEHAVCTL)寄存器的配置情况,发起系统复位或上电复位。如果 RESBEHAVCTL 的位域 EXTRES 被设置为 0x3,则模拟的完全初始化将开始于$\overline{RST}$有效。如果这些位被编程为 0x2,则发出系统复位。当 EXTRES 被设置为 0x0 或 0x1,则当外部$\overline{RST}$引脚信号有效时,执行它的默认操作,即发出一个整的模拟 POR。

外部复位引脚($\overline{RST}$)被配置为产生一个上电复位,以复位包括内核和所有片上外设的微控制器。外部复位过程如下。

1)外部复位引脚($\overline{RST}$)在 T_{MIN} 时段内有效,然后无效。这会产生一个内部 POR 信号。

2)微控制器等待内部 POR 变为无效。

3)内部复位被撤销,并且内核执行设备的一个完整初始化。完成后,内核从存储器装载初始堆栈指针、初始程序计数器以及由程序计数器指定的第一条指令,然后开始执行。

外部复位引脚($\overline{RST}$)被配置为产生系统复位后,将复位微控制器包括内核和所有片上外设。外部复位过程如下。

1)外部复位引脚($\overline{RST}$)在 T_{MIN} 指示的时间内有效,然后无效。

2)内部复位被撤销,内核从存储器装载初始堆栈指针、初始程序计数器以及由程序计数器指定的第一条指令,然后开始执行。

(5)掉电复位(BOR) 微控制器提供一个掉电检测电路,如果 V_{DD}(外部)或 V_{DDA}(模拟)电源跌落到相应的低电压阈值,则信号被触发。如果检测到掉电条件,系统可能会产生一个中断、系统复位或上电复位。复位时的默认值是生成一个中断。

应用程序可以通过读取功率-温度起因(PWRTC)寄存器来识别出现的 BOR 事件类型。

掉电检测电路可以通过在电源-温度掉电控制（PTBOCTL）寄存器编程以产生复位、系统控制中断或 NMI。复位时的默认设置如下。

1）V_{DDA} 在掉电检测默认设置下为没有动作发生。

2）V_{DD} 在掉电检测默认设置下为执行一个完整的上电复位。

掉电 POR 复位过程如下。

1）当 BOR 事件触发条件之一发生时，内部掉电复位条件被设置。

2）如果已在 PTBOCTL 寄存器中编程 BOR 事件以产生复位，并且 RESBEHAVCTL 中的 BOR 位已被设置为 0x3，内部 POR 复位有效。

3）内部复位被撤销，并且内核执行设备的一个完整初始化过程。完成后，内核从存储器装载初始堆栈指针、初始程序计数器以及由程序计数器指定的第一条指令，然后开始执行。内部上电复位失效后启动应用程序。

掉电系统复位过程如下。

1）当 BOR 事件触发条件之一发生时，内部掉电复位条件被设置。

2）如果在 PTBOCTL 寄存器中已编程 BOR 事件以产生复位，并且 RESBEHAVCTL 中的 BOR 位已被设置为 0x2，内部复位有效。

3）内部复位被撤销，并且微控制器读取并加载初始堆栈指针、初始程序计数器以及由程序计数器指定的第一条指令，然后开始执行。

掉电复位的结果等同于外部 $\overline{\text{RST}}$ 输入有效，并且复位将会保持有效，直到电压恢复。复位中断处理程序会检查 RESC 寄存器，以确定掉电是否是复位的原因，从而准许软件来确定哪些行为需要恢复。

（6）软件复位　软件可复位指定的外设或整个微控制器。

通过从系统控制偏移量 0x500 处开始的指定外设复位寄存器（如看门狗定时器软件复位（SRWD）寄存器），外设可被软件分别复位。如果外设对应的位置位后再被清零，则该外设被复位。

整个微控制器，包括内核，可以通过软件设置核心外设存储器映射空间中的应用中断和复位控制（APINT）寄存器中的 SYSRESREQ 位来复位。该软件启动的系统复位过程如下。

1）通过设置 SYSRESREQ 位来启动软件微控制器复位。

2）内部复位生效。

3）内部复位失效并且微控制器从存储器加载初始堆栈指针、初始程序计数器以及由程序计数器指定的第一条指令，然后开始执行。

内核只能通过软件设置 APINT 寄存器中的 VECTRESET 位来复位。软件启动的内核复位过程如下。

1）通过设置 VECTRESET 位来启动内核复位。

2）内部复位生效。

3）内部复位失效并且微控制器从存储器加载初始堆栈指针、初始程序计数器以及由程序计数器指定的第一条指令，然后开始执行。

（7）看门狗定时器复位　看门狗定时器模块的功能是防止系统挂起。TM4C1294NCPDT 微控制器有两个看门狗定时器模块，以防其中一个看门狗时钟源失效。一个看门狗运行于系统时钟，而另一个运行于精密内部振荡器（PIOSC）。看门狗定时器能被配置为对微控制器产生以下中断：第一次超时产生中断或不可屏蔽中断，第二次超时产生系统复位或上电复位。

在看门狗第一次超时事件后，32 位看门狗计数器被重新加载看门狗定时器装载（WDTLOAD）寄存器的值，并从该值开始重新递减计数。如果定时器在第一次超时中断被清除之前再次递减计数到零，并且已经通过看门狗控制寄存器（WDTCTL）中的 RESEN 位使能看门狗复位发生，则看门狗定时器将其复位信号发送给微控制器。根据复位行为控制（RESBEHAVCTL）寄存器中 WDOGn 位设置的值，可以产生完整的上电复位或系统复位。如果 WDTCTL 寄存器的 RESEN 位被置 1，并且 RESBEHAVCTL 寄存器的 WDOGn 位被编程为 0x3，则启动完整的 POR；如果 WDOGn 位设置为 0x2，则发出系统复位。当 WDOGn 位设置为 0x0 或 0x1，则看门狗定时器在生效后执行它的默认操作，即发出一个完整的上电复位。

看门狗定时器的上电复位过程如下。

1）看门狗定时器第二次超时而且没有被喂狗。

2）内部 POR 复位生效。

3）内部复位被释放并且内核执行设备的一个完整初始化。完成后，内核从存储器装载初始堆栈指针、初始程序计数器以及由程序计数器指定的第一条指令，然后开始执行。

看门狗定时器的系统复位过程如下。

1）看门狗定时器第二次超时并且没有被喂狗。

2）内部复位生效。

3）内部复位被释放并且微控制器从存储器装载初始堆栈指针、初始程序计数器以及由程序计数器指定的第一条指令，然后开始执行。

（8）休眠模块复位　当休眠模块被配置后，由冷启动 POR 驱动，随后进入休眠模式，唤醒事件（不包括外部复位管脚唤醒）使模块产生系统复位。该复位信号复位设备上除休眠模块外的所有电路。所有休眠模块寄存器在复位后保留它们的值。

当休眠模块接收到一个唤醒事件并且 V_{DD} 被使能，发生的系统复位过程如下。

1）RESC 寄存器中的 HIB 位被置位。

2）内部复位生效。

3）内部复位被释放并且微控制器从存储器装载初始堆栈指针、初始程序计数器以及由程序计数器指定的第一条指令，然后开始执行。

4）可以读休眠模块中的 HIBRIS 寄存器，以确定复位的原因。

5）通过写 0 清除 RESC 寄存器中的 HIB 位。

（9）HSSR 复位　硬件系统服务请求（HSSR）寄存器可以被用来恢复设备到出厂设置。成功的硬件系统服务请求（HSSR）寄存器写入将启动系统复位。在检查 HSSR 寄存器及处理写入命令之前执行复位初始化过程。该寄存器只能在特权模式下被访问。

返回出厂设置完成之前，系统复位过程开始执行，并且 RESC 寄存器中的 HSSR 位被置位。在 HSSR 功能被处理后，HSSR 寄存器中的 CDOFF 字段被写为功能处理的结果，并且执行另一 HSSR 系统复位。通过在 RESC 寄存器中写入 0 可以清除该 HSSR 位。

3. 不可屏蔽中断

微控制器有以下多个不可屏蔽中断（NMI）来源。

1）NMI 信号有效。

2）主振荡器校验错误。

3）Cortex™–M4F 的中断控制及状态（INTCTRL）寄存器中的 NMISET 位。

4）看门狗控制（WDTCTL）寄存器中的 INTTYPE 位被置位时，看门狗模块超时中断。

5）监控事件。

6）任一下述的 BOR 触发事件：

① V_{DDA} 低于 BOR 设定值。

② V_{DD} 低于 BOR 设定值。

软件必须检查 NMI 起因（NMIC）寄存器的中断起因，以在所有中断源中识别中断。

（1）NMI 引脚 NMI 信号是 GPIO 端口引脚的复用功能，在 GPIO 用于中断的信号中，该复用功能必须被使能。注意使能 NMI 复用功能要求 GPIO 锁定和委托功能的使用，类似于与 JTAG/SWD 功能关联的 GPIO 端口引脚的要求。NMI 信号的有效电平是高电平；使能的 NMI 发有效信号高于 V_{IH} 将启动 NMI 中断过程。

（2）主振荡器校验故障 TM4C1294NCPDT 微控制器提供了一个主振荡器校验电路，如果振荡器运行得太快或太慢就会产生错误报警。如果主振荡器校验电路被使能并且发生故障，不是产生上电复位并且将控制权移交给 NMI 处理程序，就是产生中断。MOSCCTL 寄存器中的 MOSCIM 位决定所发生的行为。在任何情况下，系统时钟源将被自动切换到 PIOSC。如果发生 MOSC 故障复位，由于能从通用复位处理程序中移除必要的代码，因此 NMI 处理程序被用于处理主振荡器校验故障，以加速复位处理。通过设置主振荡器控制（MOSCCTL）寄存器中的 CVAL 位，可以使能检测电路。复位起因（RESC）寄存器中的主振荡器故障状态（MOSCFAIL）位用来指示主振荡器校验错误。

4. 电源控制

TM4C1294NCPDT 微控制器提供了一个集成的 LDO 调压器，用于给微控制器中多数内部逻辑提供电源。电源结构如图 2-8 所示，最大输出电压为 1.2V。不可以使用外部 LDO。

注意，VDDA 必须用 3.3V 供电，否则微控制器不能正常工作。VDDA 是设备上所有模拟电路的电源，包括时钟电路。VDDA 电压源通常连接于经过滤波的电压源或调压器。

5. 时钟控制

由系统控制模块决定时钟的控制。

（1）基本时钟源 微控制器中有多个时钟源可用。运行和睡眠模式配置

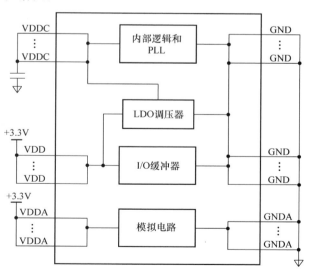

图 2-8 电源结构

（RSCLKCFG）寄存器可用于配置设备在上电复位后所需的时钟源，以及系统时钟分频编码。可用的时钟源如下。

1）精密内部振荡器（PIOSC）。精密内部振荡器是一种片上时钟源，供单片机在上电复位期间及之后使用。它是获取复位向量和执行代码应用程序开始时刻的实际时钟源。它不需

要任何外部元件，提供的时钟根据温度变化为（16±3%）MHz。在需要足够精密时钟源的应用中，PIOSC 可以降低系统成本。如果需要主振荡器，软件必须使能主振荡器并随即复位，让主振荡器在改变时钟基准前稳定下来。如果休眠模块的时钟源是 32.768kHz 振荡器，通过基于基准时钟的软件校准精密内部振荡器，可以提高精度。不管 PIOSC 是否为系统时钟的时钟源，PIOSC 能被配置为一些外设的备用时钟源。

2）主振荡器（MOSC）。主振荡器以两种方法之一提供了一个精密频率的时钟源：被连接到 OSC0 输入引脚的外部单端时钟源，或者被接到 OSC0 输入引脚与 OSC1 输出引脚之间的外部晶振。如果正在使用 PLL，晶振值可以是 5~25MHz（含）之间的任何频率。如果不使用 PLL，则晶振可以是 4~25MHz 之间任一被支持的频率。单端时钟源的范围从直流信号到微控制器的额定速度。

3）低频内部振荡器（LFIOSC）。低频内部振荡器提供一个 33kHz 的额定频率。它是为深度睡眠省电模式准备的。通过配置深度睡眠时钟配置（DSCLKCFG）寄存器，该省电模式可提供精简的内部切换以及在深度睡眠模式下关闭 MOSC 和（或）PIOSC 的能力。

4）休眠模块 RTC 振荡器（RTCOSC）时钟源。休眠模块为系统控制模块提供两个时钟的选择输出，一个外部 32.768kHz 时钟或一个低频时钟（HIB LFIOSC）。休眠模块可以选择接在 XOSC0 引脚的 32.768kHz 振荡器作为时钟。32.768kHz 振荡器可用于系统时钟，从而省却了额外的晶振或振荡器。另外，休眠模块包含一个低频振荡器（HIB LFIOSC），其目的是为系统提供一个实时时钟源，并且还可提供一个深度睡眠或休眠模式省电的准确时钟源。注意，HIB LFIOSC 是与 LFIOSC 不同的时钟源。

内部系统时钟（SysClk），可来自于任何上述时钟源。PIOSC 或 MOSC 时钟也可使用内部 PLL，以产生系统时钟及外设时钟。不同的时钟源能被用于同一个系统，见表 2-11。

表 2-11 时钟源选项

时钟源	驱动 PLL 的能力	使能 PLL，RSCLKCFG 位编码	系统时钟产生能力	使能系统时钟产生，RSCLKCFG 位编码
精密内部振荡器（PIOSC）	有	USEPLL = 1，PLLSRC = 0x0	有	USEPLL = 0，OSCSRC = 0x0
主振荡器（MOSC）	有	USEPLL = 1，PLLSRC = 0x3	有	USEPLL = 0，OSCSRC = 0x3
低频内部振荡器（LFIOSC）	无	—	有	USEPLL = 0，OSCSRC = 0x2
休眠模块 RTC 振荡器（RTCOSC），32.768kHz 振荡器或 HIB LFIOSC	无	—	有	USEPLL = 0，OSCSRC = 0x4

（2）时钟配置　运行和睡眠模式配置（RSCLKCFG）寄存器在运行和睡眠模式下控制系统时钟。深度睡眠时钟配置（DSCLKCFG）寄存器指定时钟系统在深度睡眠模式下的行为。这些寄存器控制以下时钟功能：

- 运行和睡眠模式下系统时钟的时钟源。
- 深度睡眠模式下系统时钟的时钟源。
- 源于 PLL 的系统时钟的使能/禁用。
- 锁相环或振荡器的时钟因子，取决于谁被使能。
- 用于 Flash 存储器定时参数的使能。

为提供更多的配置，PLL 频率 n（PLLFREQn）寄存器允许 PLL VCO 频率（f_{VCO}）可以根据系统时钟的速度要求，乘以或除以可编程值。表 2-12 列出了上电复位后的时钟源状态。

表 2-12　POR 后时钟源的状态

时钟源	上电复位状态
锁相环	禁用/已关闭
主振荡器	禁用/已关闭
低频内部振荡器	启用
精密内部振荡器	启用
休眠模块 RTC 振荡器	禁用

1）外设时钟源。ADC、USB、以太网、PWM、UART 和 QSSI 都在它们的寄存器映射偏移量 0xfc8 处有一个时钟控制寄存器，可用于生成控制模块的时钟。

2）ADC 时钟控制。ADC 数字电路单元使用系统时钟，ADC 模拟电路单元使用独立的转换时钟（ADC Clock）。ADC 的时钟频率是 16MHz，可以产生 1Msps 的转换速率。ADC 时钟有以下三个时钟源。

① 如果 ADC 时钟配置（ADCCC）寄存器中的 CS 位域是 0x0，而且配置了同一个寄存器里的 CLKDIV 位域，则可以使用 PLL VCO（f_{VCO}）。

② 可以直接使用 PIOSC 提供接近 1Msps 的转换速率。为了使用 PIOSC，需要把 ADCCC 寄存器中的 CS 字段设置为 0x1，并且编程备用时钟配置（ALTCLKCFG）寄存器中的 ALT-CLK 字段为 0x0。

③ 主振荡器（MOSC）——对于 1Msps 转换速率，附加晶振必须是 16MHz。

注意，如果 ADC 模块没有使用 PIOSC 作为时钟源，则系统时钟必须最少为 16MHz。

3）USB 时钟控制。当 USB 模块使用集成的 USB PHY 时，MOSC 必须作为时钟源，无论有没有使用 PLL，系统时钟必须至少为 30MHz。此外，只能使用整数分频系数来达到 60MHz 的 USB 时钟源。分数分频系数可能会增加抖动并降低 USB 机能。USB 时钟控制（USBCC）寄存器包含 CLKDIV 位域，能被编程以指定分频系数，用来减少对 60MHz 时钟源的 PLL VCO 输出，而这是 USB 控制器中串行化/并行化模块所需要的。

在 ULPI 模式下，如果 USB 时钟源内置，那么 USB0CLK 引脚就是对于外部 ULPIPHY 的输出。如果 USB 时钟源外置，USB0CLK 引脚将会作为外部 ULPIPHY 的一个输入。

4）PWM 时钟控制。PWMCC 寄存器可以选择系统时钟或分频的系统时钟作为 PWM 时钟源。

5）其他外设时钟控制。在 UART 和 QSSI 时钟控制寄存器中，用户可以在波特率时钟默认的系统时钟（SysClk）和备用时钟之间选择时钟源。注意，当配置波特率时钟时，可能有特别的考虑。

（3）精密内部振荡器操作（PIOSC）　微处理器上电时，PIOSC 运行。如果需要另一个时钟源，PIOSC 必须保持被使能，因为它是用于内部功能的。PIOSC 只能在深度睡眠模式中被禁用。通过设置 DSCLKCFG 寄存器中的 PIOSCPD 位可以关闭它。

PIOSC 产生精度为 ±3% 的 16MHz 时钟。出厂时，PIOSC 在室温下被设置为 16MHz，但是为了其他电压或温度的情况，可以使用软件按以下方式修改其频率。

1）默认校准：清除 UTEN 位并设置精密内部振荡器校准（PIOSCCAL）寄存器的 UP-

DATE 位。

2）用户自定义校准：用户可以编程 UT 值来调整 PIOSC 频率。当 UT 值增大时，产生的周期增加。为了写入一个新的 UT 值，首先置位 UTEN 位，然后编程 UT 字段，再置位 UP-DATE 位。该调整在几个时钟周期内结束，并且没有抖动。

3）自动校准（使用休眠模块使用的 32.768kHz 振荡器）：置位 PIOSCCAL 寄存器的 CAL 位；校准结果被写入精密内部振荡器统计（PIOSCSTAT）寄存器的 RESULT 字段。校准完成后，由 CT 字段中返回的调整值来调整 PIOSC。

（4）主振荡器　主振荡器支持使用 5~25MHz 的晶振；能够配置系统控制的 RSCLKCFG 寄存器，以确定作为系统时钟或作为 PLL 输入信号源的 MOSC；可以通过编程 RSCLKCFG 寄存器的 OSCRC 位来选择 MOSC 作为振荡器源。如果没有晶振连接，MOSCCTL 寄存器中的 NOXTAL 位允许用户关掉 MOSC 的电源，以减少 MOSC 电路的功率吸收。

（5）PLL　PLL 具有正常模式和掉电模式两种工作模式。

● 正常模式：PLL 振荡器基于 PLLFREQ0 和 PLLFREQ1 寄存器中的值，并驱动输出。

● 掉电模式：大部分 PLL 内部电路被禁用，并且 PLL 不驱动输出。该模式使用 PLL-FREQ0 寄存器中的 PLLPWR 位来设置。

1）PLL 配置。上电复位时默认禁用 PLL，如果需要可在以后通过软件来启用。软件指定输出分频因子来设置系统时钟频率，并且使能 PLL 驱动输出。通过使用 PLLFREQ0、PLL-FREQ1 和 PLLSTAT 寄存器，可以控制 PLL。但是直到 RSCLKCFG 寄存器中的 NEWFREQ 位被使能，才会激活对这些寄存器的更改。通过配置运行和睡眠时钟配置（RSCLKCFG）寄存器的 PLLSRC 字段，可以选择主 PLL 的时钟源。

PLL 允许产生的系统时钟频率超过所提供的基准时钟。PLL 的基准时钟是 PIOSC 和 MOSC。寄存器 PLLFREQ0 和 PLLFREQ1 控制 PLL。PLL VCO 频率由下式决定。

$$f_{VCO} = f_{IN} \times MDIV$$

其中，

$$f_{IN} = f_{XTAL}/(Q+1)(N+1) \text{ 或 } f_{PIOSC}/(Q+1)(N+1)$$
$$MDIV = MINT + (MFRAC/1024)$$

Q 和 N 的值在 PLLFREQ1 寄存器中被编程。注意，为了减少抖动，MFRAC 应被编程为 0x0。

当 PLL 激活时，使用下式计算系统时钟频率（SysClk）。

$$SysClk = f_{VCO}/(PSYSDIV+1)$$

PLL 系统分频因子（PSYSDIV）决定了系统时钟的值。当 $f_{VCO} = 480MHz$ 时，系统分频编码对系统时钟频率的影响见表 2-13。

表 2-13　$f_{VCO} = 480MHz$ 的系统分频因子

系统时钟（SysClk）/MHz	$f_{VCO} = 480MHz$
	系统除数（PSYSDIV+1）
120	4
60	8
48	10

（续）

系统时钟（SysClk）/MHz	$f_{VCO} = 480\text{MHz}$
	系统除数（PSYSDIV + 1）
30	16
24	20
12	40
6	80

如果主振荡器给 PLL 提供时钟基准，该转换由硬件提供，并可用软件在 PLL 频率 n （PLLFREQn）寄存器中对 PLL 编程。该内部转换对于目标 PLL VCO 频率提供 ±1% 以内的转换。实际的 PLL 频率以及对于一个给定的晶振选择的误差见表 2-14。表 2-14 中提供了对 PLLFREQ0 和 PLLFREQ1 寄存器的编程目标的例子。第一列指定输入晶振频率，最后一列显示当 $Q = 0$ 时，给定 MINT 和 N 的值所对应的 PLL 频率。

表 2-14　实际的 PLL 频率

晶振频率 /MHz	MINT （十进制值）	MINT （十六进制值）	N	基准频率 /MHz	PLL 频率 /MHz
5	64	0x40	0x0	5	320
6	160	0xA0	0x2	2	320
8	40	0x28	0x0	8	320
10	32	0x20	0x0	10	320
12	80	0x50	0x2	4	320
16	20	0x14	0x0	16	320
18	160	0xA0	0x8	2	320
20	16	0x10	0x0	20	320
24	40	0x28	0x2	8	320
25	64	0x40	0x4	5	320
5	96	0x60	0x0	5	480
6	80	0x50	0x0	6	480
8	60	0x3C	0x0	8	480
10	48	0x30	0x0	10	480
12	40	0x28	0x0	12	480
16	30	0x1E	0x0	16	480
18	80	0x50	0x2	6	480
20	24	0x18	0x0	20	480
24	20	0x14	0x0	24	480
25	96	0x60	0x4	5	480

2）PLL 操作。如果 PLL 配置被改变，PLL 输出频率是不稳定的，直到重新收敛（重新锁定）于新的设置。在配置变换和重新锁定之间的时间为 T_{READY}。重新锁定时间内，受影响

的 PLL 不可用作时钟基准。软件可以查询 PLL 状态（PLLSTAT）寄存器的 LOCK 位，以确定 PLL 何时被锁定。

当 PLL 作为系统的时钟源时，不能修改 PLL VCO 的频率。PLL 所有的改变必须通过一个不同的时钟源来实现，直到 PLL 已经锁定频率。因此，PLL VCO 频率的改变必须按照从 PLL 到 PIOSC/MOSC，然后从 PIOSC/MOSC 再到新的 PLL 的顺序来完成。

在上述两个变化之一发生以后，通过硬件确保在 T_{READY} 条件满足前，PLL 不用于系统时钟。用户必须保证在 RSCLKCFG 寄存器被重新编程以使能 PLL 前，有一个稳定的时钟源（类似于主振荡器）。软件可以使用多种方法来确保系统受 PLL 时钟控制，包括周期性地查询偏移量 0x050 处的原始中断状态（RIS）寄存器的 PLLLRIS 位，以及使能偏移量 0x054 处的中断屏蔽控制（IMC）寄存器中的 PLL 锁定中断。

6. 系统控制

对于微处理器来说有以下四种操作级别。

① 运行模式。

② 睡眠模式。

③ 深度睡眠模式。

④ 休眠模式。

为了节省功耗，当微处理器处于运行、睡眠和深度睡眠模式时，外设专用 RCGCx、SCGCx 和 DCGCx 寄存器（如 RCGCWD）分别控制系统中外设或模块的时钟门控逻辑。这些寄存器分别位于从偏移量 0x600、0x700 以及 0x800 开始的系统控制寄存器映射中。

（1）运行模式　在运行模式下，微控制器主动执行代码。运行模式支持处理器以及所有通过外设专用 RCGC 寄存器使能的外设的常规操作。在运行模式（包括睡眠模式）下，运行和睡眠时钟配置（RSCLKCFG）寄存器指定 SysClk 的时钟源。该时钟源可以是被除以一个特定除数（由 PSYSDIV 字段指定的除数值）的 PLL 的 VCO 输出，或是被除以一个特定的除数（由 OSYSDIV 字段指定的除数值）的振荡器的输出。使用 RSCLKCFG 寄存器中的 USEPLL 位来选择该时钟源。PLL 有主振荡器（MOSC）或精密内部振荡器（PIOSC）两个基准时钟源作为输入，通过 PLLSRC 确定 PLL 输入选择。如果 PLL VCO 输出没有被选择为 SysClk 时钟源，那么下列基准时钟可被编程为输入。

① 主振荡器（MOSC）。

② 精密内部振荡器（PIOSC）。

③ 低频内部振荡器（LFIOSC）。

④ 休眠模块实时振荡器源（RTCOSC）。该信号源可以是一个 32.768kHz 的振荡器源，外部 32.768kHz 时钟源或者内部休眠模块低频振荡器（HIBLFIOSC）。如果选择了这个时钟源，也需要在休眠模块下使能它。

通过 RSCLKCFG 寄存器中的 OSCSRC 字段来选择这些备用时钟源。

（2）睡眠模式　在睡眠模式下，活动外设的时钟频率不变，但是处理器和存储器子系统没有时钟信号，因此不再执行代码。通过 Cortex-M4F 内核执行一条 WFI（等待中断）指令进入睡眠模式。系统中任何正确配置的中断事件都可以将处理器带回运行模式。

当启用自动时钟门控时，外设受在外设专用 SCGC 寄存器中被使能的时钟控制；或当自动时钟门控被禁用时，受外设专用 RCGC 寄存器中被使能的时钟控制。在运行模式中，系统时钟有相同的时钟源和频率。

PLL VCO 或备用振荡器源如 MOSC、PIOSC、休眠模块实时时钟或 LFIOSC 的选择使用与运行模式下的描述相同。RSCLKCFG 寄存器编程适用于睡眠模式。

另外，睡眠模式对于降低 SRAM 和 Flash 存储器的功耗是有效的。但是，低功耗模式的睡眠和唤醒时间更慢。

（3）深度睡眠模式　在深度睡眠模式下，活动外设的时钟频率可以改变（取决于深度睡眠模式的时钟配置），另外，处理器时钟被停止。要进入深度睡眠模式，首先设置系统控制（SYSCTRL）寄存器中的 SLEEPDEEP 位，然后执行一条 WFI 指令。系统中任何正确配置的中断事件都可以将处理器带回运行模式。

在深度睡眠模式下，Cortex-M4F 处理器内核和存储器子系统没有时钟信号。当自动时钟门控被启用时，外设受在外设专用 DCGC 寄存器中被使能的时钟控制；或当自动时钟门控被禁用时，受外设专用 RCGC 寄存器中被使能的时钟控制。在 DSCLKCFG 寄存器中指定系统时钟源。当使用 DSCLKCFG 寄存器时，如果必要的话，内部振荡器源被上电，其他时钟被掉电。如果执行 WFI 指令时 PLL 正在运行，硬件将关断 PLL 以节省功耗。为进一步节省功耗，可以通过 DSCLKCFG 寄存器的 PIOSCPD 位禁用 PIOSC。当深度睡眠退出事件发生时，在使能深度睡眠期间被停止的时钟之前，硬件会使系统时钟返回深度睡眠模式发生前的时钟源和频率。如果 PIOSC 被用作 PLL 的基准时钟源，它可以继续在深度睡眠时提供时钟。

为了提供尽可能低的深度睡眠功耗，以及从外设唤醒处理器时无须为改变时钟而重新配置外设的能力，一些通信模块在模块寄存器空间偏移量为 0xFC8 处有时钟控制寄存器。时钟控制寄存器的 CS 字段允许用户选择 PIOSC 或 ALTCLK 作为模块的波特率时钟的时钟源。当微控制器进入深度睡眠模式中，PIOSC 或 ALTCLK 也变为模块时钟的时钟源，这使得即使在深度睡眠下也能继续发送和接收 FIFO。时钟选择如图 2-9 所示。

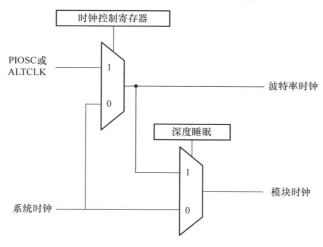

图 2-9　模块时钟选择

额外的电源管理模式对于降低外设存储器、Flash 和 SRAM 存储器的功耗是有效的。但是低功耗模式下深度睡眠和唤醒时间更慢。

（4）动态电源管理　除了睡眠和深度睡眠模式以及片上模块的时钟门控，还有几个额外的电源模式选项允许 LDO、Flash 和 SRAM 在睡眠或深度睡眠模式下进行不同程度的节能。此外，软件可以控制 LDO 的设置以在较低速度运行时获得能耗优势。注意，这些功能可能无法在所有设备上通用；系统属性（SYSPROP）寄存器提供给定的 MCU 是否支持某种模式的信息。

以下寄存器提供这些功能。

1）外设功率控制（PCX）：如果外设有响应功率请求的能力就控制外设功率。

2）外设存储器功率控制（xMPC）：对一些外设存储器阵列提供功率控制。

3）LDO 睡眠功率控制（LDOSPCTL）：控制睡眠模式下的 LDO 值。

4）LDO 深度睡眠功率控制（LDODPCTL）：控制深度睡眠模式下的 LDO 值。

5）LDO 睡眠功率校准（LDOSPCAL）：在睡眠模式下提供厂家建议的 LDO 值。

6）LDO 深度睡眠功率校准（LDODPCAL）：在深度睡眠模式下提供厂家建议的 LDO 值。

7）睡眠功率配置（SLPPWRCFG）：控制睡眠模式下 Flash 和 SRAM 的省电模式。

8）深度睡眠功率配置（DSLPPWRCFG）：控制深度睡眠模式下 Flash 和 SRAM 的省电模式。

9）深度睡眠时钟配置（DSCLKCFG）：控制深度睡眠模式下的时钟。

10）睡眠/深度睡眠电源模式状态（SDPMST）：提供各种省电事件的状态信息。

（5）休眠模式　在这种模式下，系统关闭了微控制器主要部分的供电，只有休眠模块的电路在运行。需要外部唤醒事件或 RTC 事件来使微控制器返回运行模式。Cortex-M4F 处理器和休眠模块之外的外设观察到一个正常"上电"过程，随后处理器开始运行代码。软件可以通过检查 RESC 寄存器的 HIB 位，来确定微控制器是否已从休眠模式下重新启动。如果 HIB 模块已经处在休眠模式，当复位产生时，复位处理程序应检查 HIB 模块中的 HIB 原始中断状态（HIBRIS）寄存器，以确定复位的原因。

（6）硬件系统服务请求　硬件系统服务请求（HSSR）寄存器用于发出将设备返回出厂设置状态的请求。一个 HSSR 包括在系统控制模块中向 HSSR 寄存器写适当的命令和数据结构的地址偏移量。任何 HSSR 启动一个复位事件作为该过程中的第一个事件，然后检查 HSSR 寄存器。

为了写 HSSR 寄存器，KEY 字段必须被设置为 0xCA。HSSR 寄存器中的 CDOFF 字段能够具有以下三个值之一。

1）0x00.0000，无请求和/或先前的请求已成功完成。

2）0xFF.FFFF，无请求和之前的请求失败。

3）其他，HSSR 请求结构在 SRAM 中的偏移量。

在 HSSR 程序中，如果 CDOFF 字段不为空，则检查偏移量的有效性以及它所指向结构的有效性。如果其中之一无效，则请求失败并将 0xFF.FFFF 写入 CDOFF 字段。

如果满足下列所有条件，则偏移量有效。

1）CDOFF 值字对齐（即 2 个最低位都为 0）。

2）CDOFF 值至少为 0x2000.4000。

3）CDOFF 值至多为 0x2003.FFF0。

一旦确定有效的 HSSR 偏移量，则在 SRAM 中检查被 HSSR 寄存器 CDOFF 字段指示的结构。为了开始一个返回出厂设置状态的功能，该数据结构必须如下所示。

1）请求（32bit）＝0xFEED.0001。

2）数据 1（32bit）＝0x0201.0100。

3）数据 2（32bit）＝0x0D08.0503。

4）数据 3（32bit）＝0x5937.2215。

如果数据字节是正确的，那么设备恢复到出厂状态。在返回出厂设置的功能时，会发生以下事件。

1）休眠模块中的 RAM 被擦除。

2）系统 SRAM 被擦除。

3）FMPPEn 寄存器被设置为 0xFFFF.FFFF（允许一个 Flash 擦除操作发生）。

4）EEPROM 页被擦除。

5）Flash 阵列的块擦除发生。

6）在 BOOTCFG 寄存器中写入 0xFFFF.FFFE。

一旦返回出厂设置状态的过程完成，将在 HSSR 寄存器的 CDOFF 字段写入 0x00.0000，指示成功完成并启动系统复位。

2.3.3　初始化和配置

通过直接写 PLLFREQn、MEMTIM0 和 PLLSTAT 寄存器可配置 PLL。从 POR 初始化系统时钟，到使用来自主振荡器的 PLL，步骤如下。

1）一旦 POR 完成，PIOSC 被作为系统时钟。

2）MOSC 通过清除 MOSCCTL 寄存器中的 NOXTAL 位上电。

3）如果需要单端 MOSC 模式，可以使用 MOSC。如果需要晶振模式，则清除 PWRDN 位并等待原始中断状态（RIS）寄存器中的 MOSCPUPRIS 位被置位，指示 MOSC 晶振模式已准备就绪。

4）设置偏移量 0x0B0 处的 RSCLKCFG 寄存器中 OSCSRC 字段为 0x3。

5）如果应用也需要 MOSC 作为深度睡眠时钟源，则将 DSCLKCFG 寄存器中的 DSOSCS-RC 字段编程为 0x3。

6）对寄存器 PLLFREQ0 和 PLLFREQ1 写入 Q、N、MINT 和 MFRAC 值，来配置需要的 VCO 频率设置。

7）写 MEMTIM0 寄存器以符合新的系统时钟设置。

8）等待 PLLSTAT 寄存器来指示 PLL 已经锁定在新的工作点（或已超过超时阶段并锁定失败，在这种情况下，存在错误情况而且这个过程被废弃并启动错误处理程序）。

9）写 RSCLKCFG 寄存器的 PSYSDIV 值，置 USEPLL 位和 MEMTIMU 位有效。

如果有必要保持 MOSC 在自动（深度睡眠）或意外的断电期间上电，则 MOSCDPD 位应被设置为 0x1。否则，如果 MOSCDPD 位被设置为 0x0 时，当进入深度睡眠或自动断电发生时，MOSC 被断电。MOSCCTL 寄存器的 PWRDN 位和 DSCLKCFG 寄存器中的 MOSCDPD 位之间的关系见表 2-15。

表 2-15　MOSC 配置

PWRDN 位	MOSCDPD 位	结果
0	0	当 MOSCCTL 寄存器中的 PWRDN 位被置位，或者在深度睡眠模式时 MOSC 不是深度睡眠时钟源（DSOSCSRC 不等于 0x3），MOSC 在运行和睡眠模式中上电，但在意外断电时无效
0	1	MOSC 上电，并在运行、睡眠和深度睡眠模式下运行
1	0	MOSC 电源关闭，并且不以任何模式运行。注意，在此配置中，当 MOSC 被禁用，MOSC 不能被选作时钟源，否则将出现不确定结果
1	1	不管 PWRDN 位被置位，MOSC 运行而且在运行、睡眠和深度睡眠模式中不会禁用自己

要通过改变相应的 PSYSDIV 或 OSYSDIV 值来更改系统时钟频率，用户必须通过以下步骤确保存储器的定时参数在范围内。

1）如果系统时钟频率变化改变了定时参数的操作范围，则 MEMTIM0 寄存器必须被更新。如果这样，写定时配置寄存器 MEMTIM0，其值的设置要符合最终的 SYSCLK 频率（f_{vco}/新 SYSDIV 或 f_{osc}）；否则不应改变 MEMTIM0 寄存器。

2）如果 MEMTIM0 寄存器在第 1 步中被更新，写 RSCLKCFG 寄存器的 PSYSDIV 位和 MEMTIMU 位，此时新的 SYSDIV 有效。

第 3 章　ARM 指令体系简介

计算机中的程序由一系列执行任务的指令所构成，这些指令都存放在程序存储器中。CPU 按照 1.2.1 节中所示结构，利用程序计数器（PC）从程序存储器中逐条取出所需执行的指令，按照指令译码的信号完成相应操作。

为了便于理解和使用，人们通常用符号表示机器指令，即汇编语言（Assembly Language）指令。汇编语言指令中的操作用助记符来表示，通常是描述相应操作的英文单词或其缩写，对于同样的操作，不同的 CPU 可能会使用不同的助记符。

由于目前嵌入式系统开发主要以 C 语言为主，因此本书对 ARM 汇编指令系统仅做简单介绍，以方便初学者了解 ARM 基本汇编指令系统。若需详细了解具体指令内容，可参阅本书附录 A 及相关书籍。

3.1　寻址方式

对于每条汇编语言指令，首先指出需要 CPU 做什么，这用指令操作码来表示；其次，多数指令都牵涉操作对象即操作数和操作结果，这用指令地址码来表示。寻址方式（Addressing Mode）就是确定指令中操作数的方法，即通过查找操作数的地址，来确定操作数。

ARM 是一种精简指令集（Reduced Instruction Set Computer，RISC）处理器，其寻址方式比复杂指令集（Complex Instruction Set Computer，CISC）类型的处理器（如 80x86 系列）简单，其寻址方式主要有以下几种。

1. 立即寻址

指令中的地址码部分不是寻找操作数的地址，而是寻找操作数本身，即操作数在指令中被立即取出。立即数本身以"#"作前缀。

2. 寄存器寻址

指令中的操作数在 CPU 的寄存器里，指令给出的地址码为寄存器的名字。这种寻址方式叫作寄存器寻址。

3. 寄存器移位寻址

这种寻址方式是 ARM 特有的寻址方式，其他处理器没有这种寻址方式。它在一条指令中对一个寄存器的内容进行移位，然后进行其他操作，从而提高了相应指令的执行效率。移位寻址方式如图 3-1 所示。

移位寻址共有五种移位操作，分别如下。

- LSL（Logical Shift Left，逻辑左移）：寄存器中的低位移动后补 0。
- LSR（Logical Shift Right，逻辑右移）：寄存器中的高位移动后补 0。
- ASR（Arithmetic Shift Right，算术右移）：移位时保持符号位不变，即正数高位移动后补 0，负数高位移动后补 1。
- ROR（Rotate Right，循环右移）：将寄存器中的低位移出后补入高位移动位。

- RRX（Rotate Right Extended by 1 place，带进位的循环右移）：进位标志位 C 补入高位移动位，将寄存器中的低位移出后补入进位标志位 C。

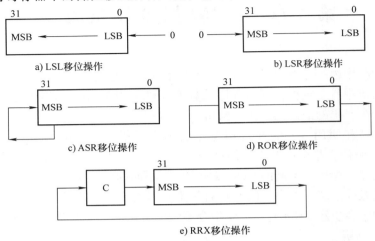

图 3-1　移位寻址示意

4. 寄存器间接寻址

指令中的地址码部分是寄存器名，所对应寄存器中的数值为存储单元地址，此存储单元保存的数值为操作数。

5. 寄存器变址寻址

将寄存器（称为基址寄存器）中的数值与指令中给出的地址偏移量相加，结果作为存储单元地址，此存储单元保存的数值为操作数。

6. 多寄存器寻址

ARM 指令中提供了批量 Load/Store 指令寻址方式，这种寻址方式的一条指令可以完成最多 16 个寄存器值的传送。

指令中的多个寄存器和连续存储单元一一对应，低编号的寄存器对应低地址的存储单元，高编号的寄存器对应高地址的存储单元。

7. 堆栈寻址

作为一种数据结构，堆栈是按先进后出（FILO）或后进先出（LIFO）的顺序工作，使用专门的寄存器（堆栈指针）来指示当前的存储单元，堆栈指针（Stack Pointer）指示的总是栈顶位置。

根据堆栈指针的增减方式，可分为以下两种。

- 递增（向上生长）堆栈（Ascending Stack）：堆栈数据由低地址向高地址增加。
- 递减（向下生长）堆栈（Descending Stack）：堆栈数据由高地址向低地址增加。

根据堆栈指针指向的存储单元是否有数据，可分为以下两种。

- 满堆栈（Full Stack）：堆栈指针指向堆栈内最后压入的有效数据的位置。
- 空堆栈（Empty Stack）：堆栈指针指向下一个将要放入数据的空位置。

8. 块复制寻址

该寻址方式可与多寄存器寻址方式组合起来，将一块数据从存储器的某一位置复制到另一位置。

根据设置的源、目标数据指针，利用块复制寻址指令进行数据的载入和存储；按存储器位置及指针的增减方式，块复制寻址方式可分为以下几种。

- 前增：STMIB、STMFA、LDMIB、LDMED。
- 后增：STMIA、STMEA、LDMIA、LDMFD。
- 前减：STMDB、STMFD、LDMDB、LDMEA。
- 后减：STMDA、STMED、LDMDA、LDMFA。

9. 相对寻址

相对寻址与基址寻址类似，但是它由程序计数器（PC）提供基准地址，与指令中给出的地址偏移量相加，结果作为存储单元地址，此存储器保存的数值为操作数。

3.2　ARM 常用指令

ARM 指令集为 32 位定长指令字结构，执行效率很高，但是代码密度相对较低。ARM 指令的基本格式如下。

opcode {cond} {S} Rd，Rn {，oprand2}

其中，{} 内参数为可选项，各参数具体含义如下。

1）opcode：操作码，指示 CPU 执行何种操作。

2）cond：可选的条件码。

3）S：可选后缀，是否影响 CPSR 寄存器。

4）Rd：目标操作数寄存器。

5）Rn：操作数寄存器。

6）oprand2：第二操作数。

1. 数据处理指令

ARM 的数据处理指令只能对寄存器进行操作，均可选择 S 后缀，主要分为数据传送指令、算术逻辑运算指令、比较测试指令和乘法指令，具体介绍如下。

（1）数据传送指令

- MOV：将操作数 operand2（8 位立即数或寄存器）传送到目标寄存器 Rd。
- MVN：将操作数 operand2（8 位立即数或寄存器）按位取反后传送到目标寄存器 Rd。

（2）算数逻辑运算指令

- ADD：加法指令，将操作数 operand2 与 Rn 相加，结果保存到目标寄存器 Rd。
- SUB：减法指令，将 Rn 减去操作数 operand2，结果保存到目标寄存器 Rd。
- ADC：带进位加法指令，将操作数 operand2 与 Rn 相加后再加上 CPSR 中 C 条件标志位，结果保存到目标寄存器 Rd。
- SBC：带借位减法指令，将 Rn 减去操作数 operand2 后再减去 CPSR 中 C 条件标志位的非（若 C 为 0，则减 1），结果保存到目标寄存器 Rd。
- AND：逻辑与指令，将操作数 operand2 与 Rn 按位进行逻辑与操作，结果保存到目标寄存器 Rd。
- ORR：逻辑或指令，将操作数 operand2 与 Rn 按位进行逻辑或操作，结果保存到目标寄存器 Rd。

- **EOR**：逻辑异或指令，将操作数 operand2 与 Rn 按位进行逻辑异或操作，结果保存到目标寄存器 Rd。
- **BIC**：位清除指令，将操作数 operand2 的反码与 Rn 按位进行逻辑与操作，结果保存到目标寄存器 Rd。

（3）比较测试指令
- **CMP**：比较指令，将 Rn 减去操作数 operand2，据此更新 CPSR 中相应的标志位，但不保存结果。
- **CMN**：取反比较指令，将 Rn 加上操作数 operand2，据此更新 CPSR 中相应的标志位，但不保存结果。
- **TEQ**：相等测试指令，将 Rn 与操作数 operand2 按位进行逻辑异或操作，据此更新 CPSR 中相应的标志位，但不保存结果。
- **TST**：位测试指令，将 Rn 与操作数 operand2 按位进行逻辑与操作，据此更新 CPSR 中相应的标志位，但不保存结果。

（4）乘法指令
- **MUL**：32 位乘法指令，将操作数 Rm 与 Rs 相乘，结果的低 32 位保存到目标寄存器 Rd。
- **MLA**：32 位乘加法指令，将操作数 Rm 与 Rs 相乘后加上第三个操作数，结果的低 32 位保存到目标寄存器 Rd。
- **UMULL**：64 位无符号乘法指令，将无符号操作数 Rm 与 Rs 相乘，结果的低 32 位保存到目标寄存器 RdLo 中，结果的高 32 位保存到目标寄存器 RdHi 中。
- **UMLAL**：64 位无符号乘加法指令，将无符号操作数 Rm 与 Rs 相乘后的 64 位结果与 RdHi、RdLo 相加，结果的低 32 位保存到目标寄存器 RdLo 中，结果的高 32 位保存到目标寄存器 RdHi 中。
- **SMULL**：64 位有符号乘法指令，将有符号操作数 Rm 与 Rs 相乘，结果的低 32 位保存到目标寄存器 RdLo 中，结果的高 32 位保存到目标寄存器 RdHi 中。
- **SMLAL**：64 位有符号乘加法指令，将有符号操作数 Rm 与 Rs 相乘后的 64 位结果与 RdHi、RdLo 相加，结果的低 32 位保存到目标寄存器 RdLo 中，结果的高 32 位保存到目标寄存器 RdHi 中。

2. 跳转指令

ARM 程序执行跳转方式有两种，一种为直接跳转指令，另一种对程序计数器赋值实现程序的跳转，具体指令如下。
- **B**：跳转。
- **BL**：带返回的跳转。
- **BX**：带状态切换的跳转。
- **BLX**：带返回和状态切换的跳转。

3. 存储器访问指令

ARM 只能用存储器访问指令来访问存储器，是加载/存储体系结构的典型 RISC 处理器。ARM 处理器是冯·诺依曼结构，而内部 RAM 均为寄存器，程序存储器、I/O 空间都统一编址，ARM 实现外部数据的交换只能依靠存储器访问指令。

- LDR：加载指令，从存储器中读取 32 位字或 8 位无符号字节数据到寄存器中。
- STR：存储指令，将寄存器中的 32 位字或 8 位无符号字节数据保存到存储器中。
- LDM：批量加载指令，从存储器中读取一块连续数据到寄存器中。
- STM：批量存储指令，将一组寄存器中的数据保存到存储器中。
- SWP：数据交换指令，将 Rn 指针的存储器单元内容读取到寄存器 Rd 中，同时将寄存器 Rm 的内容保存到该存储器单元。

4. 协处理器指令

ARM 是 32 位处理器，没有除法等复杂运算指令，但可支持多达 16 个协处理器，协处理器指令主要负责 ARM 处理器初始化、ARM 协处理器数据处理、ARM 协处理器之间的寄存器数据传送、ARM 协处理器的寄存器和存储器之间的数据传送。

- CDP：协处理器数据操作指令，通知协处理器执行 ARM 处理器的任务，是否执行该指令取决于协处理器。
- LDC：协处理器数据加载指令，将源寄存器指针的存储器中字数据读取到目标寄存器中。
- STC：协处理器数据保存指令，将源寄存器字数据保存到目标寄存器指针的存储器中。
- MCR：ARM 寄存器到协处理器寄存器数据传送指令，将 ARM 寄存器中数据传送到协处理器寄存器中。
- MRC：协处理器寄存器到 ARM 寄存器数据传送指令，将协处理器寄存器中数据传送到 ARM 寄存器中。

5. 状态寄存器访问指令

该指令用于 ARM 程序状态寄存器和通用寄存器之间的数据传送。

- MRS：读状态寄存器指令，将程序状态寄存器中的内容读入通用寄存器中。
- MSR：写状态寄存器指令，将操作数的内容直接写入程序状态寄存器中。

6. 处理器控制指令

- SWI：软件中断指令，用于产生软件中断，实现从用户模式到管理模式的切换。
- BKPT：断点中断指令，主要用于调试断点信息的保存。
- NOP：空指令，实现 ARM 无条件空操作。

3.3　Thumb 指令

为了兼容 16 位数据总线系统，ARM 在 32 位 ARM 指令集基础上还提供了 16 位 Thumb 指令集。Thumb 指令集是 ARM 指令集的子集，保持了 ARM 指令集的大多数优点，在一般情况下，可以和 ARM 程序互相调用。

Thumb 指令集代码密度较高，可节省程序存储空间，但它不是完整的 ARM 体系结构，没有协处理器指令、信号量指令和状态寄存器 CPSR 或 SPSR 访问指令，没有乘加指令和 64 位乘法指令，除了 B 跳转指令以外，均为无条件转移指令。因此，Thumb 指令集只支持通用功能，完整的 ARM 体系还是需要 ARM 指令系统支持。

若需详细了解具体 Thumb 指令，可参阅相关书籍。

第4章 ARM 程序开发

TI 的 Tiva C 系列微控制器可以使用 TI 公司的 Code Composer Studio（简称 CCS 或 CCStudio）集成开发环境（Integrated Development Environment，IDE）进行开发，除了 Tiva C 系列微控制器，CCStudio 还可用于 TI 公司的所有其他处理器：C 系列 DSP 以及 MSP430 系列 MCU。而为了简化并加速 Tiva C 系列微控制器的开发进程，TI 还推出了软件工具的扩展套装 TivaWare。TivaWare 用于完全以 C 语言开发的软件并使得开发及调度更加的有效和方便。本书中涉及的 CCStudio 调试及 Tiva C 系列微控制器开发均以 TI 的 Tiva C 系列 TM4C1294 Connected LaunchPad 评估板（EK-TM4C1294XL）为平台，核心控制芯片为 TM4C1294NCPDT，开发板的具体信息见附录 C，并可参考 http://www.ti.com/tool/EK-TM4C1294XL。

微处理器的开发除了与开发环境有关外，与开发语言也密切相关。目前，微处理器的开发语言主要有汇编语言和高级语言两类。TI 的 Tiva C 系列 ARM 所用汇编语言的指令在上一章已简要介绍，可见与 TI 公司本身的 DSP 和 MSP430 单片机的汇编语言并不相同，这使得利用汇编语言进行微处理器的开发不仅复杂，而且移植困难，其可读性及可维护性都较差，因此除了对实时性或效率要求极高的场合以外，已很少采用汇编语言进行开发。伴随着 C 编译器效率的不断提高和微处理器性能的提升，现在大部分嵌入式系统开发都采用 C 语言实现，这不仅提高了开发效率，也使得项目的管理水平跃升了一个台阶，鉴于此，本书也以 C 语言为例介绍 Tiva C 系列 ARM 的开发设计。

4.1 集成开发环境 CCStudio 介绍

CCStudio 集成开发环境包括了一套用于开发和调试嵌入式应用的工具，其中主要包括以下几种。

1）TI 所有器件家族的编译器。
2）源代码编辑器。
3）工程开发环境。
4）profiler 建模。
5）仿真及其他工具。
CCStudio 提供了一个简单的用户界面，使用户能够逐步完成应用开发流程。

本书所选用 CCStudio 的版本为 CCSv5，是基于 Eclipse 开源软件所架构的。CCSv5 之所以选择 Eclipse 是源于其杰出的软件框架，并被许多嵌入式软件供应商用于开发环境。CCSv5 将 Eclipse 软件框架的优点和 TI 先进的嵌入式调试能力结合起来，从而给嵌入式开发者提供了一款非常有吸引力的开发环境。

4.1.1 CCStudio 安装

1）用户可以从 TI 公司的官网上获得 CCSv5 及其他版本的 CCStudio 安装程序，网址为

http：//processors.wiki.ti.com/index.php/Download _ CCS。TI 提供在线安装和离线安装两种方式，下载界面如图 4-1 所示。

图 4-1　CCStudio 安装程序的下载界面

2）在 Windows 环境下，一般选择离线安装。

单击 Off-line Installers 下的 Windows，系统会提示需要 TI 的账号，可以免费注册一个；登录进入后，需要填写软件用途，提交后即可下载安装文件，若超过规定有效期则必须重新申请下载。下载完成并解压后，单击相应安装文件 ccs _ setup _ 5.x.x.xxxxx.exe，即可进行安装。

注意：安装时务必关闭杀毒软件和防火墙，否则可能导致安装失败。

3）安装时，选中 I accept the terms of the license agreement 单选按钮，如图 4-2 所示，单击 Next 按钮进行下一步操作。

图 4-2　CCStudio 安装 License Agreement

4）CCStudio 的安装目录一般选择系统默认目录 C：\ti，如图 4-3 所示，单击 Next 按钮进行下一步操作。

5）CCStudio 的安装方式如图 4-4 所示，分别为 Custom 和 Complete Feature Set 两种。Custom 方式由用户自己选择所需要支持的 TI 系列芯片，Complete Feature Set 方式则安装所有 TI 支持的芯片。用户根据自己的需要选择安装方式后，单击 Next 按钮进行下一步操作。

6）本书选择的是 Custom 方式，需要自己选择 CCStudio 支持的芯片系列如图 4-5 所示，根据需要勾选 Tiva C series ARM MCUs 复选框，单击 Next 按钮进行下一步操作。

注意：5.4 以上的版本才支持 Tiva C 系列 ARM 开发。

其他没有勾选的芯片系列，若以后开发过程中需要，可以重新安装 CCStudio 再勾选；若选择了 Complete Feature Set 方式，则会安装所有芯片系列，步骤 6 将被跳过。

65

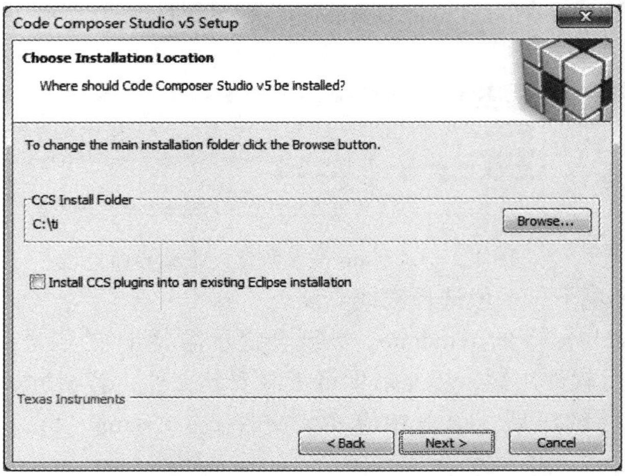

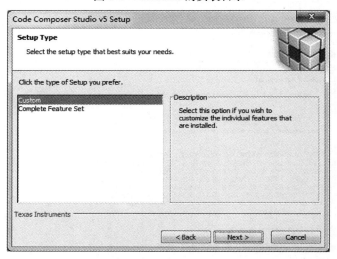

图 4-3　CCStudio 的安装目录

图 4-4　CCStudio 的安装方式

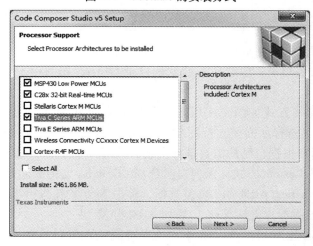

图 4-5　CCStudio 安装芯片的选择

7）随后安装 CCStudio 需要的编译系统组成部分，根据系统默认，包含了 TI ARM Compiler Tools 复选框，如图 4-6 所示，单击 Next 按钮进行下一步操作。

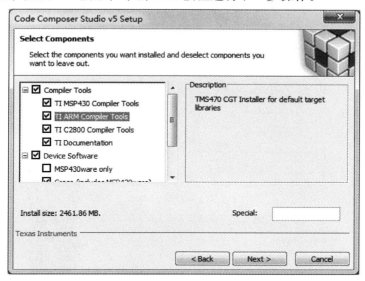

图 4-6　CCStudio 安装编译器组成部分

8）安装 CCStudio 支持的仿真器，勾选 Tiva C Series ARM MCUs 复选框，如图 4-7 所示，单击 Next 按钮进行下一步操作。

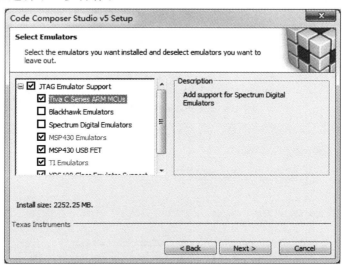

图 4-7　CCStudio 安装支持仿真器

9）CCStudio 的所有安装信息如图 4-8 所示，确认后单击 Next 按钮进行下一步操作即开始正式安装。

10）正式安装过程进度如图 4-9 所示。

11）安装过程中，有时系统会提示是否允许安装设备如图 4-10 所示，单击"安装"按钮同意安装以进行下一步操作。

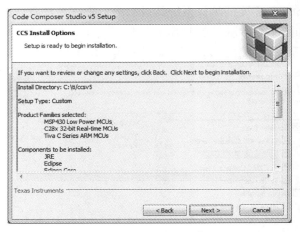

图 4-8　CCStudio 安装信息

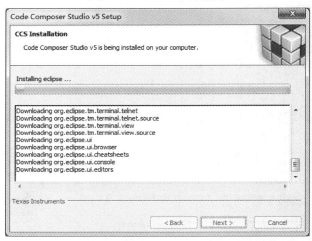

图 4-9　CCStudio 安装过程进度

图 4-10　CCStudio 安装设备

12）安装即将完成时，单击 OK 按钮如图 4-11 所示，同意重启系统以进行最后操作。

13）勾选在桌面和开始菜单生成 CCStudio 的快捷方式如图 4-12 所示，单击 Finish 按钮完成操作。

图 4-11　CCStudio 安装重启

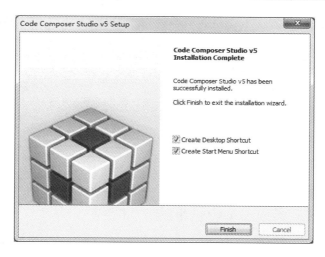

图 4-12　CCStudio 安装完成

4.1.2　CCStudio 配置

CCStudio 安装完成后必须重新启动系统。随后，双击图标启动 CCStudio。首次应用时，必须对 CCStudio 进行相应的配置才能正常使用。

1）首先需要选择工作空间，CCStudio 默认工作空间在 C 盘，如图 4-13 所示。

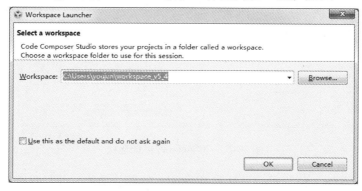

图 4-13　CCStudio 默认工作空间

而为了开发工程方便，用户一般都会选择在 C 盘外建立自己的工作空间，如图 4-14 所示，选择好默认工作空间后，单击 OK 按钮开始应用 CCStudio。

注意：CCStudio 工作空间的路径名中不能有中文。

2）开始应用 CCStudio 前必须选择相应的激活操作，激活许可证设定页面如图 4-15 所示。

CCStudio 的几种许可证方式分别如下。

① ACTIVATE，激活版，通过激活码、许可证文件或服务器获得 CCStudio 的完全使用权限。

② EVALUATE，评估版，90 天有效期内可以完全使用 CCStudio。

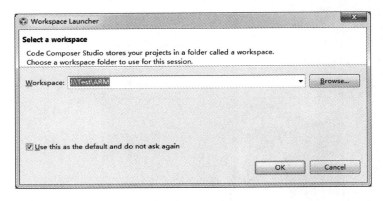

图 4-14　用户定义工作空间

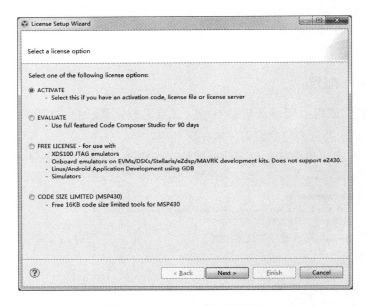

图 4-15　CCStudio 许可证选项

③ FREE LICENSE，免费版，只具有 CCStudio 的部分功能，并且只能支持部分仿真器。

④ CODE SIZE LIMITED（MSP430），代码限制版，仅支持对 MSP430 进行 16KB 代码编程。

此时若不选择许可证设定操作，也可通过在 CCStudio 菜单中选择 Help→Code Composer Studio Licensing Information→Upgrade→Launch License Setup 打开同样的操作界面。许可证可根据具体情况选择，一般可通过仿真器、开发板等厂家索取正版软件序列号，国内正规第三方平台都和 TI 有合作协议；此外 TI 也有大学项目等渠道提供正版序列号。

本书选中 ACTIVATE 单选按钮后，单击 Next 按钮进行注册激活操作。

3）ACTIVATE 操作如图 4-16 所示，单击 Register 按钮可进行注册操作。

4）单击 OK 按钮继续完成注册操作，如图 4-17 所示。

5）注册操作链接的 TI 注册登录界面如图 4-18 所示，若没有 my.TI 账号可以免费申请获得，输入账号密码后单击 Log in 按钮登录继续下一步操作。

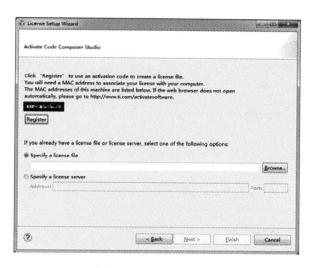

图 4-16　CCStudio 注册

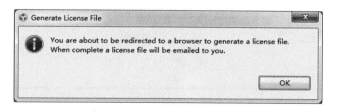

图 4-17　确定注册

图 4-18　my.TI 注册登录

6）输入激活序列号 ID 如图 4-19 所示，此激活序列号可通过第三方平台或 TI 获得，确认后单击 Next 按钮进行下一步操作。

7）注册信息如图 4-20 所示，确认后单击 Next 按钮进行下一步操作。

8）注册 License Agreement 时如图 4-21 所示，选中 I agree 单选按钮后单击 Next 按钮进行下一步操作。

72

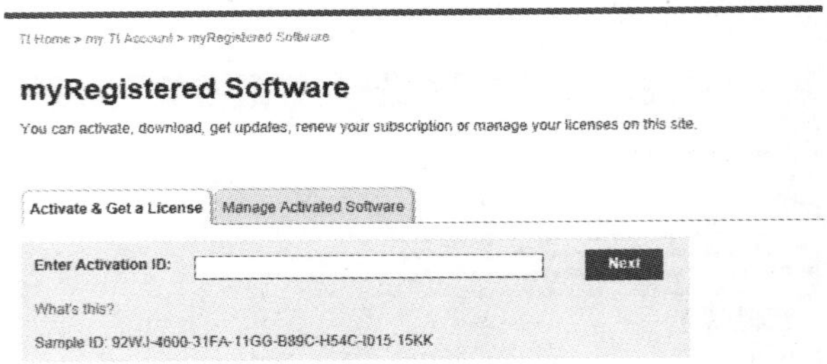

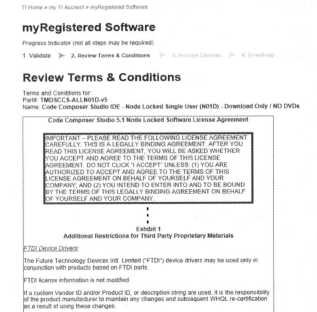

图 4-19　输入激活 ID

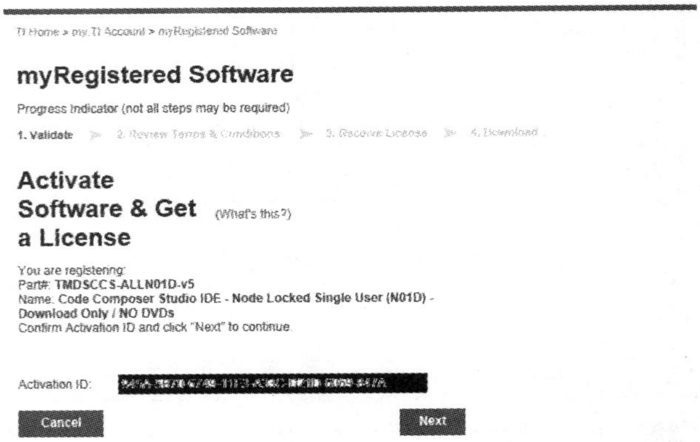

图 4-20　确认注册激活 ID

图 4-21　注册 License Agreement

9）CCStudio 的 License 文件生成依靠计算机的 MAC 地址，在图 4-22 所示界面中输入主机的 MAC 地址，单击 Next 按钮进行下一步操作。

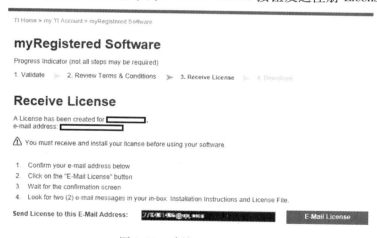

图 4-22　输入主机 ID（MAC）

每个激活序列号 ID 可生成两个 License 文件，用户可以一次在第 1 和第 3 空格输入注册两个 MAC 地址，也可以以后重新注册第二台主机。

10）CCStudio 的 License 文件由系统自动发送到注册邮箱，邮箱地址默认为 my.TI 注册 E-Mail 地址如图 4-23 所示，确认后单击 E-Mail License 按钮发送注册 License 文件。

图 4-23　确认 License 发送

11）License 文件被发送后，出现图 4-24 所示界面说明发送成功，可以在此页面单击 Start to Download 按钮下载 CCStudio 软件，若已经下载过该软件则可以忽略此步骤。

12）从注册邮箱下载扩展名为 .lic 的 License 文件后，在 CCStudio 的注册界面，Specify a license file 文本框中指定相应的 License 文件如图 4-25 所示，单击 Finish 按钮完成注册工作。

13）若第一次注册只激活了 1 台主机，激活第 2 台主机时，首先按步骤 5 以申请第一个 License 文件时的 my.TI 账号登录，随后选择 Manage Activated Software 选项卡如图 4-26 所

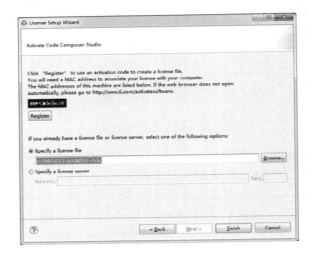

图 4-24　下载 CCStudio

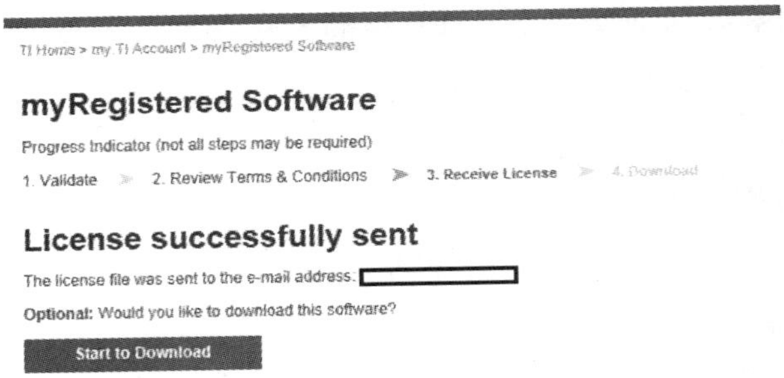

图 4-25　CCStudio 注册完成

示，单击列表第一个产品 CCSTUDIO 左边的 Manage 按钮进行下一步操作。

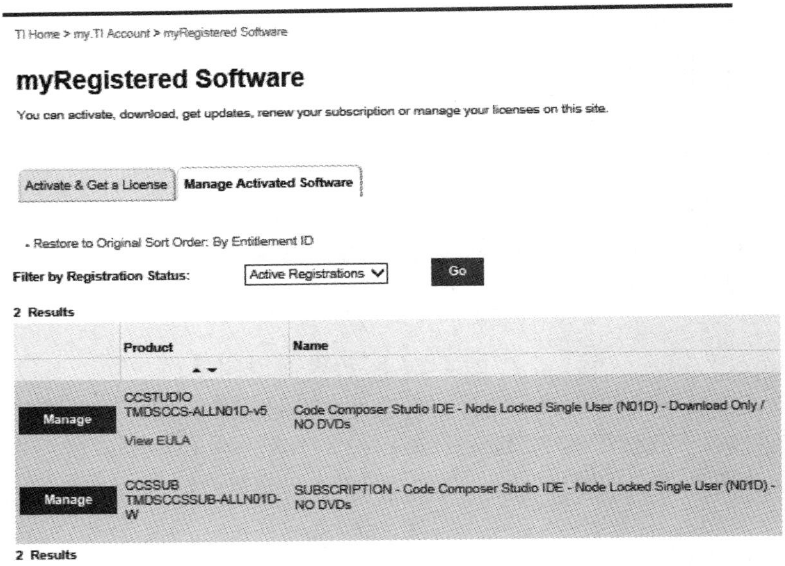

图 4-26　已注册软件再次申请 License

14）注册选项界面如图 4-27 所示，单击 Re-Host a License 后执行再次注册主机操作。

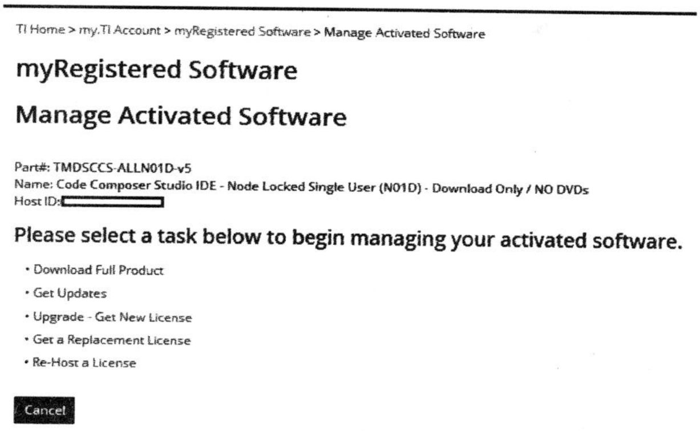

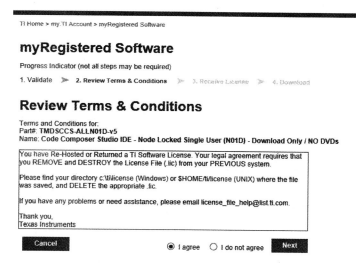

图 4-27　再次注册软件选项

15）软件注册界面如图 4-28 所示，选中 I agree 单选按钮后单击 Next 按钮进行下一步操作。

图 4-28　同意再次注册

之后的操作步骤与从步骤 8 开始的注册操作步骤类似，只是再次注册的 MAC 地址输入在第 3 个空格。

4.1.3　CCStudio 工程开发

CCStudio 的项目开发是以工程形式进行的，本书以 TI 的 Tiva™ C Series TM4C1294 Connected LaunchPad 开发板为对象，以最简单的通用 I/O 接口为例，介绍如何开发 CCStudio 的工程。

1）首先可通过选择 File→New→CCS Project 或 Project→New CCS Project，CCStudio 新建工程对话框如图 4-29 所示。

在对话框中需要进行的主要操作如下。

① 在 Project name 文本框中输入新建的 CCStudio 工程名 GPIO。

② 在 Output type 列表框选择需要生成的工程类型，Executable 生成可执行程序，Static Library 则会生成可供其他工程使用的静态库文件。

③ Device 器件选项组中选择开发的芯片型号：

在 Family 下拉列表框选择 ARM 器件家族；

在 Variant 下拉列表框选择 Tiva C Series 系列，具体开发的芯片型号为 Tiva TM4C1294NCPDT；

在 Connection 下拉列表框暂时不选择目标连接方式，待编译调试环节设置。

④ 在 Project templates and examples 下拉选项组内选择 CCStudio 工程模板，本书选择 Empty Project 空白工程模板。

所有选项确定后，单击 Finish 按钮即可完成操作，新生成一个不含任何程序的 CCStudio 工程。

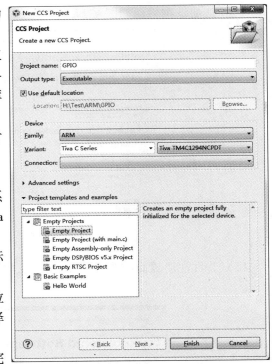

图 4-29　CCStudio 新建工程对话框

2）新建 CCStudio 的工程 GPIO 如图 4-30 所示，需要向其中添加程序文件才能进行编译操作。

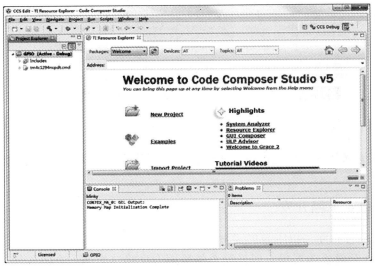

图 4-30　新建工程 GPIO

3）首先可通过选择 File→New→Source File 在工程中打开新建文件对话框，如图 4-31 所示，随后在 Source file 对话框中输入需要建立的新文件名 main.c，单击 Finish 按钮完成操作。

4）打开 main.c 主程序，即可在页面中文件编辑框内编写程序，如图 4-32 所示。

CCStudio 的程序编辑页面主要由以下部分组成。

① 菜单栏，和 CCStudio 功能有关的操作。

② 编译调试栏，编译、调试程序的相关操作。

③ CCS Edit 按钮，进入 CCStudio 的编辑状态。

④ 工程文件框，打开的所有工程及其文件，方便工程操作和切换。

⑤ 文件编辑框，程序文件代码编辑操作，编辑输入代码的源程序工作区间。

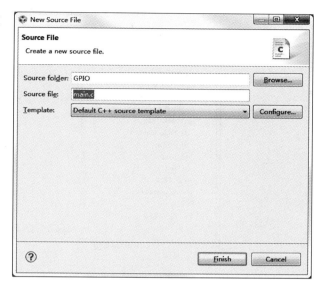

图 4-31　CCStudio 工程中新建文件对话框

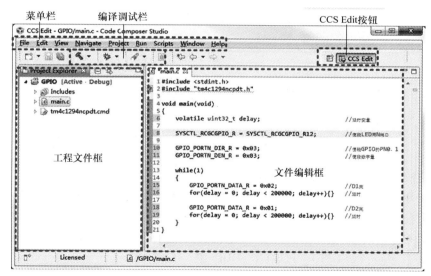

图 4-32　CCStudio 程序编辑

5）若用户不在 CCStudio 中编写文件，也可在其他编辑环境撰写 main.c 主程序，然后通过在工程文件框右击工程 GPIO，在弹出的快捷菜单中选择 Add Files，或单击菜单栏 Project→Add Files 添加 main.c 主程序如图 4-33 所示；选中 main.c 文件后，单击"打开"按钮进行下一步操作。

6）选中 Copy files 单选按钮将选择的 main.c 文件复制到当前工程的目录下如图 4-34 所示，单击 OK 按钮完成 CCStudio 工程添加文件的操作。

至此，一个只包含 main.c 主程序的最简 CCStudio 工程 GPIO 新建完成。

该程序实现了 Tiva^{TM} C Series TM4C1294 Connected LaunchPad 开发板载 LED 发光二极

图 4-33　CCStudio 工程添加 main.c 主程序

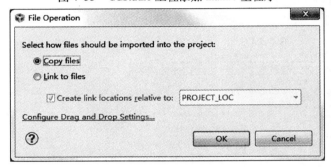

图 4-34　CCStudio 工程添加文件选择

管 D1、D2 的依次循环点亮，D1、D2 分别被 GPIO 的 PN1、PN0 控制。

　　该程序中用到的 tm4c1294ncpdt.h 是以 ARM 芯片命名的头文件。它包含了该芯片的寄存器宏定义，方便编程使用。寄存器的宏在头文件中定义采用了匈牙利命名法，以模块的名字为开头，接下来是寄存器名，用"_R"结尾；GPIO 是特例，由于 GPIO 接口不止一个，定义时增加了一个字段，如 GPIO_PORTN_DIR_R。

　　程序中另外用到的头文件 stdint.h 包含 int 数据类型的重定义。

　　该程序设置 GPIO 的 N 端口工作在数字状态，通过更改 PN1 和 PN0 对应寄存器的值来改变相应端口的电平状态，从而轮流驱动 LED 发光二极管 D1、D2 的亮与灭，for 循环起到延时作用，程序清单如下所示。

```
#include <stdint.h>
#include "tm4c1294ncpdt.h"


void main (void)
```

```
{
    volatile uint32 _t delay;                              //延时变量

    SYSCTL _ RCGCGPIO _ R = SYSCTL _ RCGCGPIO _ R12;       //使能 LED 用 N 端口

    GPIO _ PORTN _ DIR _ R = 0X03;                         //使能 GPIO 的 PN0、
                                                            PN1
    GPIO _ PORTN _ DEN _ R = 0X03;                         //使能数字量

    while (1)
    {
        GPIO _ PORTN _ DATA _ R = 0X02;                    //D1 亮
        for (delay = 0; delay < 200000; delay + +) {}//延时

        GPIO _ PORTN _ DATA _ R = 0X01;                    //D2 亮
        for (delay = 0; delay < 200000; delay + +) {}//延时
    }
}
```

79

4.1.4　Stellaris ICDI 在线调试接口驱动程序的安装

与 TI 公司的 DSP 开发主要利用仿真器不同，Tiva C 系列 TM4C1294 Connected Launch-Pad 开发板为用户提供了在线调试接口（ICDI）。集成的 Stellaris 在线调试接口 ICDI 允许板载 TM4C123GH 微处理器用于编程和调试，支持 JTAG 和串行线调试（SWD），为了调试和下载用户程序到微处理器中的闪存（Flash Memory）以及使用虚拟 COM 端口，需要安装以下驱动。

① Stellaris 虚拟串行口。

② Stellaris 在线调试接口（ICDI）JTAG 或 SWD。

③ Stellaris 在线调试接口（ICDI）DFU。

本书以 Windows 7 为例安装相应的驱动程序，这些驱动程序提供调试器访问 JTAG 和 SWD 接口，PC 主机访问虚拟 COM 端口。

1）右击计算机桌面的"计算机"→"管理"，打开"计算机管理"对话框，如图 4-35 所示。

2）单击左侧"计算机管理"列表框中"设备管理器"选项，设备管理器窗口即出现系统安装的硬件列表；第一次插入

图 4-35　打开"计算机管理"对话框

TM4C1294 Connected LaunchPad 开发板后，计算机检测到板载 ICDI 接口，由于没有安装设备驱动程序，在设备管理器窗口的"其他设备"目录下出现 3 个黄色叹号，如图 4-36 所示。

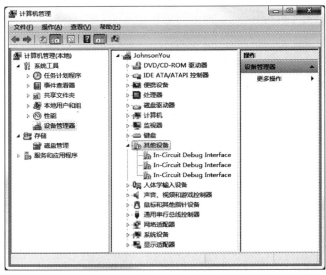

图 4-36 计算机检测到未知 ICDI 接口设备

3）此时可从 TI 的网站下载所需的集成 Stellaris 在线调试接口 ICDI 驱动软件，网址为 http：//www.ti.com/tool/stellaris_icdi_drivers，压缩文件包 spmc016.zip 下载完毕后在本地计算机解压为 stellaris_icdi_drivers 文件夹；右击第一个 In-Circuit Debug Interface 选项，选择"更新驱动程序软件"，如图 4-37 所示。

图 4-37 安装更新驱动程序

4）在出现的驱动软件搜索提示选项框中选择"浏览计算机以查找驱动程序软件"如图
4-38 所示，进行下一步操作。

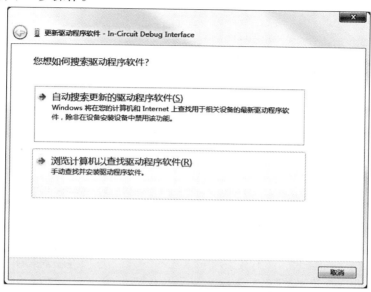

图 4-38　选择"浏览计算机以查找驱动程序软件"

5）在驱动程序搜索选项框中，选择集成 Stellaris 在线调试接口 ICDI 驱动软件所在的
stellaris_icdi_drivers 文件夹，勾选"包括子文件夹"复选框后如图 4-39 所示，单击"下
一步"按钮进行后续操作。

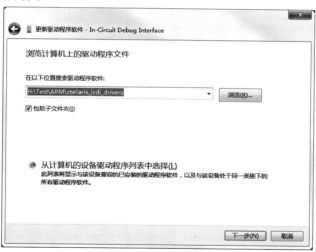

图 4-39　选择计算机上的驱动程序文件

6）由于驱动程序没有签名，可能出现如图 4-40 所示的 Windows 安全性警告信息，此时
选择"始终安装此驱动程序软件"选项即可继续进行安装操作。

7）安装过程结束后，Windows 显示成功更新 Stellaris ICDI DFU 设备驱动文件如图 4-41
所示，单击"关闭"按钮完成这一操作。

| 图 4-40 Windows 警告信息 | 图 4-41 成功更新 Stellaris ICDI DFU 设备驱动文件 |

8）安装 Stellaris ICDI DFU 设备成功后，设备管理器窗口的显示如图 4-42 所示，设备管理器会自动更新设备属性列表。

图 4-42 继续更新驱动程序的操作

剩余两个板载 ICDI 接口驱动程序安装过程与步骤 3~7 相同。

9）Stellaris ICDI DFU Device、Stellaris ICDI JTAG/SWD Interface 和 Stellaris Virtual Serial Port 三个设备驱动程序都安装成功后，设备管理器窗口的显示如图 4-43 所示，原来的黄色叹号都被具体设备属性代替了，证明安装成功。

有的系统可能在安装 CCStudio 的时候就会提示安装 Stellaris ICDI 在线调试仿真器驱动程序，若安装过，则步骤 3~9 可以省略。

4.1.5 CCStudio 工程编译调试

驱动程序安装完成后，打开 CCStudio 工程 GPIO 即可进行相应的编译调试。

图 4-43　ICDI 在线调试接口安装完成

1）在对工程进行编译前首先需要添加工程 GPIO 所需要的头文件；通过在工程文件框右击工程 GPIO，在弹出的快捷菜单中选择 Properties，或单击菜单栏 Project→Properties，打开工程属性对话框，如图 4-44 所示。

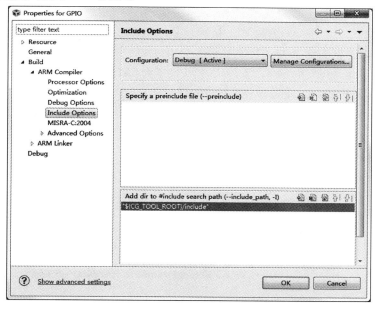

图 4-44　工程 GPIO 属性对话框

2）在对话框的 Build 选项下选择 Include Options，单击 Add 按钮，可添加需要包括的搜索路径，如图 4-45 所示。

3）单击 File system 选择添加源程序文件中"#include"操作的头文件搜索路径目录，如图 4-46 所示，单击 OK 按钮进行下一步操作。

4）在 Include Options 选项下，添加源程序文件中"#include"操作的头文件搜索路径

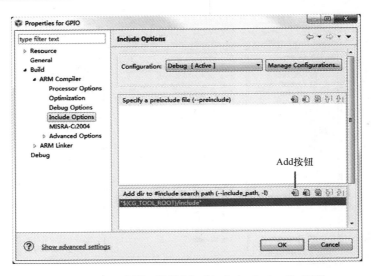

图 4-45 工程属性对话框中"Include Options"选项

目录完成，如图 4-47 所示，单击 OK 按钮完成操作。

5）添加完工程 GPIO 源程序中"#include"的头文件目录后，即可对工程进行编译操作，单击工程 GPIO 使其处于 Active（激活）状态后，通过在工程文件框右击工程 GPIO，在弹出的快捷菜单中选择 Build Project，或单击菜单栏 Project→Build Project，或者单击 CCStu-

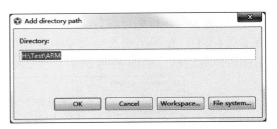

图 4-46 添加"#include"操作的搜索路径目录

dio 编译调试栏的"编译"按钮，都可对该工程进行编译操作，编译完成后如图 4-48 所示。

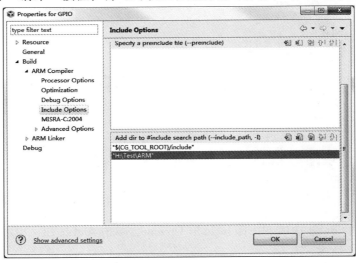

图 4-47 添加搜索路径完成

从编译信息框可见该工程编译完成，在错误提示框内没有提示信息，说明该工程被正确

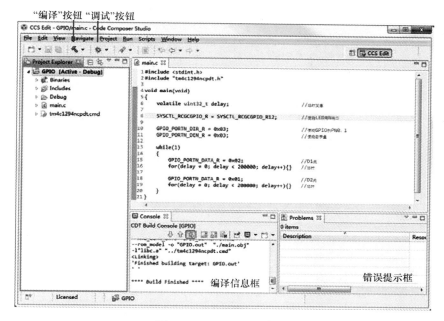

图 4-48　工程 GPIO 编译

编译。

工程编译完成后，即可进入仿真调试环节。

6）工程 GPIO 处于激活状态后，单击编译调试栏上的"调试"按钮或单击菜单栏 Run→Debug，也可通过右击工程 GPIO，在弹出的快捷菜单中选择 Debug As→Code Composer Debug Session，进行仿真调试操作，此时弹出对话框要求建立目标配置文件如图 4-49 所示，单击 Yes 按钮进行下一步操作。

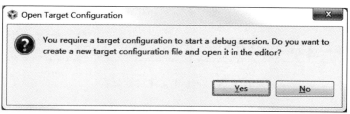

图 4-49　是否新建目标配置文件

7）新建目标配置选项卡如图 4-50 所示，在 File name 对话框中将文件名 NewTargetConfiguration.ccxml 改为 TM4C1294NCPDT.ccxml，作为新建的目标配置文件名，Location 默认存储位置为当前工程 GPIO 目录下，单击 Finish 按钮完成配置文件的新建操作。

用户也可通过在工程文件框右击工程 GPIO，在弹出的快捷菜单中选择 New→Target Configuration File，或单击菜单栏 File→New→Target Configuration File，自行新建 ccxml 目标配置文件。

8）在目标文件配置中，Connection 仿真器连接选择 Stellaris In-Circuit Debug Interface 在线调试仿真器，Board or Device 器件型号选择 Tiva TM4C1294NCPDT 作为目标芯片，如图 4-51 所示。

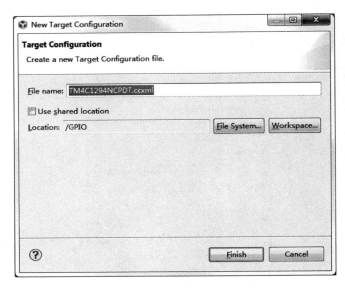

图 4-50　新建 ccxml 目标配置文件

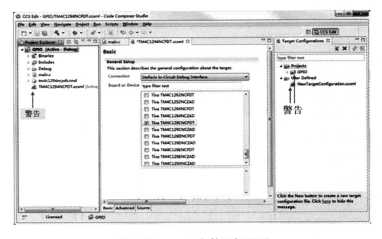

图 4-51　ccxml 文件目标配置

注意，此时一定要保存 ccxml 目标配置文件，否则 Debug 时查找不到相应的配置信息。

图 4-49 中的警告信息是由于 Debug 时还未建立相应的 ccxml 目标配置文件所引起的，不影响后续正常调试。

9）当目标配置文件 TM4C1294NCPDT.ccxml 建好后，再单击编译调试栏上的"调试"按钮或单击菜单栏 Run→Debug，或通过右击工程 GPIO，在弹出的快捷菜单中选择 Debug As→Code Composer Debug Session 进行仿真调试操作，运行程序后的 CCStudio 界面如图 4-52 所示；此时，Tiva™ C Series TM4C1294 Connected LaunchPad 开发板载 LED 发光二极管 D1、D2 依次循环点亮。

CCStudio 在 Debug 调试视窗下的功能主要如下。

① 调试选项栏，负责目标板连接、执行程序下载、断点设置等功能。

② 调试工具栏，主要负责源程序的调试，具有运行、暂停、停止及各种跳转等功能。

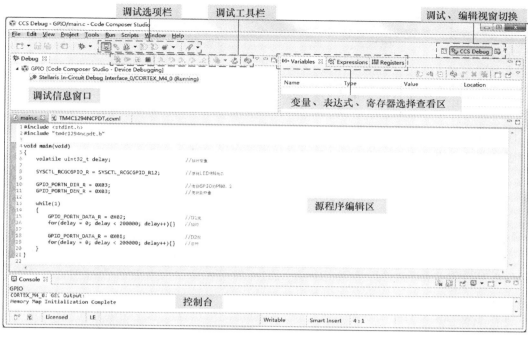

图 4-52　工程 GPIO 调试

③ 选择查看区，可以分别添加显示变量、表达式和寄存器的值。

以上各功能选项都可在 View 菜单中选择加载显示，其他更丰富的调试功能读者可在以后的实践操做深入探索。

10）若不建立 ccxml 目标配置文件，通过在工程文件框右击工程 GPIO，在弹出的快捷菜单中选择 Properties，或单击菜单栏 Project→Properties 打开工程 GPIO 的属性框，在对话框的 General 选项下也可设置仿真参数，如图 4-53 所示。

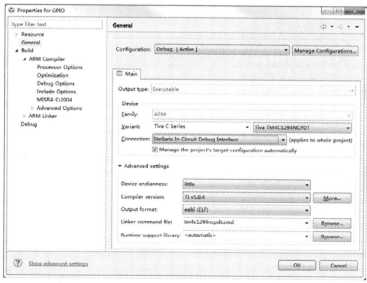

图 4-53　工程 GPIO 仿真调试参数设置

在 Device 器件选项组中选择开发板芯片型号及仿真器设置如下。

① 在 Variant 下拉列表框选择 Tiva C Series 系列，具体开发的芯片型号为 Tiva TM4C1294NCPDT。

② 在 Connection 下拉列表框选择调试方式 Stellaris In-Circuit Debug Interface 在线调试仿真器，并勾选 Manage the project's target-configuration automatically 复选框自动进行目标配置。

设置好参数后，单击 OK 按钮可进行同样的 Debug 操作，则步骤 7~9 即可省略；此操作步骤也可在图 4-29 所示的 CCStudio 新建工程对话框中设置。

4.2 函数库 TivaWare 介绍

TI 为了用户加快开发的效率，在开发平台 CCStudio 中不断添加各种工具，TivaWare 就是加快 Tiva 系列 ARM 用户开发速度的一套软件扩展。作为完整的函数代码库集合，C 系列 TivaWare 完全用 C 语言编写，能将用户开发 Tiva 系列 ARM 时的常用操作指令变为函数，从而减少代码长度，更能简化大量的重复操作，大大加快项目的开发进度。

所有 TivaWare 软件都有免费的许可证，并且可由用户自己创建并维护代码。SW-TM4C-2.1.0.12573.exe 是 C 系列 TivaWare 完全版，包含免费的库文件（外设、USB、图形和传感器等）、开发板及指定外设的代码例程、相关文档等。

4.2.1 TivaWare 安装

TivaWare 程序可以从 TI 的网站 http://www.ti.com/tool/sw-tm4c 下载，下载过程与下载 CCStudio 类似，需要注册登录 my.TI 账号，TI 审核后会通过 Email 通知用户下载该软件。

下载完成后，双击下载的安装文件 SW-TM4C-2.1.0.12573.exe，即可进行安装。

1）TivaWare 的安装界面如图 4-54 所示，单击 Next 按钮进行 TivaWare 的安装程序。

图 4-54 TivaWare 安装界面

2）TivaWare 的安装 License 信息确认如图 4-55 所示，单击 Next 按钮进行下一步操作。

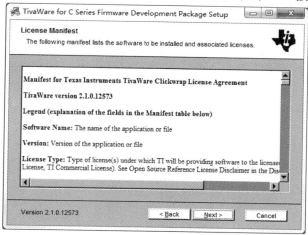

图 4-55　确认 TivaWare 安装信息

3）TivaWare 安装 License Agreement 如图 4-56 所示，选中 I agree to the terms in the License Agreement 单选按钮后单击 Next 按钮进行下一步操作。

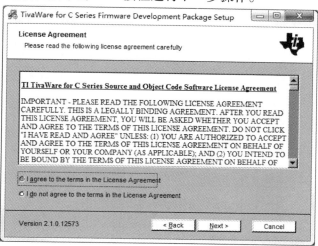

图 4-56　安装 License Agreement

4）TivaWare 的安装目录默认如图 4-57 所示，确认后单击 Next 按钮进行下一步操作。

5）TivaWare 的确认安装信息如图 4-58 所示，确认后单击 Install 按钮进行安装操作。

6）TivaWare 的安装完成界面如图 4-59 所示，单击 Finish 按钮完成 TivaWare 的安装操作。

4.2.2　TivaWare 库函数

在 TivaWare 安装的 C：\ ti \ TivaWare _ C _ Series-2.1.0.12573 \ docs 目录下，有详细的 TivaWare 使用说明。TivaWare 软件库主要包括外设驱动库、图形库、USB 库、IQmath 库、传感器库和例程库。

89

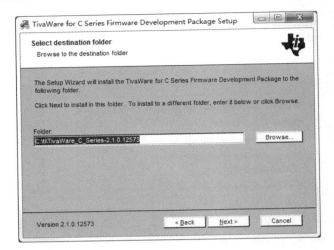

图 4-57　TivaWare 安装目录

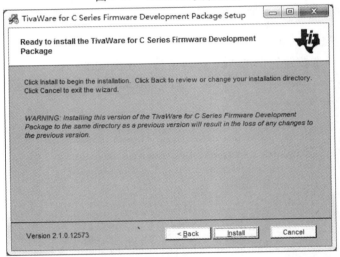

图 4-58　TivaWare 确认安装信息

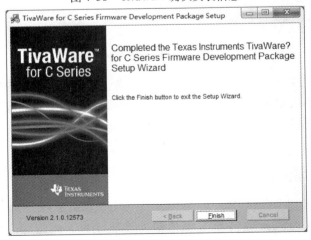

图 4-59　TivaWare 安装完成

1. 外设驱动库（Peripheral Driver Library）

TivaWare™ Peripheral Driver Library 为一系列外设驱动程序的集合，是出于访问基于 ARM® Cortex™–M 微处理器的 Tiva™ 家族外设的目的，而并不是纯粹的操作系统驱动程序（它们没有公共接口也没有全局设备驱动基础结构），但它们确实提供了方便访问设备接口的途径。

外设驱动库采用两种访问模式，即直接寄存器访问模式和软件驱动模式，分别对应 TivaWare 软件库的 inc 和 driverlib 文件目录。

（1）直接寄存器访问模式　该模式通过直接对外设的寄存器进行读写来操作相应的外设。这种方式的代码效率高、代码长度更短，但需要用户对相应外设的寄存器及其功能位非常了解。而 inc 文件夹里包括了以 Tiva C 系列 ARM 名称命名的头文件，其中又定义了相应寄存器的宏，使得这种操作得以简化并更加直观。

本书 4.1.3 节中建立的工程 GPIO 即采用了直接寄存器访问模式。

（2）软件驱动模式　该模式通过直接调用相关外设的 API 函数来实现控制功能，而无须用户了解微处理器中的具体寄存器细节。它的使用比直接寄存器访问模式简单方便，但与直接寄存器访问模式不同，该模式不是面向具体的 ARM 芯片，因此极个别的芯片功能可能不支持，需要用户自行添加修改，该模式的编程效率比直接寄存器访问模式低。

在一般的应用中，若无直接支持的库函数，则可用直接寄存器访问模式实现该功能，这就是所谓的混合使用。

2. 图形库（Graphics Library）

TivaWare™ Graphics Library 提供了基本图形集合和小工具集合，用以创造基于微处理器的开发板图形用户接口，从而实现图形的显示。图形库共有三层，每个子层都建于上层基础之上，并且提供更多的功能。

1）显示驱动层。由于受使用的显示器限制，该层必须由应用程序支持。

2）基本图形层。该层提供了在显示器上绘制独立项目的功能，如线条、圆圈和文本等。

3）小控件层。提供了 1 个或多个基本图形的封装，可以在显示器上绘制一个用户接口元素，此外还能提供对用户元素相交互的应用定义响应。

这三层中的任一 API 函数应用都不是独立的，换言之，用户使用小控件或直接使用基本图形都是有效的。这使得用户可以根据需要或开发要求自由选择所需要的层。

3. USB 库（USB Library）

TivaWare™ USB Library 是创建 USB 设备、主机或 OTG 应用的数据格式及函数的集合。USB 库中的内容及相关头文件主要有通用功能函数、设备模式定义函数、主机模式定义函数和模式检测控制函数四部分。

通用功能函数集是用于设备、主机和双模式应用，包括了 USB 描述符的解析和 USB 库的配置特性函数。设备定义函数提供了所有 USB 设备应用所需的独立级别特性，如主机连接信号和标准描述符要求响应。USB 库也包含了一系列的模块，能够处理从 USB 主机到应用交互层的级定义要求。USB 库提供了更低级别的独立级主机函数集，这是 USB 主机函数如设备检测和计数以及端点处理所需要的。这个较低层对应用基本不可见，但对通过 USB 主机模块定义的层级是可见的。与设备模式层类似，主机模式级别定义模块提供了接口，允许较低级别 USB 库编码直接通过 USB 总线通信，并且有一个更高级别的接口与应用交互。USB 库也提供了函数来配置 USB 控制器处理主机和设备模式操作的切换。

4. IQmath 库（IQmath Library）

该库是 TI 进行嵌入式系统开发的通用库，在一些应用开发中，对计算的速度和精度都提出较高要求时，就可以采用 IQmath 库，利用 IQ 变换将浮点数运算转换为定点数运算。这种高精度的运算代码库对代码效率也做过优化，适合于定点微处理器使用。

5. 传感器库（Sensor Library）

该库对于用户开发与各种传感器有关的应用提供了便利接口，包括加速度传感器、角度传感器（陀螺仪）、磁场传感器、温度传感器、压力传感器、亮度传感器、相对湿度传感器和位移传感器等。传感器库实现了对传感器的配置和通信，其接口主要采用 I^2C 总线。

6. 例程库（Examples）

该库提供的代码例程都在 examples 目录下。其中对于特定开发板的代码例程在 boards 目录下，该目录下的例程都可以再编译、下载并且不加修改就可以在特定开发板上运行，其具体信息可参考该板的固件开发包使用指南。所有有特定外设的 Tiva™ 微控制器，都能在 peripherals 目录下找到例子，这些例子都是小的单目代码片段，能够清晰明了地表明目标芯片特性，必须根据特定开发板定制应用。

注意：peripherals 目录下的例子不是每个都能运行于每种 Tiva™ 微控制器，另外也不能直接用于工程运行，而 boards 目录下的工程能直接编译运行。

4.2.3 TivaWare 应用

为介绍 TivaWare 软件库的使用方法，本书仍以 TI 的 Tiva™ C Series TM4C1294 Connected LaunchPad 开发板为对象，以通用 I/O 接口作为例程加以详细说明。

建立基于 TivaWare™ Peripheral Driver Library 外设驱动库函数调用模式的工程 GPIOlib，其过程可参考 4.1.3 节所述。F 端口由于操作复杂，在 4.1.3 节举例中没有涉及，而用软件驱动模式编程时，F 端口与 N 端口可以同样操作，显示了该方法的通用性。

1）与 GPIO 工程不同，除添加 main.c 主程序文件外，需要在 GPIOlib 工程中添加以下文件。

① 起始文件 strarup_ccs.c。

② 宏初始文件 macros.ini_initial。

2）在对工程 GPIOlib 进行编译前，由于需要使用 TivaWare 的库函数，以及添加工程所需的头文件，在工程 GPIOlib 的属性对话框中选择 Build→ARM Compiler→Include Options，在 Add dir to #include search path 窗口中单击 Add 按钮，可添加需要包括的搜索路径，如图 4-60 所示。

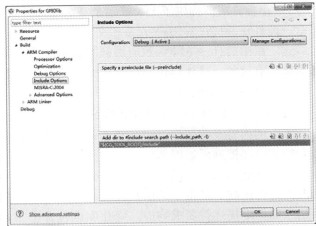

图 4-60　工程属性对话框中 "Include Options" 选项

3）添加源程序文件中"#include"操作所需的头文件搜索路径目录"C：\ ti \ TivaWare _ C _ Series–2.1.0.12573"如图 4-61 所示，单击 OK 按钮进行下一步操作。

4）完成添加源程序文件中"#include"操作的头文件搜索路径目录如图 4-62 所示，单击 OK 按钮完成操作。

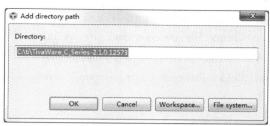

图 4-61　添加"#include"操作的搜索路径目录

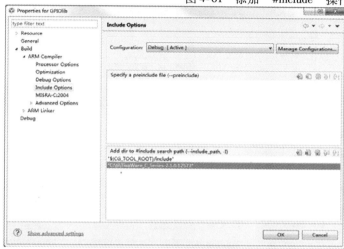

图 4-62　添加"#include"操作的搜索路径

5）为编译工程 GPIOlib，需要将 TivaWare 的外设驱动库加入工程链接中以便引用，通过在工程文件框右击工程 GPIOlib，在弹出的快捷菜单中选择 Properties，或单击菜单栏 Project→Properties 打开工程属性框如图 4-63 所示。

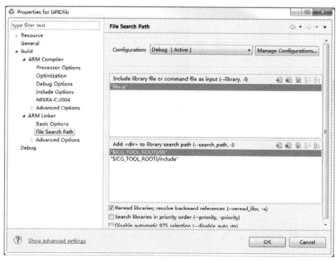

图 4-63　引用 TivaWare 外设驱动库的工程链接属性窗口

6）在工程 GPIOlib 的属性对话框中选择 Build→ARM Linker→File Search Path，在 Include library file or command file as input 对话框中加入对 TivaWare 外设驱动库的引用；单击 Add 按钮，添加驱动程序库文件 driverlib.lib，路径为 "C：\ ti \ TivaWare _ C _ Series-2.1.0.12573 \ driverlib \ ccs \ Debug \ driverlib.lib"，如图 4-64 所示，单击 OK 按钮进行下一步操作。

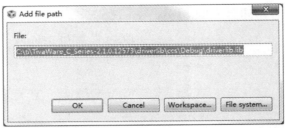

图 4-64　添加 TivaWare 外设驱动库的链接路径

7）添加 TivaWare 外设驱动库的工程 GPIOlib 属性对话框如图 4-65 所示。

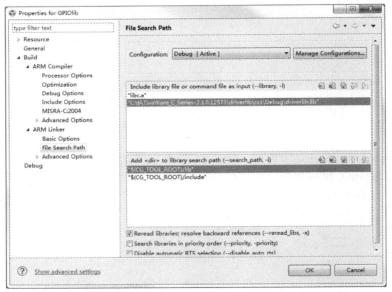

图 4-65　完成 TivaWare 外设驱动库链接

8）至此，基于 TivaWare™ Peripheral Driver Library 外设驱动库函数调用模式的工程 GPIOlib 新建完成，如图 4-66 所示。

该程序实现了 Tiva™ C Series TM4C1294 Connected LaunchPad 开发板载 LED 发光二极管 D1、D2、D3 和 D4 分别被 GPIO 的 PN1、PN0、PF4 和 PF0 管脚控制，从而依次循环点亮。

工程 GPIOlib 设置 GPIO 的 F 和 N 端口工作在数字输出状态，通过对 GPIO 写函数改变相应端口的电平状态，从而轮流驱动 LED 发光二极管 D1、D2、D3 和 D4 的亮与灭，for 循环起到延时作用，程序清单如下。

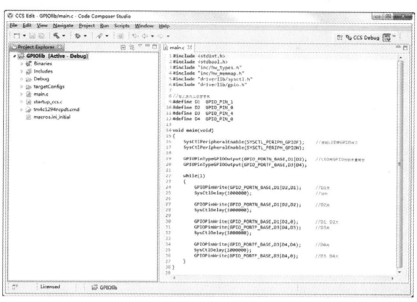

图 4-66 工程 GPIOlib

```
#include < stdint.h >
#include < stdbool.h >
#include "inc/hw _ types.h"
#include "inc/hw _ memmap.h"
#include "driverlib/sysctl.h"
#include "driverlib/gpio.h"

//定义发光二极管管脚
#define D1            GPIO _ PIN _ 1
#define D2            GPIO _ PIN _ 0
#define D3            GPIO _ PIN _ 4
#define D4            GPIO _ PIN _ 0

void main(void)
{
    SysCtlPeripheralEnable(SYSCTL _ PERIPH _ GPIOF);   //使能 LED 用 GPIO
                                                        端口
    SysCtlPeripheralEnable(SYSCTL _ PERIPH _ GPION);

    GPIOPinTypeGPIOOutput(GPIO _ PORTN _ BASE,D1 |D2);  //LED 用 GPIO 为数
                                                        字量输出
    GPIOPinTypeGPIOOutput(GPIO _ PORTF _ BASE,D3 |D4);
```

```
while(1)
    {
    GPIOPinWrite(GPIO_PORTN_BASE,D1 |D2,D1);         //D1 亮
    SysCtlDelay(1000000);                            //延时

    GPIOPinWrite(GPIO_PORTN_BASE,D1 |D2,D2);         //D2 亮
    SysCtlDelay(1000000);

    GPIOPinWrite(GPIO_PORTN_BASE,D1 |D2,0);          //D1、D2 灭
    GPIOPinWrite(GPIO_PORTF_BASE,D3 |D4,D3);         //D3 亮
    SysCtlDelay(1000000);

    GPIOPinWrite(GPIO_PORTF_BASE,D3 |D4,D4);         //D4 亮
    SysCtlDelay(1000000);
    GPIOPinWrite(GPIO_PORTF_BASE,D3 |D4,0);          //D3、D4 灭
    }
}
```

第 5 章 Tiva129 内部存储器

TM4C1294NCPDT 微控制器具有 256KB 的 SRAM、内部 ROM、1024KB 的 Flash 和 6KB 的 EEPROM。

TM4C1294NCPDT 微控制器提供 1024KB 的片内 Flash。该 Flash 被配置为四个 16KB × 128 位（共 4×256KB）的存储模块（Bank），采用两路交叉存取方式工作。存储器块可被标记为只读或只执行，以提供不同级别的代码保护。只读块不能被擦除或编程，以保护这些块里的内容不被修改。只执行块不能被擦除或编程，而只能通过控制器指令获取机制来读取，这可以保护这些块里的内容不被控制器或调试器读取。

TM4C1294NCPDT 微控制器通过执行两套指令预取缓冲器以提供增强的性能及省电。每个预取缓冲器是 2×256 位，并且可以合并为一个 4×256 位预取缓冲器。

EEPROM 模块提供了一个明确的寄存器接口，支持对 EEPROM 的随机读以及循环或按序方式的写。密码模型允许应用锁定一个或多个 EEPROM 块，以控制对 16 字边界的访问。

5.1 框图

内部存储器和控制结构如图 5-1 所示，图中点画线框指示了系统控制模块中的寄存器。

5.2 功能描述

本节介绍了 SRAM、ROM、FLASH 和 EEPROM 存储器的功能。注意，DMA 对 Flash 是只读访问（仅在运行模式下）。

5.2.1 SRAM

Tiva™ C 系列设备的内部系统 SRAM 位于其设备存储器映射地址 0x2000.0000 处。为了减少读-修改-写（RMW）操作的耗时，ARM 在处理器中提供了位带技术。具有位带功能的处理器，在某一存储器映射区域（SRAM 和外设空间）可以使用地址别名在单个原子操作中访问一个位。位带的基位地址位于 0x2200.0000 处，位带别名的计算公式如下。

位带别名 = 位带基址 + （字节偏移量 ×32） + （位编号 ×4）

例如，如果在地址 0x2000.1000 处的第 3 位要被修改，则位带别名计算如下。

0x2200.0000 + (0x1000 ×32) + (3 ×4) = 0x2202.000C

通过计算得出别名地址，对地址 0x2202.000C 读/写的指令允许直接访问地址 0x2000.1000 处字节第 3 位。

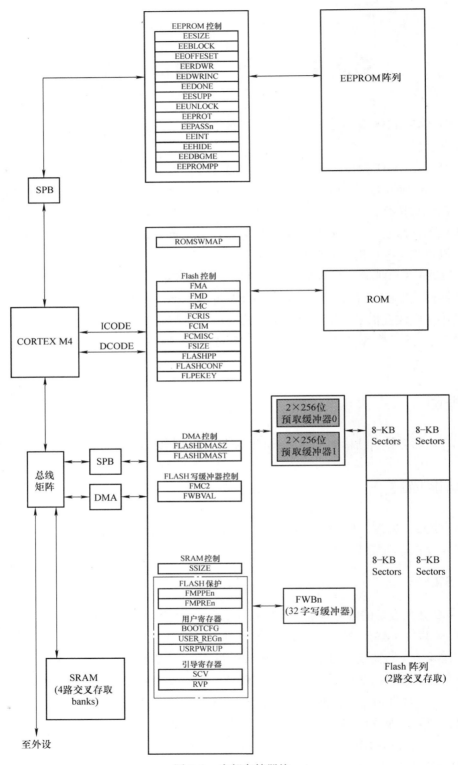

图 5-1　内部存储器块

需要注意，SRAM 使用 4 路、32 位宽度和交叉存取的多个 SRAM 存储体（单独的 SRAM 阵列）来实现，这可在存储器访问中增加速度。当使用交叉存取时，在写一个存储体之后的另一存储体的读可以发生在连续的时钟周期，而不会产生任何延迟。然而，在写访问之后紧跟着对相同存储体的读访问，可能会引起一个时钟周期的延迟。

SRAM 存储器的规划允许多个主机同时访问不同的 SRAM 存储体。如果两个主机试图访问相同的 SRAM 存储体，具有较高优先级的主机获得对存储器总线的访问，而较低优先级的主机则处于等待状态。如果四个主机试图访问相同的 SRAM 存储体，最低优先级的主机需要延迟三个等待状态。CPU 内核始终具有 SRAM 存储器访问的最高优先级。

5.2.2　ROM

Tiva™ C 系列设备的内部 ROM 位于设备存储器映射地址 0x0100.0000 处。ROM 内容的具体信息可以参考相应 ROM 用户指南。ROM 包含以下组成。

1）TivaWare™ 的引导配置和向量表。

2）TivaWare 外设驱动程序库（DriverLib），开放了特定产品的外设和接口。

3）高级加密标准（AES）密码表。

4）循环冗余校验（CRC）错误检测功能。

引导装载程序被用作初始程序加载器（当 Flash 地址为 0x0000.0004 时，复位向量地址为全 1（即 Flash 的擦除状态）），以及应用发起的固件升级机制（通过回调到引导加载程序）。应用程序可以调用 ROM 中的外设驱动程序库 API，以降低对 Flash 的需求，并释放 Flash 用于其他目的（如应用程序的附加功能）。先进加密标准（AES）是由美国政府公开定义的加密标准。循环冗余校验（CRC）是一种验证数据块与先前检查结果是否具有相同内容的技术。

需要注意，CRC 软件程序在 TivaWare 中提供向后兼容性。具有增强 CRC 集成模块的器件应该利用该硬件达到最佳性能。

1. 引导配置

在上电复位（POR）和设备初始化之后，硬件无论是从 Flash 还是 ROM 加载，堆栈指针都是基于 Flash 中的应用程序和 BOOTCFG 寄存器中的 EN 位状态。如果 Flash 地址 0x0000.0004 包含一个擦除字（值为 0xFFFF.FFFF）或 BOOTCFG 寄存器的 EN 位被清除，堆栈指针和复位向量指针将分别从 ROM 中地址 0x0100.000 和 0x0100.0004 处加载。引导加载程序执行并配置可用的引导从设备接口，并且等待外部存储器加载软件。引导加载程序使用了一个简单的报文接口来提供与设备的同步通信。引导加载程序的速度是由内部振荡器（PIOSC）的频率决定，可以使用的串行接口为 UART0、SSI0、I^2C0 和 USB。

如果对 Flash 地址 0x0000.0004 处的检查结果包含一个有效的复位向量值并且 BOOTCFG 寄存器的 EN 位被置位，则从 Flash 的这个地址开始获取堆栈指针和复位向量的值。该应用的堆栈指针和复位向量被加载并且处理器直接执行应用程序。否则，从 ROM 的开始处获取堆栈指针和复位向量值。

2. TivaWare 外设驱动库

TivaWare 外设驱动程序库包含一个名为 driverlib/rom.h 的文件，用于协助调用 ROM 中的外设驱动程序库函数。

ROM 开头的一个表格指向 ROM 所提供 API 的入口指针。通过这些表格访问 API 提供了可扩展性；同时，API 的位置可能在 ROM 的将来版本中改变，而该 API 的表格不会改变。该表格被分为两个等级，主表格包含每个外设的指针，而该指针又指向一个包含与该外设相关的每个 API 指针的二级表格。主表格位于 0x0100.0010 处，紧跟在 ROM 中的 Cortex-M4F 向量表之后。

其他 API 可用于图形和 USB 功能，但没有预加载到 ROM 中。TivaWare 图形库提供了一组基本图元和在基于 Tiva™ C 系列微控制器的开发板上创建图形用户界面的工具组。Ti-vaWare USB 库是一组数据类型和函数，用于给基于 Tiva™ C 系列微控制器的开发板创建 USB 设备、主机或 On-The-Go（OTG）应用程序。

3. 高级加密标准（AES）密码表

AES 是一种强大的加密方法，有着合理的性能和大小。AES 在硬件和软件方面都很快速，很容易实现，并且只需要很少的存储器。AES 可以使用预先安排的密钥，这对于应用是很理想的，如在制造和配置阶段设置。ROM 中提供了四个被用于 XySSL AES 实现的数据表格。第一个是前向 S 盒置换表，第二个是反向 S 盒置换表，第三个是前向多项式表，最后是反向多项式表。

4. 循环冗余校验（CRC）错误检测

CRC 校验技术可以用于验证信息的正确接收（传输中没有丢失或改变），解压后验证数据，验证 Flash 存储器的内容没有改变，还有其他一些数据需要验证的情况。由于更容易发现变化，因此 CRC 优于简单的校验和（如异或所有的位）。当从 ROM 中执行设备初始化时，CRC-32 验证被传送到寄存器和内存的数据。CRC 确保序列中的任何指令未被跳过或传输过程中没有数据被破坏。

5.2.3 Flash 存储器

Flash 存储器被配置成四个 16KB × 128 位（共 4 × 256KB）存储模块的组，采用两路交叉存取方式工作，如图 5-2 所示。

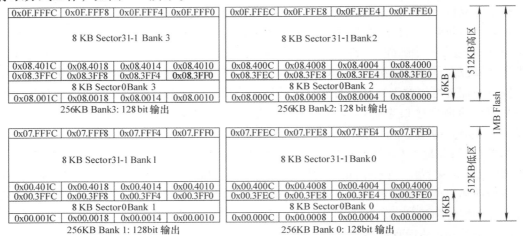

图 5-2　Flash 存储器配置

交叉存储器一次预取 256 位。预取缓冲器允许 120MHz 的 CPU 速度的最大性能，由预取缓存器中合适的线性代码或循环保持。建议将编译的代码用转换集尽可能地剔除一些"文字"。这些文字会引起对该字的 Flash 访问和包含等待状态的延迟。大部分编译器支持将文字转为"内嵌"的代码，因为它在系统中执行更快而存储器子系统比 CPU 更慢。

因为存储器是两路交叉存取，并且每个存储体是一个 8KB 区域，当用户使用 Flash 存储器控制（FMC）寄存器中的 ERASE 位来擦除一个区域，这是一个 16KB 的擦除。一个块的擦除将使该块的全部内容复位为 1。

1. Flash 配置

根据 CPU 频率，应用必须编程系统控制模块偏移量 0x0C0 处的供主 Flash 和 EEPROM 的存储器计时参数寄存器 0（MEMTIM0）中的 Flash 存储体时钟高电平时间（FBCHT）、Flash 存储体时钟边沿（FBCE）和 Flash 等待状态（FWS）。给定 CPU 频率范围所要求的位域值见表 5-1。

表 5-1　MEMTIM0 寄存器配置对应频率

CPU 频率范围(f) /MHz	时间周期范围(t)/ns	Flash 存储体时钟高电平时间（FBCHT）	Flash 存储体时钟边沿（FBCE）	Flash 等待状态（FWS）
16	62.5	0x0	1	0x0
$16 < f \leqslant 40$	$62.5 > t \geqslant 25$	0x2	0	0x1
$40 < f \leqslant 60$	$25 > t \geqslant 16.67$	0x3	0	0x2
$60 < f \leqslant 80$	$16.67 > t \geqslant 12.5$	0x4	0	0x3
$80 < f \leqslant 100$	$12.5 > t \geqslant 10$	0x5	0	0x4
$100 < f \leqslant 120$	$10 > t \geqslant 8.33$	0x6	0	0x5

为了用新的 Flash 配置值更新 MEMTIM0 寄存器，必须置位系统控制偏移量 0x0B0 处的运行和睡眠模式配置（RSCLKCFG）寄存器的 MEMTIMU 位。注意，在 MEMTIM0 寄存器中相关的 Flash 和 EEPROM 字段必须被编程为相同的值。例如，FWS 字段必须被编程为与 EWS 字段相同的值。

2. 预取缓冲器

根据偏移量 0xFC8 处的 Flash 配置（FLASHCONF）寄存器中被编程的 SPFE 位，预取缓冲器可作为 2×256 位缓冲器组或 4×256 位缓冲器存在。复位时，所有四个缓冲器都被使能。缓冲器使用"最近最少使用"（LRU）方法填充。当操作在单个缓冲器组配置时，2 个 256 位缓冲器创建确定的结构，每个"下一个"写被送到先前被写的缓冲器。单个 256 位缓冲器组如图 5-3 所示。应该只在代码需要执行的时钟周期数目明确时，使用预取缓冲器组。配置的首选方法是利用这四个预取缓冲器的配置。

		255　224	223 192	191　160	159　128	127　96	95　64	63　32	31　0
预取缓冲器 0	标签	字7	字6	字5	字4	字3	字2	字1	字0
预取缓冲器 1	标签	字7	字6	字5	字4	字3	字2	字1	字0

图 5-3　单个 256 位预取缓冲器组

当缓冲器被配置为 4 个 256 位缓冲器时，它们作为一组，4 个缓冲器中的 1 个被标记为 LRU，并在下一个自动装满或缺失发生时使用。

		255 224	223 192	191 160	159 128	127 96	95 64	63 32	31 0
预取缓冲器 0	标签	字7	字6	字5	字4	字3	字2	字1	字0
预取缓冲器 1	标签	字7	字6	字5	字4	字3	字2	字1	字0
预取缓冲器 2	标签	字7	字6	字5	字4	字3	字2	字1	字0
预取缓冲器 3	标签	字7	字6	字5	字4	字3	字2	字1	字0

图 5-4　4 个 256 位预取缓冲器配置

自动装满的地址被存储在标签寄存器，可以立即识别出地址违规并且可以立即开始缺失处理。每个 ICODE 访问都与有效标签进行核对，以察看目标字是否已经在缓冲器中。

如果命中，则目标字被立即送到 CPU 而没有等待状态。如果缺失，则使预取缓冲器无效并且处理缺失，从 Flash 子系统中读取一个 256 位数据填充下一个最近最少使用的预取缓冲器。两个存储体被并行读取以取回 256 位有价值的数据。

如果一个自动装满已启动并且发生缺失，在缺失处理前该自动装满完成。如果一个自动装满发生并命中了正在处理自动装满的预取缓冲器，则 ICODE 总线停止直至自动装满完成且可以访问一个新的入口。对于指令缺失，如果 Flash 子系统尚未处理 DCODE 总线访问或在相同的存储体中执行编程/擦除操作，则在地址可用后立即开始访问 Flash 存储体。目标字在它被写入预取缓冲器一个周期之后被传给 CPU。

预取缓冲器中命中的时序图如图 5-5 所示。

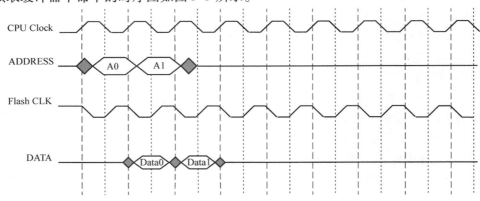

图 5-5　单周期，零等待状态

当数据在预取缓冲器中时，Flash 存储器可以在没有零等待状态访问的 CPU 时钟速度运行。当访问在预取缓冲器中缺失时，数据从 Flash 传送时会导致延迟。该延迟取决于可编程的 CPU 频率。参考表 5-1 中所需 CPU 频率对应可编程等待状态的延迟信息。CPU 单步调试预取缓冲器中的字，直到当前预取行的末尾时刚被载入，发生的事件如图 5-6 所示，重要事件如下。

1）事件 A：当 CPU 读预取缓存器发生缺失时，从 Flash 中取出一行数据。该目标字被写到预取缓冲器并在一个周期后被发送给 CPU。

2）事件 B：当 CPU 到达字 3，下一个 256 位的缓冲行被预取，导致下一行字 0 的零等待状态访问。

3）事件 C：这个字后，如果 CPU 仍然顺序执行，被预取的下一个缓冲器行的字 0 被发送到 CPU，且零等待状态延迟。

4）事件 D：第二次取的字 0 被发送给 CPU。

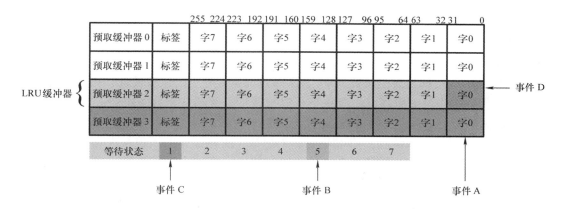

图 5-6　Flash 的预取填充

需要注意的是，如果 CPU 目标字超过字 2（字 3~字 7），那么下一个预取填充立即开始，并根据 CPU 的频率，CPU 对下一行字 7 和字 0 的访问将有延迟。

注意，为了获得最佳的预取缓冲器性能，应用程序代码/分支按 8 字边界对齐。

通过设置在 0xFC8 处的 Flash 配置（FLASHCONF）寄存器中的 FPFON 和 FPFOFF 位，可以强制打开或关闭预取缓冲器。如果当 CPU 正在读取或写入 Flash 时，应用程序置位 FPFON 或 FPFOFF 位，打开或关闭的预取缓冲器动作仅在 Flash 操作完成后发生。当确定代码的最优内存配置时，该特征可用于测试模式。

预取缓冲器的有效标记可以通过如下方法清除。

1）任何 Flash 配置（FLASHCONF）寄存器的改变，如通过设置 FPFOFF 位禁用预取缓冲器，设置 CLRTV 位以清除预取缓冲器标签。

2）系统复位。

3）ROM 访问。

4）ICODE 访问时错误。

5）系统中止。

6）镜像模式改变。

注意，如果预取缓冲器被使能且应用程序代码分支到非 Flash 存储器的位置，需要在返回 Flash 代码执行时清除预取标签。通过设置 FLASHCONF 寄存器中的 CLRTV 位，可以清除预取标签。

3. Flash 镜像模式

Flash 镜像允许软件的多个副本在 Flash 中同时存在。软件可以从低区存储体运行，同时软件在高区存储体更新镜像副本。除了数据，编程 Flash 内容时，必须镜像低区存储体和高区存储体中的引导加载程序。如果需要恢复数据，可通过设置 FLASHCONF 寄存器中的 FMME 位完成热交换，以确保 Flash 存储体在交换过程中闲置。预取缓冲器在热交换执行时必须无效。其次，地址转换逻辑从高区存储体到低区存储体可译码 512KB。一旦存储体被交换，被镜像的 Flash 即可使用。地址转换逻辑将地址转换到高区存储体，直到下一个交换。

4. Flash 存储器保护寄存器

Flash 存储器通过 16 对 32 位寄存器为用户提供执行保护。FMPPEn 和 FMPREn 寄存器中的各个位（每个块一个策略）控制每个保护形式的策略。

Flash 存储器保护编程使能（FMPPEn）：在 Flash 中，16KB 块可以被单独地保护而不被编辑或删除。因为 FMPPEn 寄存器的每一位代表一个 2KB 块，应用程序必须清除一个字节的所有位以保护一个 16KB 块。只能在 16KB 增量中编程只执行保护。例如，为了保护第一个 16KB 块，位[7:0]都需要被设置为 0。当 FMPPEn 寄存器中的位被设置，相应的块可被编程（写）或擦除。当位被清零，相应块不可以被改变。当通过清除 FMPPEn 和 FMPREn 寄存器中的位保护一个块时，可以实现只执行保护。

Flash 存储器保护读取使能（FMPREn）：如果这个寄存器中的一位被设置，软件或调试器可执行或读相应的块。如果清除这个寄存器中的位，而且清除 FMPPEn 寄存器中相同的块，相应的块只可以被执行，该存储器块的内容被禁止作为数据读取。在 2KB 增量中可编程 FMPREn 保护，不像 FMPPEn，必须在 16KB 增量中编程。然而，如果应用程序希望读-保护一个 16KB 块，8 个位都需要被从 1 到 0 写入。

该策略可以进行组合见表 5-2。

表 5-2　Flash 存储器保护策略组合

FMPPEn	FMPREn	保护
0	0	只执行保护。该块只可以被执行但是不可以被写入或擦除。这种模式用于保护代码
1	0	该块可以被写入、擦除或执行，但是不可以被读取。这种组合不太可能被使用
0	1	只读保护。该块可以被读取或执行，但是不可以被写入或擦除。这种模式用于锁定块从而防止在进行读取或执行访问的时候被修改
1	1	无保护模式。该块可以被写入、擦除、执行或读取

5. 只执行保护

只执行保护防止了对被保护的 Flash 块的修改和窥探。此模式意图用于设备需要调试能力，但是一部分应用程序空间又必须被保护以防止来自外部的访问。例如一个公司希望销售包含他们预编程的专用软件的 Tiva™ C 系列设备，但允许终端用户添加用户代码到 Flash 的非保护区域（如在 Flash 中带可定制的电机配置部件的电机控制模块）。

6. 只读保护

只读保护防止 Flash 块的内容被重新编程，同时还允许该内容被处理器或调试接口读取。需要注意的是，如果清除 FMPREn 位，将不允许读取访问所有 Flash 存储器块，包括任何数据访问。必须小心，不要存放数据在相关联的 FMPREn 位被清零的 Flash 存储器块中。

只读模式不会阻止对已存储程序的读取访问，但它确实提供对意外（或恶意）擦除或编程的保护。只读对类似于调试接口被永久禁用时引导装载程序的公共程序特别有用。在这样的组合下，引导装载程序提供了对 Flash 存储器的访问控制，可以防止被删除或修改。

7. 永久禁用调试

对于非常敏感的应用，可永久禁用处理器和外设的调试接口，阻止所有通过 JTAG 或 SWD 接口对设备的访问。虽然禁用调试接口，它仍然可以执行标准的 IEEE 指令（如边界扫描操作），阻止对处理器和外设的访问。

启动配置（BOOTCFG）寄存器中的 DBG0 和 DBG1 位控制是否打开或关闭调试接口。调试接口不应该在没有提供某些机制时被永久禁用，如引导装载程序，提供用户安装的更新或故障（Bug）修复。禁用调试接口是永久性的且无法逆转。

8. 中断

当观察到以下情况时，Flash 控制器可以产生中断。

1）编程中断（PRIS）：当一个编程或擦除动作完成时，发送信号。

2）访问中断（ARIS）：当编程或擦除动作已经在被相应的 FMPPEn 位保护的 16KB 块的存储器上尝试时，发送信号。

3）EEPROM 中断。

4）泵电压中断（VOLTRIS）：指示在 Flash 操作过程中和操作结束时，泵的调节电压是否超限。

5）无效数据中断（INVDRIS）：当 Flash 中以前被编程为 0 的位现在请求被编程为 1 时，发送信号。

6）擦除操作中断（ERRIS）：指示擦除操作失败。

通过设置 Flash 控制器屏蔽中断状态（FCMIS）寄存器中相应的 MASK 位，可以定义触发控制器级中断的中断事件。如果不使用中断，总可以通过 Flash 控制器原始中断状态（FCRIS）寄存器观察原始中断状态。总是通过将 Flash 控制器屏蔽中断状态和清除（FCMISC）寄存器中相应的位写为 1（对 FCMIS 和 FCRIS 寄存器），而清除中断。

9. µDMA

µDMA 可被编程为从 Flash 读取。Flash DMA 地址个数（FLASHDMASZ）寄存器配置了 2KB 的 Flash 区域，以被 µDMA 访问。在 Flash DMA 起始地址（FLASHDMAST）寄存器中定义了这片 µDMA 可访问区域的起始地址。当在 FLASHPP 寄存器中设置 DFA 位时，µDMA 可以访问被 FLASHDMASZ 和 FLASHDMAST 寄存器配置的可用区域。µDMA 在初始化传输前，为了该标记的 2KB Flash 区域，检查 Flash 保护编程使能 n（FMPPEn）寄存器。如果访问超出范围，则产生总线故障。

注意，µDMA 只可在运行模式访问 Flash（在低功耗模式下不可用）。

10. Flash 存储器编程

Tiva™ C 系列设备提供了 Flash 存储器编程的用户友好界面。所有的擦除/编程操作都通过 3 个寄存器处理：Flash 存储器地址（FMA）、Flash 存储器数据（FMD）和 Flash 存储器控制（FMC）。需要注意的是，如果已经停用微控制器的调试功能，导致进入"锁定"状态，为了重新激活调试模块，必须执行恢复过程。

当在一个 Flash 存储体中执行 Flash 存储器写、页面擦除或整体擦除时，禁止访问这对特定的存储体。其结果是，对特定存储体的取指令和文字被延迟，直到 Flash 存储器操作完成。如果在 Flash 存储器操作期间需要指令执行，当 Flash 操作正在进行时，正在执行的代码必须被放置在 SRAM 中并从那里执行。

注意，当编程 Flash 存储器时，必须考虑存储器的以下特性。

1）只有擦除可以将位从 0 变为 1。

2）写只能将位从 1 变为 0。如果写试图将 0 改为 1，则写失败且位不改变。

3）进入睡眠或深度睡眠之前完成所有的 Flash 操作。

为了编程 32 位字，操作如下。

1）写源数据到 FMD 寄存器。

2）写目的地址到 FMA 寄存器。

3）写 Flash 存储器写命令和 WRITE 位（值 0xA442.0001）到 FMC 寄存器。写命令可以是 0xA442，或者编程到 FLPEKEY 寄存器中的取决于 BOOTCFG 寄存器中 KEY 的值。

4）查询 FMC 寄存器，直到 WRITE 位被清零。

为了执行 16KB 区域的擦除，操作如下。

1）写 16KB 对齐的地址到 FMA 寄存器。

2）写 Flash 存储器写命令和 ERASE 位到 FMC 寄存器。

3）查询 FMC 寄存器直至 ERASE 位被清零，或者使用 FCIM 寄存器中的 PMASK 位使能编程中断。

为了执行 Flash 存储器整体擦除，操作如下。

1）写 Flash 存储器写命令和 MERASE 位到 FMC 寄存器。

2）查询 FMC 寄存器直至 MERASE 位被清零，或者使用 FCIM 寄存器中的 PMASK 位使能编程中断。

11. 32 位字 Flash 存储器写缓冲器

通过一次编程两个 32 位字，32 位字写入缓冲器提供了对 Flash 存储器实现更快写访问的能力，允许和采用上述方法取 16 位字一样，同时编程 32 位字。用于缓冲器写入的数据被写到 Flash 写缓冲器（FWBn）寄存器。

这些寄存器与 Flash 存储器是 32 位字对齐的，因此，寄存器 FWB0 对应于 FMA 中的地址，而 FMA 中的位［6:0］均为 0，FWB1 对应于 FMA + 0x4 中的地址等。先前被缓冲的 Flash 存储器写操作被写入后，仅更新 FWBn 寄存器。Flash 写缓冲器有效（FWBVAL）寄存器显示了最后一次缓冲的 Flash 存储器写入操作后，已经写入哪些寄存器。对于 32 个 FWB 寄存器中的每一个，该寄存器都包含一位，其中 FWBVAL 的位［n］对应 FWBn。如果在 FWBVAL 寄存器中的相应位被设置，则该 FWBn 寄存器已被更新。

用一个缓冲的 Flash 存储器写操作来编程 32 位字的步骤如下。

1）写源数据到 FWBn 寄存器。

2）写目标地址到 FMA 寄存器。这必须是一个 32 位字对齐地址（即 FMA 中的位［6:0］必须为零）。

3）写 Flash 存储器写命令和 WRBUF 位到 FMC2 寄存器。

4）轮询 FMC2 寄存器，直到 WRBUF 位被清零，或者等待 PMIS 中断信号发出。

12. 非易失寄存器编程——Flash 存储器驻留寄存器

注意，在提交的改变生效前，启动配置（BOOTCFG）寄存器要求有一个 POR。

下面讨论如何更新 Flash 存储器中驻留的寄存器。这些寄存器存在于相对主 Flash 存储器阵列独立的空间，并且不会受到擦除或整体擦除操作影响。寄存器中的这些位能够通过一个提交操作从 1 改为 0。该寄存器的内容不受除了上电复位外任何复位条件的影响，这将使启动配置（BOOTCFG）寄存器的内容变回 0xFFFF.FFFE 且其他所有寄存器内容为 0xFFFF.FFFF。通过使用 Flash 存储器控制（FMC）寄存器中的 COMT 位提交寄存器值，该寄存器的内容变为非易失性的，因此在随后开、关电源时被保持。

　　所有的 FMPREn 和 USER_REGn 寄存器，除了 BOOTCFG 寄存器以外都可以在非易失性存储器中被提交。FMPREn、FMPPEn 和 USER_REGn 寄存器可在被提交之前被测试；BOOTCFG 寄存器不可以。为了编程 BOOTCFG 寄存器，该值必须在被提交前被写入 Flash 存储器数据（FMD）寄存器。该 BOOTCFG 配置在被提交到非易失性存储器之前不能被尝试与验证。

　　必须注意，所有的 Flash 存储器驻留寄存器只能通过用户编程将位从 1 变为 0。FMPREn 和 BOOTCFG 寄存器可以被提交多次，但是在整个寄存器都已被设置为 1 后，USER_REGn 寄存器只能被提交一次。被提交后，USER_REGn 寄存器只能通过执行"恢复'锁定的'微控制器"章节中描述的过程，来恢复所有值为 1 的出厂默认值。被该过程引起的主 Flash 存储器阵列的整体擦除，被优先于恢复这些寄存器而执行。

　　表 5-3 中提供了每个寄存器提交所需的 FMA 地址，以及当 FMC 寄存器被写入命令值 0xA442 或 FLPEKEY 寄存器中的 PEKEY 值时的数据源。所使用的命令值是由 BOOTCFG 寄存器复位时的 KEY 位所决定。如果 KEY 值为 0x0，FLPEKEY 寄存器中的 PEKEY 值被用于 FMC/FMC2 寄存器中的提交。如果 KEY 值为 0x1，值 0xA442 被用作 FMC/FMC2 寄存器中的 WRKEY。如果写入 COMT 位之后，用户可以查询 FMC 寄存器来等待提交操作完成。

表 5-3　用户可编程的 Flash 存储器驻留寄存器

将被提交的寄存器	FMA 值	数据源
FMPRE0	0x0000.0000	FMPRE0
FMPRE1	0x0000.0002	FMPRE1
FMPRE2	0x0000.0004	FMPRE2
FMPRE3	0x0000.0006	FMPRE3
FMPRE4	0x0000.0008	FMPRE4
FMPRE5	0x0000.000A	FMPRE5
FMPRE6	0x0000.000C	FMPRE6
FMPRE7	0x0000.000E	FMPRE7
FMPRE8	0x0000.0010	FMPRE8
FMPRE9	0x0000.0012	FMPRE9
FMPRE10	0x0000.0014	FMPRE10
FMPRE11	0x0000.0016	FMPRE11
FMPRE12	0x0000.0018	FMPRE12
FMPRE13	0x0000.001A	FMPRE13
FMPRE14	0x0000.001C	FMPRE14
FMPRE15	0x0000.001E	FMPRE15
FMPPE0	0x0000.0001	FMPPE0

（续）

将被提交的寄存器	FMA 值	数据源
FMPPE1	0x0000.0003	FMPPE1
FMPPE2	0x0000.0005	FMPPE2
FMPPE3	0x0000.0007	FMPPE3
FMPPE4	0x0000.0009	FMPPE4
FMPPE5	0x0000.000B	FMPPE5
FMPPE6	0x0000.000D	FMPPE6
FMPPE7	0x0000.000F	FMPPE7
FMPPE8	0x0000.00011	FMPPE8
FMPPE9	0x0000.00013	FMPPE9
FMPPE10	0x0000.00015	FMPPE10
FMPPE11	0x0000.00017	FMPPE11
FMPPE12	0x0000.00019	FMPPE12
FMPPE13	0x0000.0001B	FMPPE13
FMPPE14	0x0000.0001D	FMPPE14
FMPPE15	0x0000.0001F	FMPPE15
USER_REG0	0x0000.0000	USER_REG0
USER_REG1	0x8000.0001	USER_REG1
USER_REG2	0x8000.0002	USER_REG2
USER_REG3	0x8000.0003	USER_REG3
BOOTCFG	0x7510.0000	FMD

5.2.4　EEPROM

TM4C1294NCPDT 微控制器包括具有以下特点的 EEPROM。

1）作为 1536 个 32 位字的可访问的 6KB 存储器。

2）每块有 16 个字（64B）的 96 个块。

3）内置的损耗均衡（Wear Leveling）。

4）每个块的访问保护。

5）整个外设的锁定保护选项，以及每块使用的 32 位~96 位的解锁编码（应用程序可选择）。

6）写入完成的中断支持，以避免轮询。

7）每 2 页的块，可支持 50 万次写入（循环方式写入时，每个交替页的偏移固定）到 1500 万次操作（每次循环穿过两页）。

1. 功能描述

EEPROM 模块提供了一个明确定义的寄存器接口以支持对 EEPROM 的访问，利用随机访问方式的读写与查询或顺序访问方法。保护机制允许锁定 EEPROM 块以防止在一组情况下的写入，以及在相同或不同情况下的读取。密码模型允许应用程序锁定一个或多个 EEP-

ROM 块以控制 16 字边界上的访问。

（1）块　EEPROM 中有 96 个 16 字的块。作为字块它们都是可读和可写的。字节和半字可被读取，并且这些访问不必发生在字的边界。整字被读取，而其他不需要的数据被直接忽略。EEPROM 块仅在字的基础上是可写的。为了写一个字节，必须读取字的值，修改相应的字节，并将字写回。

EEPROM 内每个块作为一个偏移量可寻址，使用块选择寄存器实现。所选块内的每个字是可偏移寻址的。

通过 EEPROM 当前块（EEBLOCK）寄存器来选择当前块。通过 EEPROM 当前偏移量（EEOFFSET）寄存器来选择当前偏移量，并检查有效性。应用程序任何时候都可以写 EE-OFFSET 寄存器，并且当访问 EEPROM 增量读写（EERDWRINC）寄存器时，它也可以自动递增。然而，EERDWRINC 寄存器不增加块号，而是代替块内偏移。

块是被单独保护的。若尝试从应用程序没有权限的块中读取，将返回 0xFFFF.FFFF。尝试写入应用程序没有权限的块，将导致 EEPROM 完成状态（EEDONE）寄存器中出错。

（2）时序注意事项　使能或重启 EEPROM 模块后，软件在访问任何 EEPROM 寄存器之前必须等待，直到 EEDONE 寄存器的 WORKING 位被清零。

注意，软件必须确保在执行 EEPROM 操作前，没有 Flash 存储器写或擦除挂起。当 FMC 寄存器内容读为 0x0000.00000，并且 FMC2 寄存器的 WRBUF 位被清零时，没有 Flash 存储器写或擦除挂起。

必须在进入睡眠或深度睡眠模式之前，完成 EEPROM 操作。在发出 WFI 指令进入睡眠或深度睡眠之前，通过检查 EEPROM 完成状态（EEDONE）寄存器来确保已经完成 EEPROM 操作。

块中字的写入延迟是一个可变时长。应用程序可以使用中断来得到写完成通知，或者也可轮询 EEDONE 寄存器中的完成状态。从 EEPROM 的写时序到 EEPROM 的擦除时序的变化范围，其中擦除时序小于大部分外部 EEPROM 的写时序。

根据不同的 CPU 频率，应用程序必须编程系统控制模块偏移量 0x0C0 处的主 Flash 和 EEPROM 存储器时序参数寄存器 0（MEMTIM0）寄存器中的 EEPROM 时钟高电平时间（EBCHT）、EEPROM 库时钟边沿（EBCE）和 EEPROM 等待状态（EWS）。MEMTIM0 寄存器配置对应频率见表 5-4。

表 5-4　MEMTIM0 寄存器配置对应频率

CPU 频率范围 （f）/MHz	时间周期范围 （t）/ns	EEPROM 存储体时钟 高电平时间（EBCHT）	EEPROM 存储体 时钟边沿（EBCE）	EEPROM 等待 状态（EWS）
16	62.5	0x0	1	0x0
$16 < f \leqslant 40$	$62.5 > t \geqslant 25$	0x2	0	0x1
$40 < f \leqslant 60$	$25 > t \geqslant 16.67$	0x3	0	0x2
$60 < f \leqslant 80$	$16.67 > t \geqslant 12.5$	0x4	0	0x3
$80 < f \leqslant 100$	$12.5 > t \geqslant 10$	0x5	0	0x4
$100 < f \leqslant 120$	$10 > t \geqslant 8.33$	0x6	0	0x5

注意，MEMTIM0 寄存器中相关的 Flash 和 EEPROM 字段必须被编程为相同的值。例如，

FWS 字段必须被编程为与 EWS 字段相同的值。

（3）锁和密码　EEPROM 可被锁定在模块级和块级。锁被存储在 EEPROM 密码（EEP-ASSn）寄存器中的密码控制，并且可以是任何的 32 位~96 位的值而不是全 1。块 0 是主块，块 0 的密码保护控制寄存器以及所有其他块。每个块可以用该块的密码进一步保护。

如果已经注册块 0 的密码，则整个模块在复位时被锁定。结果，该 EEBLOCK 寄存器在块 0 被解锁前，不能从 0 改变。

任何块注册的密码，包括块 0，基于块是否被锁定或解锁，以允许保护规则控制该块的访问。通常，锁可用于当锁定时防止写访问或者锁定时防止写和读访问。

所有密码保护块在复位时被锁定。为解锁块，必须写正确的密码值到 EEPROM 解锁（EEUNLOCK）寄存器，根据密码大小写一次、两次或三次。因为 0xFFFF.FFFF 不是一个有效的密码，可以通过写 0xFFFF.FFFF 到 EEUNLOCK 寄存器，而重新锁定一个块或模块。

（4）保护和访问控制　EEPROM 保护（EEPROT）寄存器中的 PROT 保护字段，对每个块的读写访问提供分别的控制，允许每块有不同的保护模式。允许的保护配置如下。

1）PROT = 0x0。

① 没有密码：任何时候可读写。当没有密码时，默认该模式。

② 有密码：可读，但当密码解锁时，只能可写。有密码时，默认该模式。

2）PROT = 0x1。

① 有密码：仅当解锁时才能读写。

② 没有密码时此值没有意义。

3）PROT = 0x2。

① 没有密码：可读但不可写。

② 有密码：仅当解锁时可读，任何条件下不可写。

此外，访问保护可以基于处理器模式进行应用。这种配置默认为允许仅管理程序访问，也可以管理程序和用户访问。仅管理程序访问模式也能防止 μDMA 和调试器的访问。

另外，主块为保护机制本身可用于控制访问保护。如果块 0 的访问控制仅对于管理程序，则整个模块只能在管理程序模式下被访问。

（5）隐藏块　隐藏提供临时形式的保护。除了块 0 的每个块都可以被隐藏，以防止直到下一次复位前的所有访问。

这种机制可以允许引导或初始化过程访问某些数据，随后这些数据对于进一步的访问是不可访问的。由于启动和初始化过程控制应用程序的性能，当调试禁用时，隐藏块提供了数据的强大隔离能力。

典型的应用模式是用初始化代码存储密码、密钥和/或用于验证应用程序剩余部分的散列表。一旦执行，直到重新进入初始化代码的下次复位之前，该块被隐藏并不可访问。

（6）电源和复位安全　一旦 EEDONE 寄存器指示某位置已被成功写入，该数据一直保留到该位置被再次写入。EEDONE 寄存器指示，写入已经完成后没有电源或复位竞争。

（7）中断控制　当写入完成时，EEPROM 模块允许中断以防止使用轮询。中断可用于驱动应用程序（ISR），随后它可以写入更多的字或完成验证。EEDONE 寄存器从工作到完成的任何时间，都可以使用中断机制，不管是因为程序或擦除操作的错误或成功。这种中断机制用于数据的写入、写密码和保护寄存器，以及使用 EEPROM 调试整体擦除（EEDG-

BME）寄存器的整体擦除。EEPROM 中断使用 Flash 存储器中断向量发送信号给内核。软件可以通过检查 Flash 控制器屏蔽中断状态和清除（FCMISC）寄存器的位 2，以确定该中断的来源是 EEPROM。

（8）工作原理　EEPROM 使用传统的存储体模型进行操作，存储体用 EEPROM 类型的存储元实现，但使用区域擦除。此外，当需要时，字在块中被复制以允许 50 万以上的擦除次数，这意味着每个字具有最新的版本。结果，写操作在一个新的位置创建一个字的新版本，并废弃以前的值。当一个块没有（耗尽）空间来存储一个字的最新版本时，这时要使用拷贝缓冲器。拷贝缓冲器复制每个块的最新字。原始块随后被擦除。最终，拷贝缓冲器的内容被复制回该块。

EEPROM 模块包括防止数据损坏的功能，损坏是由功率损耗或者在编程或擦除操作中的掉电事件而引起的。这些条件防止非目标存储区的损坏，但不能保证成功完成操作。该EEPROM 机制适当跟踪所有的状态信息，以提供完全的安全和保护。编程期间的错误可能发生在某些特定情况下，尽管通常情况下是不可能出现的，如在编程期间电压下降。在这些情况下，EESUPP 寄存器可以用于了解编程或擦除是否失败。

（9）调试整体擦除　EEPROM 调试整体擦除允许开发者整体擦除 EEPROM。为了正确实现整体擦除，不能有激活的 EEPROM 操作。最后的 EEPROM 操作后，应用程序必须确保没有 EEPROM 寄存器被更新，包括修改没有做实际读或写操作的 EEBLOCK 和 EEOFFSET寄存器。为延迟这些操作，应用程序应该通过设置 EEPROM 软件复位（SREEPROM）寄存器的 R0 位，复位 EEPROM 模块，等待 EEPROM 完成状态（EEDONE）寄存器中的 WORK-ING 位被清零，随后通过设置 EEPROM 调试整体擦除（EEDBGME）寄存器中的 ME 位，使能调试整体擦除。

（10）编程中的错误　一些操作，如数据写入、密码设置、保护设置和拷贝缓冲区擦除可以执行多个操作。例如，一个常规的写操作通过两个底层的写实现：控制字写和数据写。如果控制字写完成，但数据写失败（如由于电压跌落），则整体写失败并在 EEDONE 寄存器中给出指示。失败和纠正动作被操作类型分解如下。

1）如果一个常规写失败，如控制字写成功，但数据写失败，一旦系统其他方面稳定，如当电压稳定了，安全做法是重试该操作。重试后，该控制字和写入数据可到达下个位置。

2）如果密码或保护写失败，一旦系统其他方面稳定，安全做法是重试该操作。在制造或初始化方式外，写多字密码的情况下，必须注意确保连续写所有的字。如果没有，那么需要支持局部密码解锁以恢复。

3）如果字的写需要该块被写到拷贝缓冲器，那么就有可能在随后的操作中发生错误或断电。控制字机制被用于跟踪如果发生故障时 EEPROM 处于哪个步骤。如果没有完成，则EESUPP 寄存器指示部分完成。

在复位后和写入数据到 EEPROM 前，软件必须读取 EESUPP 寄存器，并检查任何错误条件的存在，可以指示当系统由于电压跌落而复位时，写或擦除的进度。如果 PRETRY 位或 ERETRY 位被置位，应通过先置位再清零 EEPROM 软件复位（SREEPROM）寄存器中的R0 位，而复位外设并且在再次检查 EESUPP 寄存器的错误提示前，等待 EEDONE 寄存器中的 WORKING 位被清零。此过程应该允许 EEPROM 从写或擦除错误中恢复。在极个别情况下，EESUPP 寄存器可能在此操作后继续记录错误，这种情况下必须重复复位。恢复后，应用程序应该重写初始故障发生时被编程的数据。

（11）持续（耐久）性　持续性基于大小为 8 个块的中间块。持续性测定方法有以下两种。

1）对于应用程序，它是能够进行的写次数。

2）对于微控制器，它是可在中间块上执行的擦除次数。

因为第 2 个测量方法，写入次数取决于如何执行写操作。例如：

① 一个字可以被写入超过 50 万次，但是，这些写入影响字所在的中间块。结果，写入一个字 50 万次，然后试着写入附近的字 50 万次，就不能保证成功。为了确保成功，应该更多地并行写入字。

② 所有的字可以在总数超过 50 万次扫描的一次扫描中被写入，这可以更新所有字超过 50 万次。

③ 当每个字的写次数保持相同时，可以写不同的字，而且可以写部分或全部字超过 50 万次。例如，偏移量 0 可被写 3 次，偏移 1 可被写 2 次，偏移 2 可被写 4 次，偏移 1 可被写 2 次，然后偏移 0 被再次写入。结果，在过程最后，所有 3 个偏移量都写了 4 次。这种在 7 次写中的平衡，使相同的中间块中不同字的持续性最大化。

2. EEPROM 初始化和配置

在写任何 EEPROM 寄存器之前，必须通过 EEPROM 运行模式时钟门控控制（RCG-CEEPROM）寄存器使能 EEPROM 模块的时钟，并且必须执行以下初始化步骤。

1）插入延迟（6 个周期加函数调用开销）。

2）轮询 EEPROM 完成状态（EEDONE）寄存器中的 WORKING 位，直到它被清零，这表示该 EEPROM 已完成上电初始化。当 WORKING = 0 时，操作继续。

3）读取 EEPROM 支持控制和状态（EESUPP）寄存器中的 PRETRY 和 ERETRY 位。如果其中一个位被置位，返回错误，否则继续。

4）使用系统控制寄存器空间中偏移量 0x558 处的 EEPROM 软件复位（SREEPROM）寄存器来复位 EEPROM 模块。

5）插入延迟（6 个周期加函数调用开销）。

6）轮询 EEPROM 完成状态（EEDONE）寄存器中的 WORKING 位，来确定它何时被清零。当 WORKING 位 = 0，操作继续。

7）读取 EESUPP 寄存器中的 PRETRY 和 ERETRY 位。如果任一位被置位，返回错误，否则 EEPROM 初始化完成，并且软件可以正常使用外设。

需要注意，复位后执行这些初始化步骤失败可能会导致错误操作，而如果随后写 EEP-ROM，则数据会永久丢失。如果 ESUPP 寄存器中的 PRETRY 或 ERETRY 位被置位，EEPROM 将无法恢复其状态。当这种情况发生时，如果电源是稳定的，这表示一个致命的错误，并有可能表示 EEPROM 存储器已超过其写入/擦除规范的指定寿命。当该返回代码被发现时电源电压不稳，在电压稳定时重试该操作，可能会清除故障。

EEPROM 的初始化函数代码在 TivaWare 中被命名为 EEPROMinit（），这可以从 http：//www.ti.com/tivaware 下载。

5.2.5　总线矩阵存储器访问

识别总线主设备以及它们对总线矩阵上各种存储器的访问，见表5-5。

表5-5　主存储器访问有效性

主设备	Flash 访问	ROM 访问	SRAM 访问	EEPROM 访问	外部存储器访问 （通过 EPI)
CPU 指令总线	是	是（只读）	是	是	是
CPU 数据总线	是	是（只读）	—	是	是
μDMA	是（只读， 仅运行模式）	—	是	是	是
以太网模块	—	—	是	—	—
USB	—	—	是	—	—

第 6 章　Tiva129 外设接口

　　Tiva129 系列微控制器的外部设备主要包括通用输入/输出接口（GPIO）、外部外设接口（EPI）、通用定时器、看门狗定时器（WDT）、脉冲宽度调制器（PWM）以及正交编码器接口（QEI）等。本章主要介绍各外设的基本功能、配置及编程实例。

6.1　通用输入/输出接口

　　GPIO 模块由 15 个物理 GPIO 块组成，每块对应一个独立的 GPIO 端口（端口 A、B、C、D、E、F、G、H、J、K、L、M、N、P、Q）。根据正在使用的外设状况，GPIO 模块最多可以支持 90 个可编程输入/输出引脚。

　　GPIO 模块具有以下特性。

　　1）由配置决定最多 90 个 GPIO。

　　2）高度灵活的引脚复用功能，允许其可以作为 GPIO 或多个外设功能之一而使用。

　　3）输入配置兼容 3.3V 电平。

　　4）高级高性能总线可以访问所有端口：端口 A–H 和 J，端口 K–N 和 P–Q。

　　5）对 AHB 总线上的端口，在每个时钟周期有快速的切换能力。

　　6）可编程控制 GPIO 中断。

　　①中断产生屏蔽。

　　②上升沿、下降沿或兼具的边沿触发。

　　③对高电平和低电平敏感。

　　④端口 P 和 Q 上每个引脚的中断可用。

　　7）通过地址线，在读写操作过程中实现位屏蔽。

　　8）可以用来启动 ADC 采样序列或 μDMA 传输。

　　9）在休眠模式能够保持引脚状态；在休眠模式，可以编程端口 P 引脚的唤醒电平。

　　10）配置为数字输入的引脚是施密特触发型。

　　11）可编程控制 GPIO 引脚配置。

　　①弱上拉或下拉电阻。

　　②用于数字通信的 2mA、4mA、6mA、8mA、10mA 以及 12mA 电流引脚驱动，4 个用于大电流应用的引脚可以承受 18mA 灌电流。

　　③对于 8mA、10mA 和 12mA 引脚驱动的转换速率控制。

　　④可使用开漏。

　　⑤可使用数字输入。

6.1.1　信号描述

　　GPIO 信号具有复用硬件功能。GPIO 引脚和与之相关的模拟、数字复用功能可参考附录

B。当 GPIO 信号配置为输入时，除了 PB0 和 PB1 被限制为 3.6V 电压以外，其他都可承受 5V 电压。为了使能数字复用硬件功能，需要在 GPIO 复用功能选择（GPIOAFSEL）和 GPIO-DEN 寄存器中设置合适的位，并且在 GPIO 端口控制（GPIOPCTL）寄存器中配置 PMCx 位域。模拟信号也可承受 3.3V 电压，通过清除 GPIO 数字使能（GPIODEN）寄存器中的 DEN 位来进行配置。AINx 模拟信号通过内部电路保护以避免电压超过 V_{DD}，但是只有在 I/O 引脚的输入信号保持在 $0V < V_{IN} < V_{DD}$ 时，才能保证相应的模拟性能。

注意，每个引脚必须单独设置。所有的 GPIO 引脚都被默认配置为通用 I/O 端口和三态（GPIOAFSEL = 0，GPIODEN = 0，GPIOPDR = 0，GPIOPUR = 0 和 GPIOPCTL = 0），例外的引脚在表 6-1 中列出。上电复位（$\overline{POR}$）将引脚恢复到默认状态。

表 6-1　具有非零复位值的 GPIO 引脚

GPIO 引脚	默认状态	GPIOAFSEL	GPIODEN	GPIOPDR	GPIOPUR	GPIOPCTL
PC [3:0]	JTAG/SWD	1	1	0	1	0x1

GPIO 操作控制寄存器可提供对于紧急硬件信号的意外编程的保护，包括具有 JTAG/SWD 信号和 NMI 信号的 GPIO 引脚。

6.1.2　引脚性能

设备上有以下两个主要类型的引脚。

快速 GPIO 引脚：这些引脚提供可变的、可编程的驱动强度以及优化的电压输出等级。

低速 GPIO 引脚：这些引脚提供 2mA 的驱动能力，并且设计为对输入电压敏感。GPIO 端口引脚 PJ1 设计为低速 GPIO 引脚。

注意，端口引脚 PL6 和 PL7 按快速 GPIO 引脚来操作，但是只有 4mA 驱动能力。驱动能力、转换率和开漏的 GPIO 寄存器控制，对这些引脚没有影响。没有影响的寄存器有 GPI-ODR2R、GPIODR4R、GPIODR8R、GPIODR12R、GPIOSLR 和 GPIOODR。端口引脚 PM [7:4] 作为快速 GPIO 引脚来操作，但仅支持 2mA、4mA、6mA 和 8mA 的驱动能力，不支持 10mA 和 12mA 驱动。除 GPIODR12R 寄存器以外的所有标准 GPIO 寄存器控制，都适用于这些端口引脚。

6.1.3　功能描述

每个 GPIO 端口都是一个具有相同物理块的独立硬件实体，如图 6-1 和图 6-2 所示。TM4C1294NCPDT 微处理器包含 15 个端口，因而具有 15 个物理 GPIO 块。需要注意的是，并非每个块上的所有引脚都能使用。一些 GPIO 引脚作为 I/O 信号，用于片上外设模块。

1. 数据控制

数据控制寄存器允许用软件来配置 GPIO 的操作模式。数据方向寄存器将 GPIO 配置为输入或输出，而数据寄存器捕获输入的数据或驱动它输出到引脚。

（1）数据方向操作　GPIO 方向（GPIODIR）寄存器用来配置每个独立的引脚作为输入或输出。当数据方向位被清零时，GPIO 被配置为输入，对应的数据寄存器位捕获并存储 GPIO 端口上的值。当数据方向位被置位时，GPIO 被设为输出，相应的数据寄存器位被驱动至 GPIO 端口。

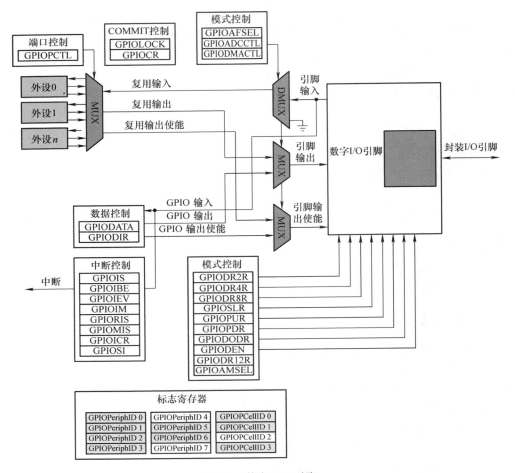

图 6-1　数字 I/O 引脚

（2）数据寄存器操作　为了提高软件的效率，GPIO 端口允许通过使用地址总线的位 [9:2] 为掩码，对 GPIO 数据（GPIODATA）寄存器中个别的位进行修改。在这种方式下，软件驱动程序能够使用单条指令修改个别的 GPIO 引脚，而不影响其他引脚的状态。该方法比执行读-修改-写操作来设置或清除个别 GPIO 引脚的传统方法更有效。为实现该特性，GPIODATA 寄存器覆盖了存储器映射中的 256 个单元。

在写入操作中，如果与该数据位相关的地址位被置位，则 GPIODATA 寄存器的值被改变。如果该地址位被清零，则数据位保持不变。

例如，写 0xEB 到地址 GPIODATA +0x098，结果如图 6-3 所示，其中 u 表示该数据在写操作中没有改变。该实例演示了如何写 GPIODATA 的位 5、2 和 1。

在读取操作中，如果与该数据位相关的地址位被置位，则该值被读出。如果与该数据位相关的地址位被清零，则不管其实际值如何，数据位被读作零。

例如，读地址 GPIODATA +0x0C4，结果如图 6-4 所示。该实例演示了如何读 GPIODATA 的位 5、4 和 0。

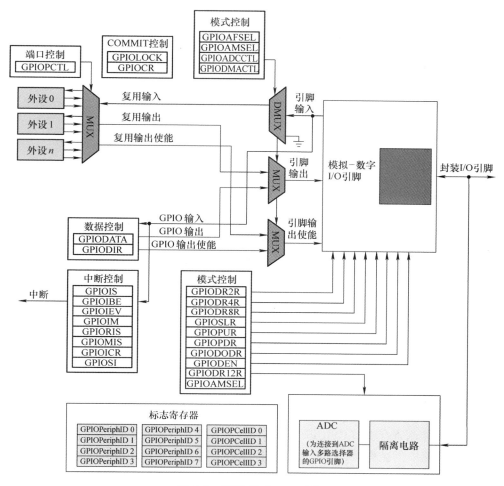

图 6-2　模拟-数字 I/O 引脚

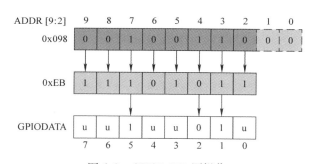

图 6-3　GPIODATA 写操作

2. 中断控制

每个 GPIO 端口的中断功能都被七个为一组的寄存器所控制。这些寄存器用于选择中断的来源、极性以及边沿属性。当一个或多个 GPIO 输入引起中断时，单个中断输出被送到面向整个 GPIO 端口的中断控制器。对于边沿触发的中断，软件必须清除中断以使能新的中

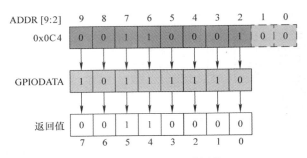

图 6-4   GPIODATA 读操作

断。对于电平触发的中断，外部中断源必须一直保持电平不变，以便控制器识别中断。

定义引起中断的边沿或电平的寄存器为 GPIO 中断检测（GPIOIS）寄存器、GPIO 中断双边沿（GPIOIBE）寄存器和 GPIO 中断事件（GPIOIEV）寄存器。

中断是通过 GPIO 中断屏蔽（GPIOIM）寄存器来启用/禁止的。当中断条件发生时，可以在两个位置观察中断信号的状态：GPIO 原始中断状态（GPIORIS）和 GPIO 屏蔽中断状态（GPIOMIS）寄存器。与名字含义相同，GPIOMIS 寄存器仅仅显示被允许传给中断控制器的中断状态，GPIORIS 寄存器则表明 GPIO 引脚满足中断的条件，但不是必须被送往中断控制器。

对于 GPIO 电平检测的中断，中断信号产生中断后必须保持到其被执行。一旦产生逻辑电平的中断输入信号无效，GPIORIS 寄存器中相应的 RIS 位被清零。对于 GPIO 边沿检测的中断，通过往 GPIO 中断清除（GPIOICR）寄存器中的相应位写入 1，清零 GPIORIS 寄存器的 RIS 位。相应的 GPIOMIS 位反映了 RIS 位的屏蔽值。

在编程中断控制寄存器（GPIOIS、GPIOIBE 或 GPIOIEV）时，应该屏蔽中断（将 GPIO-IM 清除）。如果相应的位有效，写任意值到中断控制寄存器可以生成一个虚拟中断。

（1）引脚中断   GPIO 端口 P 和端口 Q 的每个引脚都可以触发中断。每个引脚都有一个专门的中断向量，并可以由单独的中断处理程序来处理。PP0 和 PQ0 中断作为主中断，提供中断级联功能。

（2）ADC 触发源   使用 GPIO ADC 控制（GPIOADCCTL）寄存器，可配置任何一个 GPIO 引脚为 ADC 的外部触发源。如果配置任何一个 GPIO 为非屏蔽中断引脚（GPIOIM 的相应位被置位），并生成该端口的中断，则触发信号被送往 ADC。如果配置 ADC 事件多路复用选择（ADCEMUX）寄存器来使用外部触发源，那么将启动 ADC 转换。需要注意的是，GPIO 被配置为边沿事件还是电平事件触发，在这两种情况下都会产生单时钟 ADC 触发脉冲。因此，当选择了电平事件，并且如果电平保持不变，ADC 采样序列将仅运行一次，且不能执行多重采样序列。建议采用边沿事件作为 ADC 触发源。

注意，如果清除端口 B 的 GPIOADCCTL 寄存器，PB4 仍然可以用作 ADC 的外部触发源。这是一种继承模式，允许对以前的设备编写代码以操作该微控制器。

（3）μDMA 触发源   通过使用 GPIO DMA 控制（GPIODMACTL）寄存器，可配置任何 GPIO 引脚为 μDMA 的外部触发源。如果配置任何一个 GPIO 为非屏蔽中断引脚（GPIOIM 的相应位被置位），将发送一个 dma_req 信号给 μDMA。如果 μDMA 被配置为基于 GPIO 信号而启动传输时，一个传输将被启动。当传输完成后，dma_done 信号从 μDMA 被发送到

GPIO，并在 GPIORIS 寄存器中被报告为一个 μDMA（完成）中断。

（4）HIB 唤醒源　GPIO 端口 K 上的引脚 K［7:4］可被配置为休眠（HIB）模块的外部唤醒源。该引脚可按下列方式来配置。

1）在 HIBCTL 寄存器偏移量 0x010 处写入 0x0000.0040，使能 32.768kHz 的休眠振荡器。

2）当电源切断时，在 HIBDATA 寄存器偏移量 0x030~0x06F 处写入的任何数据将被保留。

3）配置在 GPIO 模块中偏移量为 0x540 和 0x544 处的 GPIOWAKEPEN 和 GPIOWAKELVL 寄存器。通过往 HIBIO 寄存器中偏移量 0x010 处写入 0x0000.0001 来使能 I/O 唤醒引脚配置。

4）当 HIBIO 寄存器中 IOWRC 位的值为 1 时，往 HIBO 寄存器中写入 0x0000.0000 以锁定当前引脚配置，使任何其他对 GPIOWAKEPEN 和 GPIOWAKELVL 寄存器的写入将被忽略。

5）通过往 HIBCTL 寄存器中写入 0x0000.0052 可以启动休眠过程。

读偏移量为 0x548 处的 GPIOWAKESTAT 寄存器，可以确定哪个端口引起唤醒引脚生效。

3. 模式控制

GPIO 引脚可以被软件或硬件控制。对大多数信号及相应的 GPIO 模式而言，默认是软件控制，并使用 GPIODATA 寄存器读取或写入相应的引脚。当通过 GPIO 复用功能选择（GPIOAFSEL）寄存器使能硬件控制时，引脚状态将被它的复用功能（即外设）控制。

更进一步的引脚复用选项是通过 GPIO 端口控制（GPIOPCTL）寄存器提供的，可以选择 GPIO 数种外设功能中的一种。

注意，如果任何引脚被用作 ADC 输入，GPIOAMSEL 寄存器中的相应位必须被置位以禁用模拟隔离电路。

4. 提交控制

GPIO 保护控制寄存器对重要硬件外设的意外编程提供了保护层。保护提供给可被用于四个 JTAG/SWD 引脚和 NMI 引脚的 GPIO 引脚。直到 GPIO 锁定（GPIOLOCK）寄存器被解锁并且 GPIO 提交（GPIOCR）寄存器的相应位被置位，往 GPIO 复用功能选择（GPIOAF-SEL）寄存器、GPIO 上拉选择（GPIOPUR）寄存器、GPIO 下拉选择（GPIOPDR）寄存器以及 GPIO 数字使能（GPIODEN）寄存器中被保护位的写入操作才会被提交以存储。

5. 引脚控制

引脚控制寄存器允许软件根据应用的要求来配置 GPIO 引脚。引脚控制寄存器包括 GPIO-DR2R、GPIODR4R、GPIODR8R、GPIODR12R、GPIOODR、GPIOPUR、GPIOPDR、GPIOSLR 和 GPIODEN 寄存器。这些寄存器控制每个 GPIO 的驱动强度、开漏配置、上拉和下拉电阻、转换速率控制、数字输入使能。如果用于 GPIO 的 3.3V 被配置为开漏输出，输出电压将取决于上拉电阻的大小。GPIO 引脚没有电气配置为输出 3.3V。

注意，端口引脚 PL6 和 PL7 作为快速 GPIO 引脚工作，但只有 4mA 驱动能力。GPIO 寄存器控制驱动强度，转换速率及开漏对这些引脚无影响。对引脚没有影响的寄存器有 GPIO-DR2R、GPIODR4R、GPIODR8R、GPIODR12R、GPIOSLR 和 GPIOODR。

端口引脚 PM［7:4］作为快速 GPIO 引脚工作，但只支持 2mA、4mA、6mA 和 8mA 的驱动能力，不支持 10mA 和 12mA 的驱动。所有的标准 GPIO 控制，除了 GPIODR12R 寄存器，都适用于这些端口引脚。

GPIO 外设配置（GPIOPC）寄存器控制 GPIO 的扩展驱动器模式。当 GPIO 外设属性

（GPIOPP）寄存器的 EDE 位被置位并且 GPIOPC 寄存器中对应 GPIO 引脚的 EDMn 位域非零时，GPIODRnR 寄存器不驱动它们的默认值，代之输出增加驱动强度，其具有增强效应。这允许更大的驱动强度。当 EDE 位被置位并且 EDMn 位域不为零时，总是使能 2mA 的驱动。对应引脚的 GPIODR4R 寄存器中任意被使能的位具有非零 EDMn 值，将增加额外的 2mA。在 GPIODR8R 中置任何位，将增加额外的 4mA 驱动。仅当 EDMn 值是 0x3 时，GPIODR12R 寄存器有效。对于这种编码，设置 GPIODR12R 寄存器中的位，将在已经存在的 8mA 上增加 4mA 驱动，以达到 12mA 驱动强度。为了达到 10mA 驱动强度，引脚的 GPIODR12R 和 GPIODR8R 寄存器必须被使能。这将导致对已经使能的 2mA 驱动增加两个 4mA 电流驱动。驱动性能选项见表 6-2。如果 EDMn 为 0x00，那么 GPIODR2R、GPIODR4R 和 GPIODR8R 功能为其默认的寄存器描述。

注意，为了使扩展驱动模式生效，写 GPIOPC 寄存器必须在配置 GPIODRnR 寄存器之前。

表 6-2　GPIO 驱动强度选项

EDE (GPIOPP)	EDMn (GPIOPC)	GPIODR12R (+4mA)	GPIODR8R (+4mA)	GPIODR4R (+2mA)	GPIODR2R (2mA)	驱动/mA
×	0x0	N/A	0	0	1	2
			0	1	0	4
			1	0	0	8
1	0x1	N/A	0	0	N/A	2
			0	1	N/A	4
			1	0	N/A	6
			1	1	N/A	8
1	0x3	0	0	0	N/A	2
		0	0	1	N/A	4
		0	1	0	N/A	6
		0	1	1	N/A	8
		1	1	0	N/A	10
		1	1	1	N/A	12
		1	0	N/A	N/A	N/A
1	0x2	N/A	N/A	N/A	N/A	N/A

6. 标识

复位时标识寄存器被配置为允许软件来检测并标识模块作为 GPIO 块。标识寄存器包括 GPIOPeriphID0~GPIOPeriphID7 寄存器以及 GPIOPCellID0~GPIOPCellID3 寄存器。

6.1.4　初始化及配置

配置特定端口的 GPIO 引脚，步骤如下。

1）通过设置 RCGCGPIO 寄存器中的相应位使能端口的时钟。此外，SCGCGPIO 和 DCGCGPIO 寄存器可以用同样的方式编程，以使能睡眠和深度睡眠模式的计时。

2）通过编程 GPIODIR 寄存器来设置 GPIO 端口引脚的方向。写 1 表示输出，写 0 表示输入。

3）配置 GPIOAFSEL 寄存器对每一位编程为 GPIO 或复用引脚。如果根据某位选择复用引脚，那么 PMCx 字段必须在 GPIOPCTL 寄存器中为需要的特定外设编程。还有两个寄存器，GPIOADCCTL 和 GPIODMACTL，可分别用于编程 GPIO 引脚作为 ADC 或 μDMA 触发源。

4）设置 GPIOPC 寄存器中的 EDMn 字段见表 6-2。

5）设置或清除 GPIODR4R 寄存器位见表 6-2。

6）设置或清除 GPIODR8R 寄存器位见表 6-2。

7）设置或清除 GPIODR12R 寄存器位见表 6-2。

8）通过对 GPIOPUR、GPIOPDR 和 GPIOODR 寄存器编程，端口的每个引脚具有上拉、下拉或开漏功能。如果需要，转换速率也可以通过 GPIOSLR 寄存器编程。

9）为了使能 GPIO 引脚作为数字 I/O，在 GPIODEN 寄存器中置位相应的 DEN 位。为了使能 GPIO 引脚的模拟功能（如果有的话），置位 GPIOAMSEL 寄存器的 GPIOAMSEL 位。

10）对 GPIOIS、GPIOIBE、GPIOBE、GPIOEV 和 GPIOIM 寄存器编程来配置每个端口的类型、事件和中断掩码。

11）通过置位 GPIOLOCK 寄存器中的 LOCK 位，软件能够锁定 GPIO 端口引脚上的 NMI 和 JTAG/SWD 引脚的配置。本步骤为可选步骤。

当内部 POR 信号生效直至其他配置完成时，所有的 GPIO 引脚被配置为非驱动（三态）：GPIOAFSEL =0，GPIODEN =0，GPIOPDR =0 以及 GPIOPUR =0。GPIO 引脚所有可能的配置和与之相配的控制寄存器设置见表 6-3。

表 6-3　GPIO 引脚配置举例

配置	GPIO 寄存器										
	AFSEL	DIR	ODR	DEN	PUR	PDR	DR2R	DR4R	DR8R	DR12R	SLR
数字输入（GPIO）	0	0	0	1	?	?	×	×	×	×	×
数字输出（GPIO）	0	1	0	1	×	×	?	?	?	?	?
开漏输出（GPIO）	0	1	1	1	×	×	?	?	?	?	?
开漏输入/输出（I2CSDA）	1	×	1	1	×	×	?	?	?	?	?
数字输入（定时器 CCP）	1	×	0	1	?	?	×	×	×	×	×
数字输入（QEI）	1	×	0	1	?	?	×	×	×	×	×
数字输出（PWM）	1	×	0	1	?	?	?	?	?	?	?
数字输出（定时器 PWM）	1	×	0	1	?	?	?	?	?	?	?
数字输入/输出（SSI）	1	×	0	1	?	?	?	?	?	?	?

（续）

配置	GPIO 寄存器										
	AFSEL	DIR	ODR	DEN	PUR	PDR	DR2R	DR4R	DR8R	DR12R	SLR
数字输入/输出（UART）	1	×	0	1	?	?	?	?	?	?	?
模拟输入（比较器）	0	0	0	0	0	0	×	×	×	×	×
数字输出（比较器）	1	×	0	1	?	?	?	?	?	?	?

×：忽略。

?：可以为 0 可以为 1，取决于配置。

为 GPIO 端口的引脚 2 配置上升沿中断，见表 6-4。

表 6-4　GPIO 中断配置举例

寄存器	要求的中断事件触发源	引脚 2							
		7	6	5	4	3	2	1	0
GPIOIS	0 = 边沿 1 = 电平	×	×	×	×	×	0	×	×
GPIOIBE	0 = 单边 1 = 双边	×	×	×	×	×	0	×	×
GPIOIEV	0 = 低电平或下降沿 1 = 高电平或上升沿	×	×	×	×	×	1	×	×
GPIOIM	0 = 屏蔽 1 = 非屏蔽	0	0	0	0	0	1	0	0

×：忽略

6.1.5　例程

通过 LaunchPad 开发板的 GPIO 端口，输入按键 SW1 和 SW2 的信号，控制板载 LED 发光二极管 D1。按键 SW1 和 SW2 分别连接 GPIO 的 PJ0 和 PJ1 引脚，按键按下时接地，为了实现按键不按下时输入为高电平，必须设置连接按键引脚为上拉；而 D1 被 GPIO 的 PN1 引脚控制。

编程实现：按下 SW1 键后，D1 亮；而按下 SW2 键时，D1 灭。

```c
#include <stdint.h>
#include <stdbool.h>
#include "inc/hw_types.h"
#include "inc/hw_memmap.h"
#include "driverlib/sysctl.h"
#include "driverlib/gpio.h"

//定义发光二极管管脚
#define D1GPIO_PIN_1
```

```
//定义按键
#define SW1 GPIO _ PIN _ 0
#define SW2 GPIO _ PIN _ 1

void main(void)
{
    SysCtlPeripheralEnable(SYSCTL _ PERIPH _ GPION);//使能 LED 用 GPIO 端口
    SysCtlPeripheralEnable(SYSCTL _ PERIPH _ GPIOJ); //使能按键用 GPIO 端口

    GPIOPinTypeGPIOOutput(GPIO _ PORTN _ BASE,D1);//LED 用 GPIO 为数字量输出
    GPIOPinTypeGPIOInput(GPIO _ PORTJ _ BASE,SW1 |SW2);//SW 用 GPIO 为数字量
输入
    GPIOPadConfigSet(GPIO _ PORTJ _ BASE,SW1 |SW2,GPIO _ STRENGTH _ 2MA,
    GPIO _ PIN _ TYPE _ STD _ WPU);//按键2mA 弱上拉

    while(1)
    {
        if(! GPIOPinRead(GPIO _ PORTJ _ BASE,SW1))//如果按下 SW1 键
            GPIOPinWrite(GPIO _ PORTN _ BASE,D1,D1);//D1 亮

        if(! GPIOPinRead(GPIO _ PORTJ _ BASE,SW2))//如果按下 SW2 键
            GPIOPinWrite(GPIO _ PORTN _ BASE,D1,0);//D1 灭
    }
}
```

6. 2　外部外设接口

外部外设接口（EPI）是用于外部外设或存储器的高速并行总线。它具有多种工作模式，以无缝连接到多种类型的外部设备。除了通常必须被连接到某种类型的外部设备，外部外设接口类似于标准微处理器的地址/数据总线。增强的功能包括支持 μDMA、时钟控制以及支持外部 FIFO 缓冲区。

EPI 具有以下特性。

1）为外部外设和存储器的 8/16/32 位专用并行总线。

2）存储器接口支持独立于数据总线宽度的连续内存访问，从而使代码能直接从 SDRAM、SRAM 和 Flash 中执行。

3）阻塞和非阻塞读取。

4）通过使用一个内部写 FIFO，将处理器从时序细节分开。

5）使用微型直接存储器访问控制器（μDMA）的高效传输。用于读和写的独立通道；通过在内部无阻塞读取 FIFO（NBRFIFO）上的可编程级别，读通道请求有效；通过来自内

部写 FIFO（WFIFO）空，写通道请求有效。

EPI 支持三种主要的功能模式：同步动态随机访问存储器（SDRAM）模式、传统的主机总线模式和通用模式。EPI 模块还提供了自定义的 GPIO；然而，不像普通的 GPIO、EPI 模块以同样的通信机制使用 FIFO 并且使用时钟控制速度。

（1）同步动态随机访问存储器（SDRAM）模式　支持直到 60MHz 的 ×16（单倍数据速率）SDRAM；支持直到 64MB（512MB）的低成本 SDRAM；支持对所有体/行的自动刷新和访问；支持睡眠/待机模式，以最小的功率消耗来保持内容有效；复用的地址/数据接口以减少引脚数。

（2）主机总线模式　传统的 ×8 和 ×16MCU 总线接口功能；与 PIC、ATmega、8051 以及其他类似的设备兼容选项；访问 SRAM、NOR Flash 存储器和其他设备，拥有非多路模式下高达 1MB 的寻址能力以及多路模式下 256MB（没有字节选择的主机总线 16 模式中为 512MB）的寻址能力；四芯片选择模式下支持高达 512MB 的 PSRAM 和专用配置寄存器的读写使能；对多路和非多路的地址和数据都支持；访问一系列支持非地址 FIFO ×8 及 ×16 接口变量的设备，支持外部 FIFO（XFIFO）的空和满信号；速度控制，具有读写数据的等待状态计数器；支持对于主机总线的读/写突发模式；多芯片选择模式，包括单、双和四芯片选择，使用和不使用 ALE；外部 iRDY 信号对读写延时提供支持；手动芯片使能（或使用额外的地址引脚）。

（3）通用模式　与 CPLD 和 FPGA 进行快速通信的宽并行接口；数据宽度高达 32 位；数据速率高达 150MB/s；从 4 位-20 位可选的"地址"范围；可选的时钟输出、读/写选通、帧（基于计数器的大小）以及时钟使能输入。

（4）通用并行 GPIO　1~32 位，带速度控制的 FIFO；对自定义外设或数字数据采集以及执行器控制有用。

6.2.1　EPI 框图

TM4C1294NCPDT 的 EPI 模块框图如图 6-5 所示。

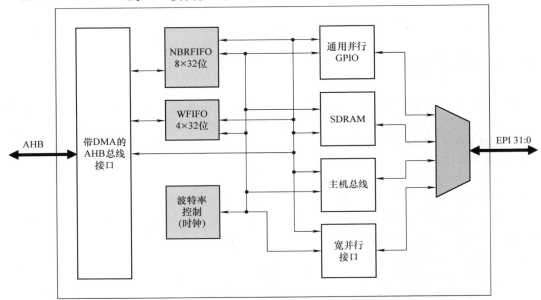

图 6-5　EPI 框图

6.2.2　信号描述

EPI 控制器的外部信号和各自功能见表 6-5。EPI 控制器信号是 GPIO 信号的复用功能，并在复位时默认为 GPIO 信号。在表 6-5 的"引脚复用/引脚分配"栏中列出了放置 EPI 信号的 GPIO 引脚位置。GPIO 复用功能选择（GPIOAFSEL）寄存器中的 AFSEL 位应被置位以选择 EPI 控制器功能。括号中的数字是必须被编程到 GPIO 端口控制（GPIOPCTL）寄存器中 PMCn 字段的编码，用来分配 EPI 信号给指定的 GPIO 端口引脚。

125

表 6-5　外部外设接口信号（128TQFP）

引脚名称	引脚编号	引脚复用/引脚分配	引脚类型	缓冲器类型	描述
EPIOS0	18 29	PK0（15） PH0（15）	I/O	TTL	EPI 模块 0 信号 0
EPIOS1	19 30	PK1（15） PH1（15）	I/O	TTL	EPI 模块 0 信号 1
EPIOS2	20 31	PK2（15） PH2（15）	I/O	TTL	EPI 模块 0 信号 2
EPIOS3	21 32	PK3（15） PH3（15）	I/O	TTL	EPI 模块 0 信号 3
EPIOS4	22	PC7（15）	I/O	TTL	EPI 模块 0 信号 4
EPIOS5	23	PC6（15）	I/O	TTL	EPI 模块 0 信号 5
EPIOS6	24	PC5（15）	I/O	TTL	EPI 模块 0 信号 6
EPIOS7	25	PC4（15）	I/O	TTL	EPI 模块 0 信号 7
EPIOS8	40	PA6（15）	I/O	TTL	EPI 模块 0 信号 8
EPIOS9	41	PA7（15）	I/O	TTL	EPI 模块 0 信号 9
EPIOS10	50	PG1（15）	I/O	TTL	EPI 模块 0 信号 10
EPIOS11	49	PG0（15）	I/O	TTL	EPI 模块 0 信号 11
EPIOS12	75	PM3（15）	I/O	TTL	EPI 模块 0 信号 12
EPIOS13	76	PM2（15）	I/O	TTL	EPI 模块 0 信号 13
EPIOS14	77	PM1（15）	I/O	TTL	EPI 模块 0 信号 14
EPIOS15	78	PM0（15）	I/O	TTL	EPI 模块 0 信号 15
EPIOS16	81	PL0（15）	I/O	TTL	EPI 模块 0 信号 16
EPIOS17	82	PL1（15）	I/O	TTL	EPI 模块 0 信号 17
EPIOS18	83	PL2（15）	I/O	TTL	EPI 模块 0 信号 18
EPIOS19	84	PL3（15）	I/O	TTL	EPI 模块 0 信号 19
EPIOS20	5	PQ0（15）	I/O	TTL	EPI 模块 0 信号 20
EPIOS21	6	PQ1（15）	I/O	TTL	EPI 模块 0 信号 21
EPIOS22	11	PQ2（15）	I/O	TTL	EPI 模块 0 信号 22
EPIOS23	27	PQ3（15）	I/O	TTL	EPI 模块 0 信号 23
EPIOS24	60	PK7（15）	I/O	TTL	EPI 模块 0 信号 24

（续）

引脚名称	引脚编号	引脚复用/引脚分配	引脚类型	缓冲器类型	描述
EPIOS25	61	PK6 (15)	I/O	TTL	EPI 模块 0 信号 25
EPIOS26	85	PL4 (15)	I/O	TTL	EPI 模块 0 信号 26
EPIOS27	91	PB2 (15)	I/O	TTL	EPI 模块 0 信号 27
EPIOS28	92	PB3 (15)	I/O	TTL	EPI 模块 0 信号 28
EPIOS29	103	PP2 (15)	I/O	TTL	EPI 模块 0 信号 29
	109	PN2 (15)			
EPIOS30	104	PP3 (15)	I/O	TTL	EPI 模块 0 信号 30
	110	PN3 (15)			
EPIOS31	62	PK5 (15)	I/O	TTL	EPI 模块 0 信号 31
EPIOS32	63	PK4 (15)	I/O	TTL	EPI 模块 0 信号 32
EPIOS33	86	PL5 (15)	I/O	TTL	EPI 模块 0 信号 33
EPIOS34	111	PN4 (15)	I/O	TTL	EPI 模块 0 信号 34
EPIOS35	112	PN5 (15)	I/O	TTL	EPI 模块 0 信号 35

6.2.3 功能描述

EPI 控制器提供了一个无缝的可编程接口给各种常用外设，如 SDRAM×16、主机总线×8 及 ×16 设备、RAM、NOR Flash 存储器、CPLD 和 FPGA。此外，EPI 控制器提供了自定义的 GPIO，可以通过使用内部写 FIFO（WFIFO）或非阻塞读 FIFO（NBRFIFO）来使用带速度控制的 FIFO。WFIFO 可以保存被写入外部接口的 4 个字数据，EPI 主波特率（EPIBAUD）寄存器控制该接口的速度。NBRFIFO 可保存 8 个字的数据，并通过 EPIBAUD 寄存器控制采样速率。EPI 控制器提供可预见的操作，因而具有超过普通 GPIO 的优点，普通 GPIO 由于片上总线仲裁而有可变时长以及穿过总线桥的延迟。阻塞读将阻塞 CPU 直到事务完成。非阻塞读是在后台进行的，允许处理器继续运行。另外，写入的数据也可以存储在 WFIFO，以允许多个零等待写操作。

注意，必须查询 EPIWFIFOCNT 寄存器中的 WTAV 位域和 EPISTAT 寄存器中的 WBUSY 位，以确定是否有来自 WFIFO 的写任务。如果这两个位都被清除，那么一个新的总线访问可以开始。

主要的读写操作在 0x6000.0000~0xDFFF.FFFF 的子集范围中被执行。地址映射位置的读操作使用偏移量和大小来控制外部操作的地址和大小。当执行多值载入时，读操作采用突发方式（如果有）以最大化性能执行。地址映射位置的写操作使用偏移量和大小来控制外部操作的地址和大小。当执行多值存储时，写操作采用突发方式（如果有）以最大化性能执行。

1. 访问 EPI 的主设备

访问 EPI 的总线主设备为 CPU 和 μDMA。

2. 非阻塞读

EPI 控制器支持一种特殊的读取称为非阻塞读取，也被称为滞后读取。当正常读取阻塞

处理器或 μDMA 直到数据返回，非阻塞读取在后台进行。

　　通过写入起始地址到 EPIRADDRn 寄存器，写入任务的大小到 EPIRSIZEn 寄存器，以及操作的次数到 EPIRPSTDn 寄存器。每个读取完成时，被写入 NBRFIFO 和 EPIRADDRn 寄存器的结果按大小（1、2 或 4）递增。当 EPIRADDRn 寄存器的三个最高位被用来使能不同的芯片选择时，它们仅在主机总线多芯片选择模式中有关。

　　如果 NBRFIFO 被填满，读取将会暂停，直到有可用的空间。可以使用 EPIFIFOLVL 寄存器配置 NBRFIFO，当填满时，中断处理器或触发 μDMA。通过使用触发/中断方法，μDMA（或处理器）可以保持 NBRFIFO 有可用空间，并允许连续读取。

　　当执行非阻塞读取时，SDRAM 控制器在突发请求结束后提出两个额外的读取事件。这些额外传输的数据被丢弃。不同于额外的 EPI 总线活动，这种情况对用户来说是透明的，可以安全地忽略。

　　两个非阻塞寄存器组读可用于定序许可及乒乓使用。当一个完成时，另一个激活。例如，要从 0x100 读取 20 个字并且从 0x200 读取 10 个字，可以设置 EPIRPSTD0 寄存器从 0x100 读取（计数 20），EPIRPSTD1 寄存器从 0x200 读取（10 个字）。当 EPIRPSTD0 结束（计数为 0），则 EPIRPSTD1 寄存器开始工作。NBRFIFO 通过了 30 个值。当与 μDMA 使用时，它可以传送 30 个值（单序列），或使用主/复用模型处理一路开始的 20 个，第二路的 10 个用另一个来处理。另外，也可以当结束时（EPIRPSTD1 寄存器激活）重新加载 EPIRP-STD0 寄存器，从而保持接口一直忙碌。

　　通过清除 EPIRPSTDn 寄存器可以取消非阻塞读取。必须要小心，如果激活寄存器组来流出被读入 NBRFIFO 的值，必须确保任何正在进行的读操作可以完成。

　　使用下面的算法以确保完成取消操作（以使用 EPIRPSTD0 寄存器为例）。

```
EPIRPSTD0 =0;
while((EPISTAT & 0x11) ==0x10);//有效并且忙
//到了这里,另一个有效或接口不再忙
cnt =(EPIRADDR0-original_address)/EPIRSIZE0;//读入值的计数
cnt-=values_read_so_far;//cnt 是 FIFO 剩下的数
while(cnt—)
value=EPIREADFIFO;//流出
```

　　上述算法可以在代码中优化；然而，重点是要等待取消完成，因为当取消指令进来时外部接口可能已经在读一个值的过程中，并且该过程必须被允许完成。

3. DMA 操作

　　通过 NBRFIFO 和 WFIFO，μDMA 可以用来达到在 EPI 上的最大传输速率。μDMA 有一个写通道和一个读通道。对于写操作，根据 μDMA 发送的总数编程 EPI DMA 发送计数（EPIDMATXCNT）寄存器。相同的值被编程进 μDMA 偏移量为 0x008 处的 DMA 通道控制字（DMACHCTL）寄存器。当 EPIDMATXCNT 寄存器的 TXCNT 值大于零，并且 EPIWFIFOCNT 寄存器的 WTAV 字段小于设定的阈值触发源，即 EPIFIFOLVL 寄存器的 WRFIFO，EPI WRFIFO 发出一个 μDMA 请求信号有效，写通道继续写数据，直到 EPIDMATXCNT 寄存器的 TXCNT 值为零。

注意，当 EPIFIFOLVL 寄存器 WRFIFO 位被设置为 0x4 并且应用程序突发传送四个字给一个空 FIFO 时，WRFIFO 触发源的有效或无效取决于所有的四个字是否被写入 WRFIFO，或第一个字是否被立即传送给需要的功能部件。因此，应用程序在四个字的突发过程中也许无法看到 EPIRIS 寄存器中的 WRRIS 位被清零。

当 NBRFIFO 处于 EPIFIFOLVL 寄存器指定的电平时，非阻塞读取通道复制 NBRFIFO 中的值。对于非阻塞读取，必须在 μDMA 中编程起始地址、每个事件的大小和元素的计数。注意，这两个非阻塞读寄存器组都可以使用，它们填满 NBRFIFO 以致一个运行完成，然后开始下一个事件（它们不交错）。使用 NBRFIFO 提供可能的最佳传输速率。

对于阻塞读操作，μDMA 软件通道（或另一个未使用的通道）是用于存储器到存储器的传输（或存储器到外设，有一些别的外设被使用）。在这种情况下，μDMA 暂停直到读取操作完成，并且直到读取结束，不能服务于另一个通道。结果，仲裁的大小通常将被编程为在一段时间内的一次访问。在存储器模式下使用 μDMA 软件通道时，μDMA 控制器也能够从 NBRFIFO 或向 WFIFO 传输，但是，一旦 NBRFIFO 为空或 WFIFO 为满时，μDMA 将会阻塞。注意，当 μDMA 控制器停止时，内核会继续工作。

当配置 μDMA 以传输数据时，必须考虑 FIFO 的大小。当写入 EPI 地址空间时，FIFO 的大小应该是 4 或更小，当从 EPI 地址空间读取时，FIFO 的大小应该是 8 或更小。

6.2.4 初始化及配置

使能并初始化 EPI 控制器，必须按照以下步骤。

1）使用 RCGCEPI 寄存器使能 EPI 模块。

2）通过 RCGCGPIO 寄存器，使能相应 GPIO 模块的时钟。

3）设置相应引脚的 GPIO AFSEL 位。

4）配置所选模式指定的 GPIO 电流水平和/或转换速率。

5）配置 GPIOPCTL 寄存器中的 PMCn 字段，以分配 EPI 信号给相应的引脚。

6）使用 EPI 配置（EPICFG）寄存器中的 MODE 字段，选择 EPI 块模式为 SDRAM、HB8、HB16 或一般的并行使用。为需要的片选配置，使用适当的模式配置 EPI 主机总线配置（EPIHBnCFGn）寄存器来设置特定模式的细节（如果需要）。如果波特率必须小于系统时钟速率，设置 EPI 主波特率（EPIBAUD）和 EPI 主波特率 2（EPIBAUD2）寄存器。

7）使用 EPI 地址映射（EPIADDRMAP）寄存器配置地址映射。所选择的起始地址和范围依赖于外部设备的类型和最大地址（如适用）。例如，对于一个 512MB 的 SDRAM，对地址 0x6000.0000 编程 ERADR 字段为 0x1 或地址 0x8000.0000 为 0x2；并且对 256MB 编程 ERSZ 字段为 0x3。如果使用通用模式，并且没有地址，对地址 0xA000.0000 编程 EPADR 字段为 0x1 或地址 0xC000.0000 为 0x2；并且为 256 字节编程 EPSZ 字段为 0x0。

8）为了直接读取或写入，使用映射的地址区域（用 EPIADDRMAP 寄存器配置），多达 4 个或 5 个的写入可以同时进行而不会阻塞。每次的读取都会被阻塞，直到该值被恢复。

9）要执行一个非阻塞读，参考 6.2.3 节中"非阻塞读"的相关内容。

注意，直到八个系统时钟周期，EPI 已完全配置好后，应用程序不应该试图外部访问。一旦编程 EPICFG 寄存器中的 MODE 字段，应用程序应该在重新编程一个新 MODE 值前复位所有的配置寄存器。

1. EPI 接口选项

有多种存储器和外设能与 EPI 模块接口。它们具有最高性能的各种配置见表 6-6。

表 6-6　EPI 接口选项

接口	最高频率
单 SDRAM	60MHz
单 SRAM	60MHz
不使用 iRDY 信号的单 PSRAM	55MHz
使用 iRDY 信号的单 PSRAM	52MHz
FPGA、CPLD 等，使用通用模式	60MHz
有 2 片选的存储器配置	40MHz
有 4 片选的存储器配置	20MHz

2. SDRAM 模式

当激活 SDRAM 模式，有以下重要的几点需要考虑。

1）通常，从激活的模式转到第一个操作被允许需要超过 100μs。当通过 EPICFG 寄存器选择该模式时，SDRAM 控制器就开始了 SDRAM 初始化过程。在 SDRAM 模式被使能之前，应该正确配置 GPIO，这点很重要，因为 EPI 控制器需要依靠 GPIO 块的能力去立即驱动引脚。作为初始化过程的一部分，值为 0x27 的加载模式寄存器命令将自动发送给 SDRAM，它设置 CAS 延迟时间为 2 个时钟周期以及突发长度为整个页面。

2）可以检查 EPI 状态（EPISTAT）寄存器中的 INITSEQ 位，以确定初始化过程什么时候结束。

3）当使用默认值以外的频率范围和/或刷新值时，激活该模式后必须立即配置 EPI SDRAM 配置（EPISDRAMCFG）寄存器中的 FREQ 和 RFSH 字段。100μs 的启动时间后，必须正确配置 EPI 块，以保持 SDRAM 的内容稳定。

4）可以配置 EPISDRAMCFG 寄存器中的 SLEEP 位，使 SDRAM 进入低功耗自刷新状态。需要注意的是，一旦启用，将不能禁止 SDRAM 模式，否则 SDRAM 不再计时并且所保存的内容会丢失。

5）进入睡眠模式之前，必须确保所有非阻塞读取、正常读取及写入操作完成。如果系统是以 30~50MHz 频率运行，在清除 SLEEP 位后等待 2 个 EPI 周期再执行非阻塞读取，或执行正常的读取和写入。如果系统被配置为高于 50MHz，需等待 5 个 EPI 周期后再执行读取和写入任务。对于其他的配置则需等待 1 个 EPI 周期。

EPISDRAMCFG 寄存器的 SIZE 字段必须在系统中 SDRAM 的数量基础上进行正确的配置。FREQ 字段必须根据表示所使用范围的值来配置。基于所选择的范围，某些操作之间使用的外部时钟数（如预充电或激活）是确定的。如果给定一个超过使用的更高频率，那么该外设只有下降沿变慢（对这些延迟需要更多的周期）。如果给定了一个较低的频率，将会产生不正确的操作。

EPI 模块信号与 SDRAM 的连接定义见表 6-7。该表适用于使用 ×16 的 SDRAM，最高达 512MB。必须注意，EPI 信号只能使用 8mA 驱动与 SDRAM 接口。任何未使用的 EPI 控制器信号可以被用作 GPIO 或其他复用功能。

表 6-7 EPI SDRAM × 16 信号连接

EPI 信号	SDRAM 信号	
EPIOS0	A0	D0
EPIOS1	A1	D1
EPIOS2	A2	D2
EPIOS3	A3	D3
EPIOS4	A4	D4
EPIOS5	A5	D5
EPIOS6	A6	D6
EPIOS7	A7	D7
EPIOS8	A8	D8
EPIOS9	A9	D9
EPIOS10	A10	D10
EPIOS11	A11	D11
EPIOS12	A12	D12
EPIOS13	BA0	D13
EPIOS14	BA1	D14
EPIOS15	D15	
EPIOS16	DQML	
EPIOS17	DQMH	
EPIOS18	CASn	
EPIOS19	RASn	
EPIOS20~EPIOS27	未使用	
EPIOS28	WEn	
EPIOS29	CSn	
EPIOS30	CKE	
EPIOS31	CLK	

3. 主设备总线模式

主机总线支持以 8051 设备和 SRAM 器件为代表的传统 8 位和 16 位的接口，以及 PSRAM 和 NOR Flash 存储器。该接口是异步的，并使用选通引脚来控制有效性。通过使用主机总线 16 位模式，可寻址存储器的大小能够翻倍，因为它执行半字访问。EPIOS0 是地址的最低位并等效于内部的 Cortex-M4 A1 地址。EPIOS0 应连接 16 位存储器的 A_0。

三个主要的选通信号是"地址锁存使能"（ALE），"写"（WRn）和"读"（RDn，有时也被称为 OEn）。需要注意的是时序是为原有的逻辑而设计，而且保持时间对应明确的建立时间。通过清除或设置 EPI 主机总线 n 配置寄存器（EPIHBnCFGn）中的 RDHIGH 和 WRHIGH 位，可以确定读和写选通的极性为高有效或低有效。

4. 通用模式

通用模式配置（EPIGPCFG）寄存器用于配置控制、数据和地址引脚（如果使用）。任何未使用的 EPI 控制器信号可以被用作 GPIO 或其他复用功能。通用配置可以被用于带 FP-GA、CPLD、数字数据采集及伺服控制的用户接口。

通用模式是为以下三种通用类型的使用而设计的。

1）针对 FPGA 和 CPLD 的超高速时钟的接口。支持三种规模的数据和可选地址。帧和时钟使能功能允许更多优化的接口。

2）通用并行 GPIO。从引脚 1~32 可以被写入或读出，通过 EPIBAUD 寄存器波特率精确控制速度（当使用 WFIFO 和/或 NBRFIFO 时），或通过从软件或 μDMA 访问的速率。

这类用途的实例：通过配置 20 个引脚为输入，以在固定时间周期内读取 20 个传感器，配置 EPIBAUD 寄存器中的 COUNT0 字段为分频系数，然后使用非阻塞读；以固定频率实现非常宽范围的 PWM/PCM 联系，来驱动伺服和 LED 等。

3）任何速度的一般用户接口。

该配置允许选择一个输出时钟（自由运行或门控）、一个帧信号（带帧大小）、一个就绪输入（延伸传输）、一个地址（可变大小）和数据（可变大小）。此外，制订用于分离数据和地址阶段的规定。

该接口具有以下可选特性。

1）EPIGPCFG 寄存器中的 CLKPIN 位控制 EPI 时钟输出的使用。非时钟驱动的应用包括通用 I/O 接口和异步接口（可选择使用 RD 和 WR 选通信号）。时钟驱动的接口允许更高的速度并且更容易连接到 FPGA 和 CPLD（其通常包括输入时钟）。

2）如果使用 EPI 时钟，可以是自由运行或依赖于 EPIGPCFG 寄存器中 CLKGATE 位的门控。一个自由运行的 EPI 时钟需要其他方法来确定数据何时有效，如帧引脚读/写选通信号。门控时钟的方法是使用一个时间模型，让 EPI 时钟控制事件何时开始及停止。门控时钟保持高直到一个新的事件启动，且在当前周期结束时又变为高，在此期间，读/写/帧和地址（与数据，如果是写入）信号有效。

3）EPIGPCFG 寄存器的 RW 位控制 RD 和 WR 输出的使用。对于方向已知的接口（先期，有关帧大小或其他方面），则不需要这些选通信号。对于大多数其他接口，使用 RD 和 WR，以便外部设备知道什么事件正在发生，以及是否有事件正在发生。

4）可以通过使用 EPIGPCFG 寄存器的 WR2CYC 位在写入时使用地址/请求和数据阶段的分离。这种配置允许外设运行额外的时间。在读取时必须分离地址和数据阶段。当被配置为使用 EPIGPCFG 寄存器中的 ASIZE 字段所指定的地址，RD 选通时（第一周期）该地址被释放，并且数据预期在下一周期被返回（当 RD 无效时）。如果没有地址被使用，那么 RD 在第一周期有效，并且数据在第二周期被捕获（当 RD 无效时），这允许数据拥有更多的建立时间。

对于写操作，该输出可以是在一个或两个周期内。在两个周期的情况下，该地址（如果有的话）与 WR 选通信号在第一周期被释放，数据在第二周期（若 WR 无效）被释放。尽管由于逻辑原因通常不需要分割地址和写数据阶段，但它可能对读和写的时序匹配是有用的。如果使用两周期读或写，则自动设定 RW 位。

5）地址可以被释放（由 EPIGPCFG 寄存器中的 ASIZE 字段控制）。该地址可以是最多 4 位（16 个可能的值），最多 12 位（4096 个可能值）或最多 20 位（1MB 的可能值）。地址的大小限制了数据的大小，如 4 位地址支持多达 24 位的数据。4 位地址使用 EPIOS［27:24］；

12 位地址使用 EPI0S [27:16]；20 位地址使用 EPI0S [27:8]。地址信号可以被外部设备用作地址、代码（命令）或其他无关的用途（如芯片使能）。如果选择的地址/数据组合不使用所有的 EPI 信号，未使用的引脚可以用于 GPIO 或其他功能。例如，使用带 8 位数据的 4 位地址时，指派给 EPIS0 [23:8] 的引脚可分配其他功能。

6）数据可以是 8 位、16 位、24 位或 32 位（由 EPIGPCFG 寄存器的 DSIZE 字段控制）。在默认情况下，当 EPIGPCFG 寄存器的 DSIZE 字段为 0x0 时，EPI 控制器使用数据位 [7:0]；当 DSIZE 字段为 0x1 时，使用数据位 [15:0]；当 DSIZE 字段为 0x2 时，使用数据位 [23:0]；DSIZE 字段为 0x3 时，使用数据位 [31:0]。32 位数据不能被用于地址、EPI 时钟或任何其他信号。24 位的数据只能被用于 4 位地址或无地址。

7）当使用 EPI 控制器作为 GPIO 接口时，写操作为 FIFO 的（任何时候最多保持 4 个），并且利用 COUNT0 指定的 EPIBAUD 时钟速率最多改变 32 个引脚。其结果是，输出引脚控制可以作为时间函数而被非常精确地控制。相比之下，当写正常的 GPIO 时，某时刻的写只能出现 8 位，并且需要两个时钟周期来完成。此外，由于 μDMA 或先前写的流出，写本身可通过总线进一步延迟。依靠 GPIO 和 EPI 控制器，可以直接进行读，在这种情况下，当前引脚的状态被读入。对于 EPI 控制器，非阻塞接口也可用于实现基于通过 EPIBAUD 时钟速率的固定时间规则的读入。

在通用模式下，EPI0S [31:0] 信号的功能见表 6-8。注意，该地址连接的改变依靠外设的数据宽度限制。

表 6-8　EPI 通用信号连接

EPI 信号	通用信号（D8，A20）	通用信号（D16，A12）	通用信号（D24，A4）	通用信号（D32）
EPI0S0	D0	D0	D0	D0
EPI0S1	D1	D1	D1	D1
EPI0S2	D2	D2	D2	D2
EPI0S3	D3	D3	D3	D3
EPI0S4	D4	D4	D4	D4
EPI0S5	D5	D5	D5	D5
EPI0S6	D6	D6	D6	D6
EPI0S7	D7	D7	D7	D7
EPI0S8	A0	D8	D8	D8
EPI0S9	A1	D9	D9	D9
EPI0S10	A2	D10	D10	D10
EPI0S11	A3	D11	D11	D11
EPI0S12	A4	D12	D12	D12
EPI0S13	A5	D13	D13	D13
EPI0S14	A6	D14	D14	D14
EPI0S15	A7	D15	D15	D15
EPI0S16	A8	A0	D16	D16
EPI0S17	A9	A1	D17	D17

（续）

EPI 信号	通用信号（D8，A20）	通用信号（D16，A12）	通用信号（D24，A4）	通用信号（D32）
EPIOS18	A10	A2	D18	D18
EPIOS19	A11	A3	D19	D19
EPIOS20	A12	A4	D20	D20
EPIOS21	A13	A5	D21	D21
EPIOS22	A14	A6	D22	D22
EPIOS23	A15	A7	D23	D23
EPIOS24	A16	A8	A0	D24
EPIOS25	A17	A9	A1	D25
EPIOS26	A18	A10	A2	D26
EPIOS27	A19	A11	A3	D27
EPIOS28	WR	WR	WR	D28
EPIOS29	RD	RD	RD	D29
EPIOS30	Frame	Frame	Frame	D30
EPIOS31	Clock	Clock	Clock	D31

133

6.3　通用定时器

对驱动定时器输入引脚的外部事件，可用可编程定时器来进行计数或者定时。TM4C1294NCPDT 的通用定时器模块（GPTM）包含 16/32 位 GPTM 块。每个 16/32 位 GPTM 块提供两个 16 位定时器/计数器（即定时器 A 和定时器 B），可被配置为独立运行的定时器或者事件计数器，或者级联为一个 32 位定时器或 32 位实时时钟（RTC）。定时器也可以用来触发 μDMA 传输。

此外，定时器也可用于触发模数转换器（ADC）。在到达模数转换模块之前，来自通用定时器的所有触发信号都"或"在一起，所以只有一个定时器可以被用来触发 ADC 事件。

GPT 模块是 Tiva™ C 系列微控制器上可用的一个时钟源。其他定时器资源包括系统定时器（SysTick）和 PWM 模块中的 PWM 定时器。

通用定时器模块（GPTM）包括 8 个具有如下功能的 16/32 位 GPTM 块。

1）操作模式。

① 16 或 32 位可编程单次定时器。

② 16 或 32 位可编程周期定时器。

③ 带一个 8 位预分频器的 16 位通用定时器。

④ 32 位实时时钟（RTC），使用外部 32.768kHz 时钟作为输入。

⑤ 16 位输入边沿计数或定时捕获模式，带一个 8 位预分频器。

⑥ 16 位 PWM 模式，带 8 位预分频器且软件可编程输出反转的 PWM 信号。系统时钟或全局备用时钟（ALTCLK）资源可以用作定时器时钟源。全局 ALTCLK 可以是 PIOSC、休眠模式实时时钟输出（RTCOSC）和低频内部振荡器（LFIOSC）。

（续）

计时器	向上/向下计数	偶数 CCP 引脚	奇数 CCP 引脚
16/32 位定时器 1	定时器 A	T1CCP0	—
	定时器 B	—	T1CCP1
16/32 位定时器 2	定时器 A	T2CCP0	—
	定时器 B	—	T2CCP1
16/32 位定时器 3	定时器 A	T3CCP0	—
	定时器 B	—	T3CCP1
16/32 位定时器 4	定时器 A	T4CCP0	—
	定时器 B	—	T4CCP1
16/32 位定时器 5	定时器 A	T5CCP0	—
	定时器 B	—	T5CCP1
16/32 位定时器 6	定时器 A	T6CCP0	—
	定时器 B	—	T6CCP1
16/32 位定时器 7	定时器 A	T7CCP0	—
	定时器 B	—	T7CCP1

135

6.3.2　信号描述

GP 定时器模块的外部信号及其功能描述见表 6-10。GP 定时器信号是一些 GPIO 信号的复用功能，并且在复位时默认为 GPIO 信号。表 6-10 "引脚复用/引脚分配" 栏中列出了用于 GP 定时器信号可能的 GPIO 引脚分布。GPIO 复用功能选择（GPIOAFSEL）寄存器的 AF-SEL 位应设置为选择 GP 定时器功能。括号中的数字是必须被编程到 GPIO 端口控制（GPI-OCTL）寄存器中 PMCn 字段的编码，用以分配 GP 定时器信号到特定的 GPIO 端口引脚。

表 6-10　通用定时器信号（128TQFP）

引脚名称	引脚编号	引脚复用/引脚分配	引脚类型	缓冲类型	描述
T0CCP0	1 33 85	PD0（3） PA0（3） PL4（3）	I/O	TTL	16/32 位定时器 0 捕获比较 PWM 0
T0CCP1	2 34 86	PD1（3） PA1（3） PL5（3）	I/O	TTL	16/32 位定时器 0 捕获比较 PWM 1
T1CCP0	3 35 94	PD2（3） PA2（3） PL6（3）	I/O	TTL	16/32 位定时器 1 捕获比较 PWM 0
T1CCP1	4 36 93	PD3（3） PA3（3） PL7（3）	I/O	TTL	16/32 位定时器 1 捕获比较 PWM 1

（续）

引脚名称	引脚编号	引脚复用/引脚分配	引脚类型	缓冲类型	描述
T2CCP0	37 78	PA4（3） PM0（3）	I/O	TTL	16/32 位定时器 2 捕获比较 PWM 0
T2CCP1	38 77	PA5（3） PM1（3）	I/O	TTL	16/32 位定时器 2 捕获比较 PWM 1
T3CCP0	40 76 125	PA6（3） PM2（3） PD4（3）	I/O	TTL	16/32 位定时器 3 捕获比较 PWM 0
T3CCP1	41 75 126	PA7（3） PM3（3） PD5（3）	I/O	TTL	16/32 位定时器 3 捕获比较 PWM 1
T4CCP0	74 95 127	PM4（3） PB0（3） PD6（3）	I/O	TTL	16/32 位定时器 4 捕获比较 PWM 0
T4CCP1	73 96 128	PM5（3） PB1（3） PD7（3）	I/O	TTL	16/32 位定时器 4 捕获比较 PWM 1
T5CCP0	72 91	PM6（3） PB2（3）	I/O	TTL	16/32 位定时器 5 捕获比较 PWM 0
T5CCP1	71 92	PM7（3） PB3（3）	I/O	TTL	16/32 位定时器 5 捕获比较 PWM 1

6.3.3　功能描述

　　每个 GPTM 块的主要元件包括两个自由运行的递增/递减计数器（即定时器 A 和定时器 B）、两个预分频寄存器、两个匹配寄存器、两个预分频匹配寄存器、两个阴影寄存器、两个加载/初始化寄存器以及它们的相关控制功能。每个 GPTM 的准确功能都是通过软件来控制，并通过寄存器接口配置。定时器 A 和定时器 B 可以单独使用，在这种情况下，对于 16/32 位 GPTM 块，它们有 16 位的计数范围。另外，定时器 A 和定时器 B 可以级联，以对 16/32 位 GPTM 块提供一个 32 位的计数范围。注意，只有在定时器单独使用的情况下，才能使用预分频器。

　　每个 GPTM 块的可用模式见表 6-11。注意，在单次或周期模式的递减计数时，预分频器作为一个真正的预分频器并且包含计数值的最低位。当单次或周期模式的递增计数时，预分频作为定时器的扩展，并保持计数值的最高位。在输入边沿计数、输入边沿计时和 PWM 模式时，预分频器总是作为一个定时器扩展，而不考虑计数方向。

表 6-11　通用定时器功能

模式	定时器用法	计数方向	计数器大小	预分频器大小
单次	单独	向上或向下	16 位	8 位
	级联	向上或向下	32 位	—
周期	单独	向上或向下	16 位	8 位
	级联	向上或向下	32 位	—
实时时钟	级联	向上	32 位	—
边沿计数	单独	向上或向下	16 位	8 位
边沿计时	单独	向上或向下	16 位	8 位
PWM	单独	向下	16 位	8 位

软件使用 GPTM 配置（GPTMCFG）寄存器、GPTM 定时器 A 模式（GPTMTAMR）寄存器和 GPTM 定时器 B 模式（GPTMTBMR）寄存器来配置 GPTM。当在任何一种级联模式时，定时器 A 和定时器 B 只能在一种模式下操作。但是，当被配置为单独模式时，定时器 A 和定时器 B 可被独立配置为任何单独模式的组合。

1. GPTM 复位情况

当复位 GPTM 模块后，该模块处于非激活状态，所有的控制寄存器被清零并处于它们的默认状态。

计数器定时器 A 和定时器 B 以及它们相应的寄存器全被初始化为 1：装载寄存器为 GPTM 定时器 A 间隔装载（GPTMTAILR）寄存器和 GPTM 定时器 B 间隔装载（GPTMT-BILR）寄存器；阴影寄存器为 GPTM 定时器 A 计数值（GPTMTAV）寄存器和 GPTM 定时器 B 计数值（GPTMTBV）寄存器。

下列预分频计数器初始化为全 0：GPTM 定时器 A 预分频（GPTMTAPR）寄存器、GPTM 定时器 B 预分频（GPTMTBPR）寄存器、GPTM 定时器 A 预分频快照（GPTMTAPS）寄存器和 GPTM 定时器 B 预分频快照（GPTMTBPS）寄存器。

2. 定时器时钟源

通用定时器具有以系统时钟或备用时钟源作为时钟的能力。通过设置偏移量 0xFC8 处的 GPTM 时钟配置（GPTMCC）寄存器的 ALTCLK 位，软件可以通过编程系统控制模块偏移量 0x138 处的备用时钟配置（ALTCLKCFG）寄存器，选择一个备用时钟源。备用的时钟源选项有 PIOSC、RTCOSC 和 LFIOSC。

注意，当 GPTMCC 寄存器的 ALTCLK 位被设置为启用备用时钟源时，同步机制强制规定了起始计数值（递减计数）、终值（递增计数）和匹配值的限制。该限制适用于所有的操作模式。每个事件都必须被 4 个定时器（ALTCLK）时钟周期和 2 个系统时钟周期隔开。如果一些事件并不满足这一要求，则定时器块有可能为恢复正确的功能而需要被复位。

例如，

$$\text{ALTCLK} = T_{\text{PIOSC}} = 62.5\,\text{ns}\;（\text{休整过的}\;16\,\text{MHz}）$$

$$T_{\text{hclk}} = 1\,\mu\text{s}\;（1\,\text{MHz}）$$

$$4 \times 62.5\,\text{ns} + 2 \times 1\,\mu\text{s} = 2.25\,\mu\text{s},\;2.25\,\mu\text{s}/62.5\,\text{ns} = 36\;\text{或}\;0\text{x}23$$

匹配中断使能的周期性或单次最小值为

$$\text{GPTMTAMATCHR} = 0x23, \quad \text{GPTMTAILR} = 0x46$$

3. 定时器模式

下面介绍各种定时器模式的操作。当在级联模式下使用定时器 A 和定时器 B 时，只有定时器 A 控制和状态位必须被使用，没有必要使用定时器 B 的控制和状态位。通过写 0x4 到 GPTM 配置（GPTMCFG）寄存器，可将 GPTM 置于单个/分离模式。在下面的章节中，变量"n"用于位域和寄存器名以指示定时器 A 功能或者定时器 B 功能。在本节中，除了 RTC 模式以外，递减计数模式的超时事件是 0x0，递增计数模式的超时事件是 GPTM 定时器 n 间隔装载（GPTMTnILR）和可选的 GPTM 定时器 n 预分频（GPTMTnPR）寄存器的值。

（1）单次/周期定时器模式　单次/周期模式的选择，取决于写入 GPTM 定时器 n 模式（GPTMTnMR）寄存器的 TnMR 字段中的值。定时器使用 GPTMTnMR 寄存器的 TnCDIR 位配置为递增或者递减计数。

当软件置位 GPTM 控制（GPTMCTL）寄存器的 TnEN 位时，定时器开始从 0x0 递增计数或者从预先载入的值递减计数。另外，如果 GPTMTnMR 寄存器的 TnWOT 位被置位，一旦 TnEN 位被置位，定时器等待触发信号以开始计数。当定时器被使能时，被加载到定时器寄存器中的值见表 6-12。

表 6-12　定时器在周期/单次模式被使能时计数器的值

寄存器	递减计数模式	递增计数模式
GPTMTnR	GPTMTnILR	0x0
GPTMTnV	GPTMTnILR 在级联模式；GPTMRnPR 同 GPT-MTnILR 在单独模式下组合	0x0
GPTMTnPS	GPTMTnPR 在单独模式；不用于级联模式	0x0 在单独模式，不用于级联模式

当定时器开始递减计数并达到超时事件（0x0），定时器在下一个周期从 GPTMTnILR 和 GPTMRnPR 寄存器重载初始值。当定时器递增计数并达到超时事件（在 GPTMTnILR 或可选的 GPTMTnPR 寄存器中的值），定时器重新装载 0x0。如果被配置为单次定时器，定时器停止计数并清除 GPTMCTL 寄存器的 TnEN 位。如果被配置为周期定时器，定时器在下一个周期重新开始计数。

在周期性、快照模式（TnMR 字段为 0x2 且 GPTMTnMR 寄存器的 TnSNAPS 位被置位）和超时事件中，定时器的值被装载到 GPTMTnR 寄存器并且预分频器的值被装载到 GPTMTnPS 寄存器。独立运行计数器的值会在 GPTMTnV 寄存器中显示。在这种方式下，软件能够通过检查快照的值和当前独立运行定时器的值，来确认中断有效到进入 ISR 之间的时间。当定时器被配置为单次模式时，不能使用快照模式。

除了重新装载计数值，当超时事件发生时，GPTM 能够产生中断、CCP 输出和信号触发。GPTM 设置 GPTM 原始中断状态（GPTMRIS）寄存器的 TnTORIS 位，并且一直保持到它被写入 GPTM 中断清除（GPTMICR）寄存器而被清零。如果在 GPTM 中断屏蔽（GPTMIMR）寄存器使能超时中断，GPTM 也设置 GPTM 屏蔽中断状态（GPTMMIS）寄存器的 TnTOMIS 位。通过设置 GPTM 定时器 n 模式（GPTMTnMR）寄存器的 TACINTD 位可以完全禁用超时中断。在这种情况下，甚至不需在 GPTMRIS 寄存器设置 TnTORIS 位。

通过设置 GPTMTnMR 寄存器的 TnMIE 位，当定时器的值等于被装载到 GPTM 定时器 n

匹配（GPTMTnMATCHR）及 GPTM 定时器 n 预分频匹配（GPTMTnPMR）寄存器的值时，也会产生一个中断。该中断和超时中断具有相同的状态、屏蔽及清除功能，不过是使用匹配中断位来代替的（如原始的中断状态是通过 GPTM 原始中断状态（GPTMRIS）寄存器的 TnMRIS 位被监控的）。注意中断状态位不是由硬件更新，除非 GPTMTnMR 寄存器的 TnMIE 位被置位，这与超时中断的行为不同。通过置位 GPTMCTL 中的 TnOTE 位使能 ADC 触发器，在 GPTM ADC 事件（GPTMADCEV）寄存器中配置激活 ADC 的事件。μDMA 触发器的使能是通过配置并启用相应的 μDMA 通道，与 GPTM DMA 事件（GPTMDMAEV）寄存器中的触发使能的类型相似。

GPTM 定时器 n 模式（GPTMTnMR）寄存器的 TCACT 字段可以被配置为在超时事件时清除、设置或翻转输出。

如果软件在计数器递减计数的时候更新 GPTMTnILR 或 GPTMTnPR 寄存器，如果 GPTMTnMR 寄存器的 TnILD 位被清零，计数器将会在下一个时钟周期装载新值并继续从新值开始计数。如果 TnILD 位被置位，计数器在下一个超时后装载新值。如果软件在计数器递增计数时更新 GPTMTnILR 或 GPTMTnPR 寄存器，超时事件在下一个时钟周期被变为新值。如果软件在计数器递增或递减计数时更新 GPTM 定时器 n 值（GPTMTnV）寄存器，计数器在下个时钟周期装载新值并从新值开始计数。如果软件更新 GPTMTnMATCHR 或者 GPTMTnPMR 寄存器，且 GPTMTnMR 寄存器的 TnMRSU 位被清零，新值将会在下一个时钟周期生效。如果 TnMRSU 位被置位，那么直到下一次超时之前，新值都不会生效。

如果 GPTMCTL 寄存器的 TnSTALL 位被置位且 RTCEN 位没有被置位，当调试器暂停处理器时，定时器将会停止计数。当处理器恢复运行时，计时器恢复计数。如果 RTCEN 位被置位，调试器暂停处理器时，它防止 TnSTALL 位停止计数。

在使用预分频器时，16 位独立运行定时器的各种配置见表 6-13。所有的值都假设为 120MHz 时钟且 T_c = 挂起 ns（时钟周期）。16/32 位定时器只有被配置为 16 位模式的时候，才可以使用预分频器。

表 6-13　16 位定时器预分频器配置

预分频（8 位的值）	定时器时钟（T_c）	最大时间	单位
00000000	1	待定	ms
00000001	2	待定	ms
00000010	3	待定	ms
……	……	……	……
11111101	254	待定	ms
11111110	255	待定	ms
11111111	256	待定	ms

定时器比较模式是对 GPTM 现有单次和周期模式的扩展。这种模式可被用于当某个应用在将来的某个时间需要引脚变化状态，而不管处理器的状态。在 PWM 模式有效时，比较模式不会运行，并且和 PWM 模式完全互斥。当 TAMR 字段被设置为 0x1 或者 0x2（单次或周期），TnAMS 位为 0（捕获或比较模式）且 GPTM 定时器 n 模式（GPTMTnMR）寄存器的 TCACT 字段非零时，比较模式被使能。根据 TCACT 编码，当发生定时器匹配时，定时器可

以在相应的 CCPn 引脚实施置位、清零或翻转。在 16 位模式下,相应的 CCP 引脚可以有一个动作,但是在 32 位模式下运行时,该动作只能应用于偶数 CCP 引脚。

当使能 GPTM 以产生不同的动作组合时,能够改变 TCACT 字段。例如,在一个周期事件中,编码 TCACT =0x6 或 0x7 可用于在第一个中断前强制 CCPn 引脚的初始状态,之后当下一个周期可能改变装载值,TCACT =0x2 和 TCACT =0x3 可用来(备用)对随后的翻转改变引脚的电平。

用于单次和周期模式的超时中断被用于比较动作模式。因此,如果 GPTMIM 寄存器中合适的屏蔽位被置位,GPTMRIS 寄存器中的 TnTORIS 位将被触发。

(2)实时时钟定时器模式 在实时时钟(RTC)模式,定时器 A 和定时器 B 的级联版本被配置为递增计数器。当 RTC 模式在复位后第一次被选中,计数器将装载值 0x1。之后所有的装载值都必须被写入 GPTM 定时器 n 间隔装载(GPTMTnILR)寄存器。如果 GPTMT-nILR 寄存器装载了一个新值,计数器在该值开始计数,并且在固定值 0xFFFFFFFF 处翻转。当定时器被使能时,加载到定时器寄存器的值见表 6-14。

表 6-14 定时器在 RTC 模式下被使能时的计数值

寄存器	递减计数模式	递增计数模式
GPTMTnR	不可用	0x1
GPTMTnV	不可用	0x1
GPTMTnPS	不可用	不可用

在 RTC 模式下,CCP0 输入端的输入时钟要求达到 32.768kHz,然后将时钟信号分频到 1Hz 的速度,并传送到计数器的输入端。

当软件写入 GPTMCTL 寄存器的 TAEN 位,计数器开始从预装载的值 0x1 开始递增计数。当前计数值与 GPTMTnMATCHR 寄存器中预先装载的值相匹配时,GPTM 生效 GPTMRIS 中的 RTCRIS 位并继续计数,直到一个硬件复位或者被软件禁用(清除 TAEN 位)。当定时器值到达计数终点,定时器翻转并继续从 0x0 递增计数。如果在 GPTMIMR 中使能 RTC 中断,GPTM 也会设置 GPTMMIS 的 RTCMIS 位并且产生一个控制器中断。通过写 GPTMICR 的 RTCCINT 位清除状态标志。在该模式下,GPTMTnR 和 GPTMTnV 寄存器总是具有相同的值。

除了产生中断,RTC 也能够产生 μDMA 触发信号。μDMA 触发是通过配置并使能相应的 μDMA 通道而被使能的,与在 GPTM DMA 事件(GPTMDMAEV)寄存器中被使能的触发类型一样。

(3)输入边沿计数模式 注意,对于上升沿检测,输入信号必须在上升沿后保持至少两个时钟周期为高电压。类似的,对于下降沿检测,输入信号必须在下降沿后保持至少两个时钟周期为低电平。根据这一标准,边沿检测的最大输入频率是系统频率的四分之一。

在边沿计数模式中,定时器被配置为 24 位递增或者递减计数器,包括可选的预分频器,高位计数值存储在 GPTM 定时器 n 预分频(GPTMTnPR)寄存器中,低位值存储在 GPTMT-nR 寄存器中。在这种模式中,定时器能够捕获三种类型的事件:上升沿、下降沿或两者兼有。为了使定时器处于边沿计数模式,GPTMTnMR 寄存器的 TnCMR 位必须被清零。GPTM-CTL 寄存器的 TnEVENT 字段决定定时器计数的边沿类型。在递减计数模式的初始化过程中,配置 GPTMTnMATCHR 和 GPTMTnPMR 寄存器,以便在 GPTMTnILR 和 GPTMTnPR 寄存器中的差值，及 GPTMTnMATCHR 和 GPTMTnPMR 寄存器中的差值，等于必须计数的边沿事件的数目。在递增计数模式中，定时器从 0x0 计数到 GPTMTnMATCHR 和 GPTMTnPMR 寄存器中的值。需要注意的是，当执行递增计数时，GPTMTnPR 与 GPTMTnILR 中的值必须大于 GPTMTnPMR 和 GPTMTnMATCHR 中的值。定时器被使能时，装载到定时器寄存器中的值见表 6-15。

表 6-15　定时器在输入边沿模式下被使能的计数器值

寄存器	递减计数模式	递增计数模式
GPTMTnR	GPTMTnPR 同 GPTMTnILR 结合	0x0
GPTMTnV	GPTMTnPR 同 GPTMTnILR 结合	0x0

当软件写入 GPTM 控制（GPTMCTL）寄存器的 TnEN 位时，定时器被使能为事件捕获。每个 CCP 引脚上的输入事件对计数器递减或者递增 1，直到事件计数匹配 GPTMTnMATCHR 和 GPTMTnPMR。当计数匹配时，GPTM 生效 GPTM 原始中断状态（GPTMRIS）寄存器中的 CnMRIS 位，并保持它直到被通过写 GPTM 中断清除（GPTMICR）寄存器而清零。如果在 GPTM 中断屏蔽（GPTMIMR）寄存器中使能捕获模式匹配中断，GPTM 也置位 GPTM 屏蔽中断状态（GPTMMIS）寄存器中的 CnMMIS 位。在递增计数模式中，输入事件的当前计数同时被保存在 GPTMTnR 和 GPTMTnV 寄存器中。在递减计数模式中，通过从 GPTMTnPR 和 GPTMTnILR 寄存器组合的值减去 GPTMTnR 或 GPTMTnV，可以得到输入事件的当前计数。

除了产生中断，该模式还可以产生 ADC 和/或 μDMA 触发信号。通过将 GPTMCTL 中的 TnOTE 位置位，而使能 ADC 触发信号，并且在 GPTM ADC 事件（GPTMADCEV）寄存器中配置激活 ADC 的事件。通过配置和使能合适的 μDMA 通道，而使能 μDMA 触发器，与在 GPTM DMA 事件（GPTMDMAEV）寄存器中使能触发的类型一样。

递减计数模式中到达匹配值后，计数器重新装载 GPTMTnILR 和 GPTMTnPR 寄存器中的值，并且因为 GPTM 自动清除 GPTMCTL 寄存器中的 TnEN 位而停止。一旦到达事件计数，接下来的所有事件将被忽略，直到 TnEN 被软件重新使能。在递增计数模式中，定时器被重新装载 0x0 并且继续计数。

输入边沿计数模式的工作原理如图 6-7 所示。在这种情况下，定时器的起始值被设置为 GPTMTnILR = 0x000A，匹配值被设置为 GPTMTnMATCHR = 0x0006，因此可以计数 4 个边沿事件。计数器被配置为检测输入信号的两个边沿。注意最后两个边沿不被计算，因为在当前计数匹配 GPTMTnMATCHR 寄存器中的值后，定时器自动清除 TnEN 位。

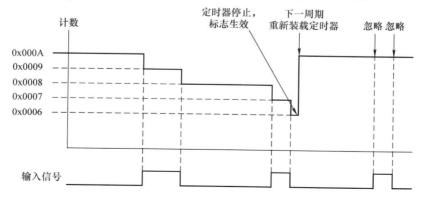

图 6-7　输入边沿计数模式举例，递减计数

（4）输入边沿计时模式　注意，对于上升沿检测，输入信号在上升沿后必须保持至少两个系统时钟周期的高电平。类似的，对于下降沿检测，输入信号必须在下降沿后保持至少两个系统时钟周期的低电平。根据这一标准，边沿检测的最大输入频率是系统频率的四分之一。

在边沿计时模式中，定时器被配置为 24 位递增或者递减计数器，包括可选的预分频器，定时器高位值存储在 GPTMTnPR 寄存器，低位值存储在 GPTMTnPR 寄存器。在这种模式，递减计数时定时器被初始化为装载在 GPTMTnILR 和 GPTMTnPR 寄存器中的值，递增计数时为 0x0。定时器可以捕获三种类型的事件：上升沿、下降沿或两者兼有。通过设置 GPTMTnMR 寄存器的 TnCMR 位，定时器被设置为边沿计时模式，定时器捕获的事件类型则由寄存器 GPTMCTL 的 TnEVENT 字段决定。当定时器被使能时，加载到定时器寄存器中的值见表 6-16。

表 6-16　定时器在输入事件计数模式被使能时的计数值

寄存器	递减计数模式	递增计数模式
TnR	GPTMTnILR	0x0
TnV	GPTMTnILR	0x0

当软件写入 GPTMCTL 寄存器的 TnEN 位，定时器被使能为事件捕获。若检测到被选择的输入事件，当前定时器计数器的值被 GPTMTnR 和 GPTMTnPS 寄存器捕获，并且可以被微控制器读取。GPTM 原始中断状态（GPTMRIS）寄存器的 CnERIS 位会生效，并保持它直到通过写 GPTM 中断清除（GPTMICR）寄存器而被清零。如果在 GPTM 中断屏蔽（GPTMIMR）寄存器中使能捕获模式事件中断，则 GPTM 还设置 GPTM 屏蔽中断状态（GPTMMIS）寄存器的 CnEMIS 位。在这种模式下，GPTMTnR 和 GPTMTnPS 寄存器将保持选定的输入事件发生的时间，同时 GPTMTnV 寄存器将保持独立运行的定时器值。这些寄存器可被读取，以确认中断有效及进入中断服务程序之间的时间间隔。

除了产生中断，也可能产生 ADC 和/或 μDMA 触发信号。通过置位 GPTMCTL 中的 TnOTE 位使能 ADC 触发信号，而在 GPTM ADC 事件（GPTMADCEV）寄存器中配置触发 ADC 的事件。通过配置适当的 μDMA 通道而使能 μDMA 触发信号，与在 GPTM DMA 事件（GPTMDMAEV）寄存器中选择触发类型类似。

当一个事件被捕获后，定时器不会停止计数。它会继续计数，直到 TnEn 位被清零。当定时器到达超时值时，在递增计数模式时它将重新装载 0x0，而在递减模式时装载 GPTMTnILR 和 GPTMTnPR 寄存器中的值。

输入边沿计时模式的工作原理如图 6-8 所示，图中假设定时器的初始值是默认值 0xFFFF，并且定时器被配置为捕获上升沿事件。每当检测到一个上升沿事件，当前计数值被装载到 GPTMTnR 和 GPTMTnPS 寄存器中，并保持到另一个上升沿事件被检测到（在这一时刻，新的计数值被装载到 GPTMTnR 和 GPTMTnPS 寄存器）。

注意，当运行于边沿计时模式时，如果预分频器被使能，计数器将以 2^{24} 为模运行，否则以 2^{16} 为模运行。如果存在边沿比计数占用更长时间的可能，那么另一个被配置为周期定时器模式的定时器可被用来确保检测到遗漏的边沿。周期定时器应该被配置成如下方式。

1）周期定时器与边沿计时定时器以相同的速率循环。

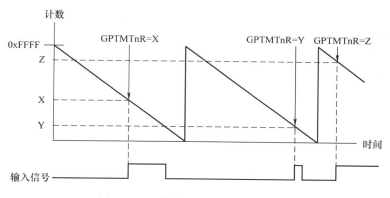

图 6-8　16 位输入边沿定时模式示例

2）周期定时器的中断比边沿计时超时中断具有更高的优先级。

3）如果进入周期定时器中断服务程序，软件必须检查是否有边沿计时中断挂起，如果有，计数器的值必须在被用来计算事件的快照时间之前减 1。

（5）PWM 模式　GPTM 支持简单的 PWM 模式。在 PWM 模式中，定时器被配置成一个 24 位递减计数器，初始值（即周期）由寄存器 GPTMTnILR 和 GPTMTnPR 决定。在这种模式下，PWM 的频率和周期是同步事件，可以确保为无毛刺的。通过设置 GPTMTnMR 寄存器的 TnAMS 位为 0x1、TnCMR 位为 0x0 以及 TnMR 字段为 0x2 而使能 PWM 模式。当定时器被使能时，加载到定时器寄存器中的值见表 6-17。

表 6-17　定时器处于 PWM 模式时计数器的值

寄存器	递减计数模式	递增计数模式
GPTMTnR	GPTMTnILR	不可用
GPTMTnV	GPTMTnILR	不可用

当软件写入 GPTMCTL 寄存器的 TnEN 位时，计数器开始递减计数直到 0x0 的状态。或者，如果 GPTMTnMR 寄存器中的 TnWOT 位被置位，一旦 TnEN 位被置位，定时器等待触发信号以开始计数。在周期模式的下一个计数器周期，计数器从 GPTMTnILR 和 GPTMTnPR 寄存器重新装载初始值，并继续计数直到通过软件清除 GPTMCTL 寄存器的 TnEN 位而被禁用。定时器基于三种类型的事件能够产生中断：上升沿、下降沿或两者兼有。该事件是被寄存器 GPTMCTL 的 TnEVENT 字段配置，而通过置位 GPTMTnMR 寄存器的 TnPWMIE 位使能中断。当事件发生时，GPTM 原始中断状态（GPTMRIS）寄存器的 CnERIS 位被置位，并保持到通过写 GPTM 中断清除（GPTMICR）寄存器而被清零。如果在 GPTM 中断屏蔽（GPTMIMR）寄存器中使能捕获模式事件中断，则 GPTM 还将设置 GPTM 屏蔽中断状态（GPTMMIS）寄存器中的 CnEMIS 位。注意，除非 TnPWMIE 位被置位，否则中断状态位不更新。此外，当 TnPWMIE 位被置位并有捕获事件发生时，如果通过分别设置 GPTMCTL 寄存器的 TnOTE 位和 GPTMDMAEV 寄存器的 CnEDMAEN 位而使能触发能力，那么定时器将会自动对 ADC 和 DMA 产生触发信号。

在该模式下，GPTMTnR 和 GPTMTnV 寄存器总是具有相同值。

当计数器到达 GPTMTnILR 和 GPTMTnPR 寄存器（初始状态）的值时，PWM 输出信号生效，当计数器的值等于 GPTMTnMACHR 和 GPTMTnPMR 寄存器的值时信号失效。通过设置 GPTMCTL 寄存器的 TnPWML 位，软件具有翻转输出 PWM 信号的能力。

注意，如果使能 PWM 输出翻转，边沿检测中断行为是相反的。因此，如果已设置一个正边沿中断触发且 PWM 翻转产生了一个正边沿，则没有事件触发中断有效信号。相反，中断在 PWM 信号的负边沿产生。

假设输入时钟为 50MHz 且 TnPWML = 0（TnPWML = 1 时，占空比将为 33%）的情况下，产生一个周期为 1ms 且占空比为 66% 的 PWM 信号输出，如图 6-9 所示。在该例中，起始值为 GPTMTnILR = 0xC350 且匹配值为 GPTMTnMATCHR = 0x411A。

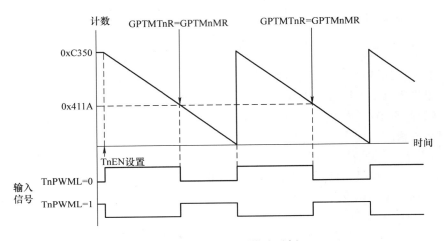

图 6-9　16 位 PWM 模式示例

当使用 GPTMSYNC 寄存器同步定时器时，定时器必须正确配置以避免 CCP 输出毛刺。寄存器 GPTMTnMR 的 TnPLO 位和 TnMRSU 位都必须被置位。当 TnPLO 位和 TnMRSU 位都被置位且 GPTMTnMATCHR 的值比 GPTMTnILR 的值大时，CCP 输出操作如图 6-10 所示。

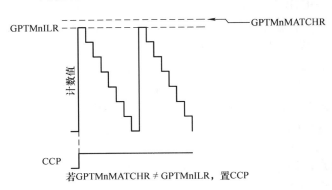

图 6-10　CCP 的输出，GPTMTnMATCHR > GPTMTnILR

当 PLO 位和 MRSU 位都被置位且 GPTMTnMATCHR 的值等于 GPTMTnILR 的值时，CCP 输出操作如图 6-11 所示。在这种情况下，如果 PLO 位为 0，当 GPTMTnILR 的值被装载时，CCP 信号变高，匹配值将被完全忽略。

当 PLO 位和 MRSU 位都被置位且 GPTMTnILR 的值比 GPTMTnMATCHR 的值大时，CCP

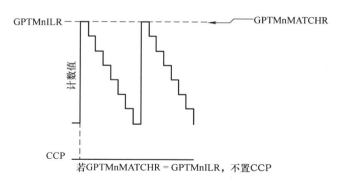

图 6-11　CCP 的输出，GPTMTnMATCHR = GPTMTnILR

输出操作如图 6-12 所示。

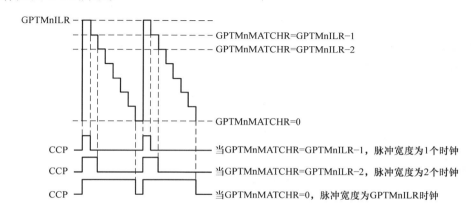

图 6-12　CCP 的输出，GPTMTnILR > GPTMTnMATCHR

4. 等待触发模式

等待触发模式允许定时器模块的菊花链连接，这样配置以后，单个定时器可以用定时器触发信号启动多个计时事件。等待触发模式是通过置位 GPTMTnMR 寄存器中的 TnWOT 位被使能的。当 TnWOT 位被置位，直到菊花链中前一个位置的定时器（定时器 N）达到它的超时事件时，定时器 N + 1 才开始计数。菊花链被配置为 GPTM1 跟着 GPTM0，GPTM2 跟着 GPTM1 等。如果定时器 A 被配置为 32 位（16/32 位模式）定时器（被 GPTMCFG 寄存器的 GPTMCFG 字段控制），它将触发下一个模块的定时器 A。如果定时器 A 被配置为 16 位（16/32 位模式）定时器，它将触发同一个模块的定时器 B，而定时器 B 触发下一个模块的定时器 A。GPTMCFG 位对菊花链的影响如图 6-13 所示。该功能对单次、周期和 PWM 模式有效。

注意，如果应用程序需要环形菊花链，要置位定时器 0 的 GPTMTAMR 寄存器的 TAWOT 位。在这种情况下，定时器 0 等待来自链中最后一个定时器模块的触发信号。

5. 同步通用定时器块

GPTM0 块中的 GPTM 同步控制（GPTMSYNC）寄存器可以被用来同步选定的定时器，以同时开始计数。设置 GPTMSYNC 寄存器中的位，可使得相关定时器执行超时事件的动作。

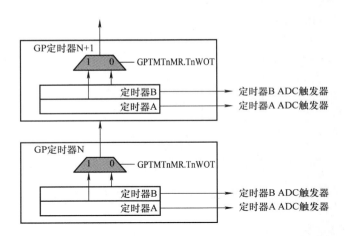

图 6-13　定时器菊花链

定时器被同步时，不会产生中断。如果一个定时器被用于级联模式，GPTMSYNC 寄存器中只有定时器 A 的位必须被设置。

注意，为了使该功能正常工作，所有的定时器必须使用相同的时钟源。在不同的模式下定时器被同步时，执行的超时事件的动作见表 6-18。

表 6-18　GPTM 模式的超时动作

模式	计数方向	超时动作
32 位单次（级联定时器）	—	N/A
32 位周期（级联定时器）	递减	计数值 = ILR
	递增	计数值 = 0
32 位 RTC（级联定时器）	递增	计数值 = 0
16 位单次（单个/分离定时器）	—	N/A
16 位周期（单个/分离定时器）	递减	计数值 = ILR
	递增	计数值 = 0
16 位边沿计数（单个/分离定时器）	递减	计数值 = ILR
	递增	计数值 = 0
16 位边沿计时（单个/分离定时器）	递减	计数值 = ILR
	递增	计数值 = 0
16 位 PWM	递减	计数值 = ILR

6. DMA 操作

每一个定时器都有一个专用的 μDMA 通道，并能向 μDMA 控制器提供一个请求信号。定时器通过其自身的 dma_req 信号产生脉冲请求。μDMA 给每个定时器提供 dma_done 信号以指示传输完成，并在 GPTM 原始中断状态（GPTMRIS）寄存器中触发 μDMA 完成中断（DMAnRIS）。该请求是突发类型。无论定时器原始中断情况何时发生，这个请求都可能发生。μDMA 传输的仲裁大小应设置为当一个定时器事件发生时应该传送的数据数量。

例如，要传输 256 个项目，每 10ms 就要传输 8 个项目，配置一个定时器在 10ms 的时候产生一个周期超时信号。配置共计 256 个项目的 μDMA 传输，突发数量为 8 个项目。每次定时器超时的时候，μDMA 控制器传输 8 个项目，直到所有 256 个项目传输完成。

GPTM DMA 事件（GPTMDMAEV）寄存器用以提供使能事件类型，可引起由定时器模块生效的 dma_req 信号。应用软件可以通过对每个定时器使用 GPTMDMAEV 寄存器，来对匹配、捕获或超时事件使能一个 dma_reg 触发。对于单独的定时器，所有已通过 GPTMD-MAEV 寄存器被使能的激活定时器触发事件，被一起"或"操作以创建发送到 μDMA 的单个 dma_reg 脉冲。当 μDMA 传输完成，dma_done 信号被发送到定时器，导致在 GPTMRIS 寄存器置位 DMAnRIS 位。

7. ADC 操作

当偏移量 0x00C 处 GPTMCTL 寄存器的 TnOTE 位被置位时，定时器能够触发 ADC。软件额外提供了 GPTM ADC 事件（GPTMADCEV）寄存器，可用于定义 ADC 触发类型。例如，通过设置 GPTMADCEV 寄存器的 CBMADCEN 位，无论 GPTM 块中何时产生一个捕获匹配事件，将发送一个触发脉冲到 ADC。与 μDMA 操作类似，所有已在 GPTMADCEV 寄存器中被使能的有效触发事件，被"或"在一起后产生一个 ADC 触发脉冲。

8. 访问级联的 16/32 位 GPTM 寄存器的值

通过在 GPTM 配置（GPTMCFG）寄存器的 GPTMCFG 位域中写入 0x0 或 0x1，以使 GPTM 处于级联模式。这两种配置中，某些 16/32 位 GPTM 寄存器级联形成伪 32 位寄存器。这些寄存器包括：GPTM 定时器 A 间隔装载（GPTMTAILR）寄存器 [15:0]、GPTM 定时器 B 间隔装载（GPTMTBILR）寄存器 [15:0]、GPTM 定时器 A（GPTMTAR）寄存器[15:0]、GPTM 定时器 B（GPTMTBR）寄存器 [15:0]、GPTM 定时器 A 值（GPTMTAV）寄存器 [15:0]、GPTM 定时器 B 值（GPTMTBV）寄存器 [15:0]、GPTM 定时器 A 匹配（GPT-MTAMATCHR）寄存器 [15:0] 和 GPTM 定时器 B 匹配（GPTMTBMATCHR）寄存器[15:0]。

在 32 位模式中，GPTM 把一个对 GPTMTAILR 的 32 位写访问转变为对 GPTMTAILR 和 GPTMTBILR 的写访问。这样一个写操作的结果字序列为

```
GPTMTBILR[15:0]:GPTMTAILR[15:0]
```

同样，对 GPTMTAR 的 32 位读取访问返回的值为

```
GPTMTBR[15:0]:GPTMTAR[15:0]
```

对 GPTMTAV 的 32 位读取访问返回的值为

```
GPTMTBV[15:0]:GPTMTAV[15:0]
```

6.3.4 初始化及配置

为了使用 GPTM，必须在 RCGCTIMER 寄存器中设置适当的 TIMERn 位。如果使用任何 CCP 引脚，必须通过 RCGCGPIO 寄存器使能到相应 GPIO 模块的时钟。配置 GPIOPCTL 寄存器里的 PMCn 字段，以分配 CCP 信号给相应的引脚。

本节为每种支持的定时器模式提供了模块初始化和配置示例。

1. 单次/周期定时器模式

将 GPTM 配置为单次和周期模式的步骤如下。

1）在做任何变化前，确保禁用定时器（清除 GPTMCTL 寄存器的 TnEN 位）。

2）在 GPTM 配置寄存器（GPTMCFG）中写入值 0x0000.0000。

3）配置 GPTM 定时器 n 模式寄存器（GPTMTnMR）的 TnMR 字段：在单次模式写入值 0x1；在周期模式写入值 0x2。

4）可选配置 GPTMTnMR 寄存器的 TnSNAPS、TnWOT、TnMTE 和 TnCDIR 位，以选择存放捕获到的独立运行定时器超时值的地方，使用外部触发以开始计数，配置额外的触发或中断，递增或递减计数。此外，如果使用 CCP 引脚，可以编程 TCACT 字段以配置比较操作。

5）将起始值装载到 GPTM 定时器 n 间隔装载寄存器（GPTMTnILR）。

6）如果需要中断，设置 GPTM 中断屏蔽寄存器（GPTMIMR）的相应位。

7）设置 GPTMCTL 寄存器的 TnEN 位，以使能定时器并开始计数。

8）轮询 GPTMRIS 寄存器或等待中断的产生（如果需要）。在这两种情况下，可以通过写入 1 到 GPTM 中断清零寄存器（GPTMICR）的相应位，以清零状态标志。

如果 GPTMTnMR 寄存器的 TnMIE 位被置位，GPTMRIS 寄存器的 RTCRIS 位被置位，定时器继续计数。在单次模式中，定时器在超时事件后停止计数。重复该过程，可以重新使能定时器。配置为周期模式的定时器，在超时事件后重新装载定时器并继续计数。

2. 实时时钟（RTC）模式

要使用 RTC 模式，定时器必须在偶数 CCP 输入引脚有一个 32.768kHz 输入信号。为使能 RTC 的功能特征，步骤如下。

1）在做任何变化前，确保禁用定时器（清除 TAEN 位）。

2）如果在此之前，定时器已经运行在不同的模式中，在重新配置之前清除 GPTM 定时器 n 模式（GPTMTnMR）寄存器的所有剩余设置。

3）在 GPTM 配置寄存器（GPTMCFG）中写入值 0x0000.0001。

4）在 GPTM 定时器 n 匹配寄存器（GPTMTnMATCHR）中写入匹配值。

5）根据需要设置/清除 GPTM 控制寄存器（GPTMCTL）的 RTCEN 和 TnSTALL 位。

6）如果需要中断，设置 GPTM 中断屏蔽寄存器（GPTMIMR）的 RTCIM 位。

7）设置 GPTMCTL 寄存器的 TAEN 位，以使能定时器并开始计数。

当定时器计数值等于 GPTMTnMATCHR 寄存器中的值时，GPTM 生效 GPTMRIS 寄存器的 RTCRIS 位并一直计数，直到定时器 A 被禁用或硬件复位。通过写 GPTMICR 寄存器的 RTCCINT 位来清除中断。需要注意的是，如果 GPTMTnILR 寄存器中装载了新值，定时器从这个新值开始计数且持续到 0xFFFF.FFFF，并在该点翻转。

3. 输入边沿计数模式

将定时器配置为输入边沿计数模式的步骤如下。

1）在做任何变化前，确保定时器被禁用（清除 TnEN 位）。

2）在 GPTM 配置（GPTMCFG）寄存器中写入值 0x0000.0004。

3）在 GPTM 定时器模式（GPTMTnMR）寄存器中，在 TnCMR 字段写入 0x0 并在 TnMR 字段写入 0x3。

4）通过写 GPTM 控制（GPTMCTL）寄存器的 TnEVENT 字段，来配置定时器捕获的事件类型。

5）根据计数方向编程寄存器。

① 在递减计数模式下，配置 GPTMTnMATCHR 和 GPTMTnPMR 寄存器，因此，GPTMT-nILR 和 GPTMTnPR 寄存器中值的差、GPTMTnMATCHR 和 GPTMTnPMR 寄存器中值的差，等于必须计数的边沿事件的数目。

② 在递增计数模式时，定时器从 0x0 计数到 GPTMTnMATCHR 和 GPTMTnPMR 寄存器中的值。需要注意的是，当执行一个递增计数时，GPTMTnPR 和 GPTMTnILR 中的值必须大于 GPTMTnPMR 和 GPTMTnMATCHR 中的值。

6）如果需要中断，设置 GPTM 中断屏蔽（GPTMIMR）寄存器中的 CnMIM 位。

7）设置 GPTMCTL 寄存器中的 TnEN 位，来使能定时器并开始等待边沿事件。

8）轮询 GPTMCTL 寄存器中的 CnMRIS 位或等待中断的产生（如果被使能）。在这两种情况下，通过向 GPTM 中断清除（GPTMICR）寄存器的 CnMCINT 位写入 1，来清除状态标志。

当在输入边沿计数模式中进行递减计数时，定时器检测到边沿事件编程数目时停止。为重新使能定时器，确保 TnEN 位被清除并重复步骤 4~8。

4. 输入边沿计时模式

定时器按下列步骤配置成输入边沿计时模式。

1）在做任何变化前，确保禁用定时器（清除 TnEN 位）。

2）在 GPTM 配置（GPTMCFG）寄存器中写入值 0x0000.0004。

3）在 GPTM 定时器模式（GPTMTnMR）寄存器中，在 TnCMR 字段写入 0x1 及 TnMR 字段写入 0x3，并且通过编程 TnCDIR 位选择计数方向。

4）通过写 GPTM 控制（GPTMCTL）寄存器的 TnEVENT 字段，来配置定时器捕获的事件类型。

5）如果需要使用预分频器，在 GPTM 定时器 n 预分频寄存器（GPTMTnPR）中写入一个预分频值。

6）向 GPTM 定时器 n 间隔装载（GPTMTnILR）寄存器中装载定时器的初始值。

7）如果需要中断，置位 GPTM 中断屏蔽（GPTMIMR）寄存器的 CnEIM 位。

8）置位 GPTM 控制（GPTMCTL）寄存器的 TnEN 位，以使能定时器并开始计数。

9）轮询 GPTMRIS 寄存器的 CnERIS 位或等待中断的产生（如果被使能）。在这两种情况下，通过向 GPTM 中断清除（GPTMICR）寄存器的 CnECINT 位写入 1，来清除状态标志。通过读取 GPTM 定时器 n（GPTMTnR）寄存器可以获得事件发生的时间。

在输入边沿计时模式，检测到边沿事件后定时器继续运行，但可通过写 GPTMTnILR 寄存器及清除 GPTMTnMR 寄存器的 TnILD 位来随时改变定时器的间隔。改变在写入之后的下一个周期生效。

5. PWM 模式

定时器通过下列步骤被配置为 PWM 模式。

1）在做任何变化前，确保禁用定时器（清除 TnEN 位）。

2）在 GPTM 配置（GPTMCFG）寄存器中写入值 0x0000.0004。

3）在 GPTM 定时器模式（GPTMTnMR）寄存器中，设置 TnAMS 位为 0x1、TnCMR 位为 0x0 及 TnMR 字段为 0x2。

4）在 GPTM 控制（GPTMCTL）寄存器的 TnPWML 字段配置 PWM 信号的输出状态（是否翻转）。

5）如果需要使用预分频器，在 GPTM 定时器 n 预分频寄存器（GPTMTnPR）中写入一个预分频值。

6）如果需要使用 PWM 中断，在 GPTMCTL 寄存器的 TnEVENT 字段配置中断条件，并通过设置 GPTMTnMR 寄存器的 TnPWMIE 位使能中断。注意当 PWM 输出被翻转时，边沿检测中断行为将被翻转。

7）装载定时器起始值到 GPTM 定时器 n 间隔装载（GPTMTnILR）寄存器。

8）装载匹配值到 GPTM 定时器 n 匹配（GPTMTnMATCHR）寄存器中。

9）置位 GPTM 控制（GPTMCTL）寄存器的 TnEN 位，以使能定时器并开始产生 PWM 输出信号。

在 PWM 计时模式中，当 PWM 信号产生后，定时器继续运行。通过写 GPTMTnILR 寄存器可随时调整 PWM 周期，改变将会在写入的下一个周期生效。

6.3.5　例程

利用通用定时器的周期定时功能，产生周期性中断，在中断处理程序中控制 LaunchPad 开发板的板载 LED 发光二极管 D2，D2 被 GPIO 的 PN0 引脚控制。

编程实现：定时器产生定时中断，D2 闪烁。

由于要使用定时器中断，因此必须在 startup _ ccs.c 中声明 extern void Timer0IntHandler（void），并修改中断向量表，将相应的 IntDefaultHandler 改为 Timer0IntHandler。

为使用"TivaWare _ C _ Series-2.1.0.12573"里中断分配的宏文件，必须在 CCS 中根据相应头文件设置"预定义符号"或修改头文件。

```
#include <stdint.h>
#include <stdbool.h>
#include "inc/hw _ types.h"
#include "inc/hw _ memmap.h"
#include "driverlib/sysctl.h"
#include "driverlib/gpio.h"
#include "inc/hw _ ints.h"
#include "driverlib/interrupt.h"
#include "driverlib/timer.h"

//定义发光二极管管脚
#define D2 GPIO _ PIN _ 0
int Flag = 0;

    //定时器 0 中断处理
void Timer0 IntHandler (void)
{
    TimerIntClear (TIMER0 _ BASE,TIMER _ TIMA _ TIMEOUT);   //清除定时器中断
```

```
    if(Flag)                        //LED 闪烁
        GPIOPinWrite(GPIO _ PORTN _ BASE,D2,D2);
    else
        GPIOPinWrite(GPIO _ PORTN _ BASE,D2,0);
    Flag =~Flag;
}

void main(void)
{
    SysCtlClockFreqSet(SYSCTL _ XTAL _ 25MHZ |SYSCTL _ OSC _ MAIN |SYSCTL _
USE _ PLL | SYSCTL _ CFG _ VCO _ 480,120000000);//设置系统时钟

    SysCtlPeripheralEnable(SYSCTL _ PERIPH _ GPION);   //使能 LED 用 GPIO 端口
    GPIOPinTypeGPIOOutput(GPIO _ PORTN _ BASE,D2);     //LED 用 GPIO 为数字量
                                                           输出

    SysCtlPeripheralEnable(SYSCTL _ PERIPH _ TIMER0); //使能定时器 0 外设
    IntMasterEnable();                                //使能处理器中断

    TimerConfigure(TIMER0 _ BASE,TIMER _ CFG _ PERIODIC);//配置 32 位周期定
                                                         时器
    TimerLoadSet(TIMER0 _ BASE,TIMER _ A,SysCtlClockGet());//设置定时器时间

    IntEnable(INT _ TIMER0A);//使能定时器中断
    TimerIntEnable(TIMER0 _ BASE,TIMER _ TIMA _ TIMEOUT);//使能定时器溢出中断

    TimerEnable(TIMER0 _ BASE,TIMER _ A);             //使能定时器 0

    while(1)
    {
    }
}
```

6. 4 看门狗定时器

看门狗定时器（WDT）可以产生非屏蔽中断（NMI），当达到一个超时值时会产生规律的中断或复位。当系统因为软件错误或外部设备故障而崩溃时，看门狗定时器被用于按预定

方式收回控制。TM4C1294NCPDT 微控制器有两个看门狗定时器模块,一个模块(看门狗计时器 0)由系统时钟作时钟信号,另一个模块(看门狗定时器 1)由被系统控制偏移量 0x138 处的复用时钟配置(ALTCLK)寄存器中 ALTCLK 字段编程的时钟源提供时钟信号。这两个模块完全相同,除了 WDT1 在不同的时钟域,因此需要同步器。结果,WDT1 在看门狗定时器控制(WDTCTL)寄存器中,定义一位来指示 WDT1 寄存器的写入何时完成。软件可以使用该位,以确保先前的访问在开始下次访问之前已经完成。

　　TM4C1294NCPDT 控制器的两个看门狗定时器模块有如下特征:带可编程装载寄存器的 32 位递减计数;带使能的独立看门狗时钟;带中断屏蔽和可选 NMI 功能的可编程中断产生逻辑;防止软件跑飞的锁定寄存器保护;带启用/禁用的复位产生逻辑;在调试中,当微控制器生效 CPU 停止标志时,用户使能的暂停。

　　配置看门狗定时器可以在第一次超时时产生一个中断,并在第二次超时时产生复位信号。一旦看门狗定时器配置完成后,可以写锁定寄存器以防止定时器配置被意外更改。

6.4.1　模块框图

WDT 模块框图如图 6-14 所示。

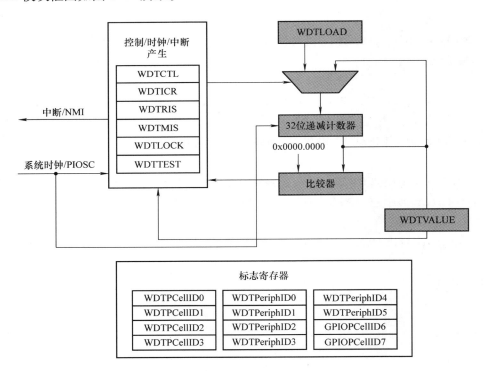

图 6-14　WDT 模块框图

6.4.2　功能描述

　　当 32 位计数器被使能后达到零状态,看门狗定时器模块产生第一个超时信号;使能计数器的同时,也会使能看门狗定时器中断。使用 WDTCTL 寄存器的 INTTYPE 位可以将看门狗中断编程为一个非屏蔽中断（NMI）。第一次超时事件后，32 位计数器将会重新装载看门狗定时器装载（WDTLOAD）寄存器中的值，定时器从该值重新递减计数。一旦完成看门狗定时器配置，将写入看门狗定时器锁定（WDTLOCK）寄存器，以防止软件意外更改定时器配置。

如果定时器在第一次超时中断被清除之前，又递减计数到零状态，并通过设置 WDTCTL 寄存器的 RESEN 位以使能复位信号，看门狗定时器对系统生效复位信号。如果在 32 位计数器到达第二次超时之前清除中断，32 位计数器将会装载 WDTLOAD 寄存器中的值，并从该值重新计数。当看门狗定时器计时器计数时，如果 WDTLOAD 写入一个新值，那么计数器将会加载该新值并继续计数。

写入 WDTLOAD 并不会清除有效的中断。中断必须通过写看门狗中断清除（WDTICR）寄存器以进行指定的清除。可以根据需要，使能或禁止看门狗模块的中断和复位产生。当重新使能中断时，32 位计数器预装了装载寄存器的值且不是它最后的状态。

复位后默认禁用看门狗定时器。为了最好地实现设备的看门狗保护，可在复位向量开始时使能看门狗定时器。

因为看门狗定时器 1（WDT1）模块有独立的时钟域，在两次写入它的寄存器之间，必须有时间间断。软件必须保证，在背靠背的两次写 WDT1 寄存器之间，或先写后读寄存器之间，插入该延迟。从 WDT1 模块的背靠背读的时序没有限制。WDT1 的看门狗控制（WDTCTL）寄存器中 WRC 位指示已经用掉的所需时间间隔。写操作清除该位，并且在写操作完成后立即置位，指示软件可以安全开始另外写入或读取。软件在访问其他寄存器前，应该先轮询 WDTCTL 的 WRC ＝1。注意 WDT0 没有这个限制，因为它由系统时钟驱动。

6.4.3　初始化及配置

为使用 WDT，必须通过设置看门狗定时器运行模式时钟门控控制（RCGCWD）寄存器的 Rn 位，来使能它的外设时钟。配置看门狗定时器的步骤如下。

1）在 WDTLOAD 寄存器中装载期望的定时器装载值。

2）如果是 WDT1，等待置位 WDTCTL 寄存器的 WRC 位。

3）设置 WDTCTL 寄存器的 INTEN 位（如果需要中断）或 RESEN 位（如果在两个超时后需要复位）。任何一个被使能时，看门狗定时器都会启动。

如果软件需要锁定所有的看门狗寄存器，写任意值到 WDTLOCK 寄存器即可。要解锁看门狗定时器，则写入值 0x1ACC.E551。

为了服务看门狗（俗称"喂狗"），周期性地向 WDTLOAD 寄存器重新加载计数值以重新开始计数。如果喂看门狗不够频繁时，通过使用 WDTCTL 寄存器中的 INTEN 位可以中断使能，将会允许处理器尝试校正动作。如果使用中断服务程序不可恢复故障，可设置 WDTCTL 中的 RESEN 位复位系统。

注意，应用程序必须确保当 WDT1 被使能并运行时，不要修改 ALTCLKCFG 寄存器中的 ALTCLK 编码。

153

6.4.4 例程

利用看门狗定时器功能,在看门狗定时器中断服务程序中清除看门狗定时器中断,防止系统复位。在看门狗定时器中断服务程序中变换 LaunchPad 开发板的板载 LED 发光二极管 D1 的控制信号,D1 被 GPIO 的 PN1 引脚控制。

由于要使用 Watchdog 中断,因此必须在 startup_ccs.c 中声明 extern void Watchdog-IntHandler(void),并修改中断向量表,将对应 Watchdog 的 IntDefaultHandler 改为 Watchdog-IntHandler。

为使用"TivaWare_C_Series-2.1.0.12573"里中断分配的宏文件,必须在 CCS 中根据相应头文件设置"预定义符号",或修改头文件。

编程实现:D1 闪烁。

```c
#include <stdint.h>
#include <stdbool.h>
#include "inc/hw_types.h"
#include "inc/hw_memmap.h"
#include "driverlib/sysctl.h"
#include "driverlib/gpio.h"
#include "inc/hw_ints.h"
#include "driverlib/interrupt.h"
#include "driverlib/watchdog.h"
#include "driverlib/pin_map.h"
#include "driverlib/rom_map.h"


//定义发光二极管引脚
#define D1GPIO_PIN_1

unsignedlong ulSysClock;

//watchdog 中断处理,喂狗以防止 CPU 复位
voidWatchdogIntHandler(void)
{
    WatchdogIntClear(WATCHDOG0_BASE);          //清除 Watchdog 中断
    GPIOPinWrite(GPIO_PORTN_BASE,D1,(GPIOPinRead(GPIO_PORTN_
BASE,D1)^D1));
}

int main(void)
{
```

```
    ulSysClock = MAP _ SysCtlClockFreqSet(SYSCTL _ XTAL _ 25MHZ |SYSCTL _
OSC _ MAIN
 |SYSCTL _ USE _ PLL |SYSCTL _ CFG _ VCO _ 480,120000000);    //设置系统时钟

    SysCtlPeripheralEnable(SYSCTL _ PERIPH _ WDOG0);    //使能外设
    SysCtlPeripheralEnable(SYSCTL _ PERIPH _ GPION);

    IntMasterEnable();                                  //使能处理器中断

    GPIOPinTypeGPIOOutput(GPIO _ PORTN _ BASE,D1);      //LED
GPIOPinWrite(GPIO _ PORTN _ BASE,D1,0);

IntEnable(INT _ WATCHDOG);                              //使能 Watchdog 中断
WatchdogReloadSet(WATCHDOG0 _ BASE,ulSysClock);        //设置 Watchdog 定时器
                                                         周期

WatchdogResetEnable(WATCHDOG0 _ BASE);                 //使能 Watchdog 定时器
                                                         复位产生

WatchdogEnable(WATCHDOG0 _ BASE);                      //使能 Watchdog 定时器

while(1)
    {
    }
}
```

6.5　脉冲宽度调制器

脉冲宽度调制（PWM）是一种对模拟信号电平进行数字编码的有效技术。利用高精度计数器产生方波，调制方波的占空比以对模拟信号进行编码。其典型应用包括开关电源和电机控制。

TM4C1294NCPDT 微控制器包含一个 PWM 模块，带四个 PWM 发生器块和一个控制块，共有 8 路 PWM 输出。控制块决定了 PWM 信号的极性以及哪个信号从引脚输出。

每个 PWM 发生器块产生两路分享相同定时器和频率的 PWM 信号，并能够被编程为独立动作或者作为一对带有死区延迟插入且互补的信号。PWM 发生器块产生的输出信号 pwmA′和 pwmB′，在被传到设备引脚前被输出控制块控制，如 MnPWM0 和 MnPWM1，或者 MnPWM2 和 MnPWM3 等。

TM4C1294NCPDT 微控制器的 PWM 模块提供了极大的灵活性，并能产生较简单的 PWM 信号，如在一个简单的电荷泵装置中需要的带有死区延迟的成对 PWM 信号，以及半 H 桥驱动器所需的信号。利用三个发生器块也可以产生三相逆变桥电路所需要的全六路门极控制

信号。

每个 PWM 发生器块有以下特点。

1）4 个故障条件处理的输入，能快速提供低延迟关闭，防止损坏控制中的电机。

2）一个 16 位计数器，工作在递减计数或者递增/递减计数模式；一个 16 位装载值控制输出频率；能够同步装载值的更新；产生的输出信号在零和装载值之间。

3）两个 PWM 比较器，可以同步更新比较器的值；产生匹配的输出信号。

4）PWM 信号发生器，以计数器和 PWM 比较器输出信号的动作结果为基础，构建输出 PWM 信号；产生两路独立的 PWM 信号。

5）死区发生器，产生适合驱动半 H 桥电路的两路带有可编程死区延时的 PWM 信号；可以被旁路，使输入 PWM 信号不经过任何修改。

6）能够启动一个 ADC 采样序列。

控制块决定了 PWM 信号的极性以及哪路信号通过引脚输出。PWM 发生器块的输出在被送到设备引脚前由输出控制块控制。PWM 控制块具有以下选项。

1）每个 PWM 信号的 PWM 输出使能。

2）每个 PWM 信号的可选输出翻转（极性控制）。

3）每个 PWM 信号可选故障处理。

4）PWM 发生器块中，定时器的同步。

5）PWM 发生器块中，定时器/比较器的同步更新。

6）PWM 发生器块中，定时器/比较器更新的扩展 PWM 同步。

7）PWM 发生器块的中断状态汇总。

8）扩展 PWM 故障处理，包括多种故障信号，可编程极性和过滤。

9）PWM 发生器可独立操作或者与其他发生器同步操作。

6.5.1　模块框图

TM4C1294NCPDT 的 PWM 模块如图 6-15 所示，包含 4 个 PWM 发生器块，可以产生 8 路独立的 PWM 信号或者 4 对带有死区延时的 PWM 信号。

TM4C1294NCPDT 的 PWM 发生器详细框图如图 6-16 所示。

6.5.2　信号描述

PWM 模块的外部信号及功能描述见表 6-19。PWM 控制器信号是某些 GPIO 信号的复用功能，并且在复位时默认为 GPIO 信号。表 6-19 的"引脚复用/引脚分配"栏中列出了可能放置这些 PWM 信号的 GPIO 引脚。应置位 GPIO 复用功能选择（GPIOAFSEL）寄存器中的 AFSEL 位，以选择 PWM 功能。括号中的数字是必须编程到 GPIO 端口控制（GPIOPCTL）寄存器中的 PMCn 字段，以分配 PWM 信号给指定的 GPIO 端口引脚。

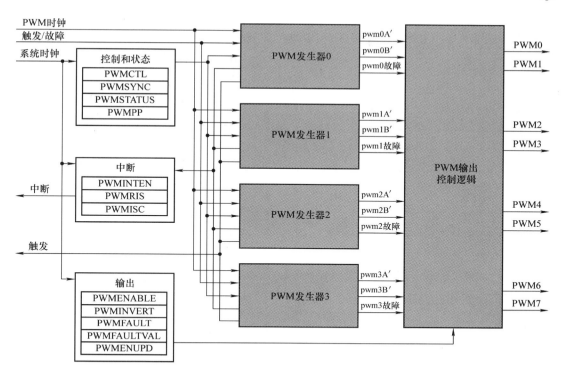

图 6-15　PWM 模块框图

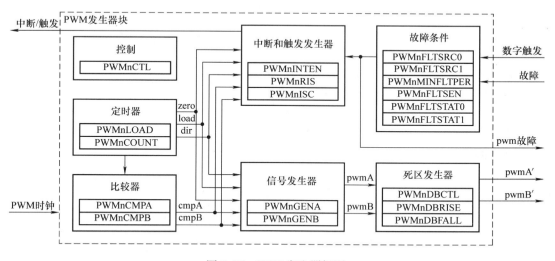

图 6-16　PWM 发生器框图

表 6-19　**PWM 信号**（128TQFP）

引脚名称	引脚编号	引脚复用/引脚分配	引脚类型	缓冲类型	描述
M0FAULT0	46	PF4（6）	I	TTL	运动控制模块 0 的 PWM 故障 0
M0FAULT1	61	PK6（6）	I	TTL	运动控制模块 0 的 PWM 故障 1

（续）

引脚名称	引脚编号	引脚复用/引脚分配	引脚类型	缓冲类型	描述
M0FAULT2	60	PK7（6）	I	TTL	运动控制模块 0 的 PWM 故障 2
M0FAULT3	81	PL0（6）	I	TTL	运动控制模块 0 的 PWM 故障 3
M0PWM0	42	PF0（6）	O	TTL	运动控制模块 0 的 PWM0，该信号被模块 0 的 PWM 发生器 0 控制
M0PWM1	43	PF1（6）	O	TTL	运动控制模块 0 的 PWM1，该信号被模块 0 的 PWM 发生器 0 控制
M0PWM2	44	PF2（6）	O	TTL	运动控制模块 0 的 PWM2，该信号被模块 0 的 PWM 发生器 1 控制
M0PWM3	45	PF3（6）	O	TTL	运动控制模块 0 的 PWM3，该信号被模块 0 的 PWM 发生器 1 控制
M0PWM4	49	PG0（6）	O	TTL	运动控制模块 0 的 PWM4，该信号被模块 0 的 PWM 发生器 2 控制
M0PWM5	50	PG1（6）	O	TTL	运动控制模块 0 的 PWM5，该信号被模块 0 的 PWM 发生器 2 控制
M0PWM6	63	PK4（6）	O	TTL	运动控制模块 0 的 PWM6，该信号被模块 0 的 PWM 发生器 3 控制
M0PWM7	62	PK5（6）	O	TTL	运动控制模块 0 的 PWM7，该信号被模块 0 的 PWM 发生器 3 控制

6.5.3 功能描述

1. 时钟配置

PWM 有两个时钟源可供选择：系统时钟和预分频系统时钟。

通过编程 PWM 时钟配置（PWMCC）寄存器中的 USEPWM 位来选择时钟源。位域 PWMDIV 指定了产生 PWM 时钟信号的系统时钟信号的分频因子。

2. PWM 定时器

每个 PWM 发生器中的定时器运行在两种模式之一：递减计数模式或递增/递减计数模式。在递减计数模式时，定时器从装载值计数到 0，然后再变回装载值，并继续递减计数。在递增/递减计数模式时，定时器从零递增计数到装载值，然后递减到 0，再从 0 递增到装载值等。一般来说，递减计数模式用于生成左或右对齐的 PWM 信号，而递增/递减计数模式则用于产生中心对齐的 PWM 信号。

定时器输出三个信号用于 PWM 的产生过程：方向信号（在递减计数模式时，该信号一直是低电平；但在递增/递减计数模式时该信号在高低电平间变化），当计数器为 0 时产生一个单时钟周期宽度的高脉冲，以及当计数器的值等于装载值时产生一个单时钟周期宽度的高脉冲。注意，在递减计数模式下，装载脉冲是紧跟在零脉冲后面的。本章图中，这些信号用"dir""zero"和"load"标识。

3. PWM 比较器

　　每一个 PWM 发生器有两个比较器用于监视计数器的值。当任一比较器的值和计数器的值相等时，它们输出一个单时钟周期宽度的高脉冲，在本章的图中标识为"cmpA"和"cmpB"。在递增/递减模式中，比较器在递增计数和递减计数时都会匹配，因此通过计数器方向的信号来限制。这些限制脉冲被用于 PWM 的产生过程。如果任何一个比较器的匹配值大于计数器的装载值，则该比较器从不输出高脉冲。

　　计数器工作在递减计数模式下的状态以及这些脉冲之间的关系如图 6-17 所示。

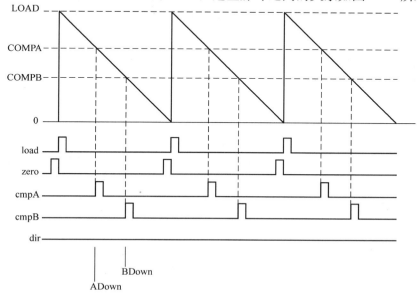

图 6-17　PWM 递减计数模式

　　计数器工作在递增/递减计数模式下的状态以及这些脉冲之间的关系如图 6-18 所示。

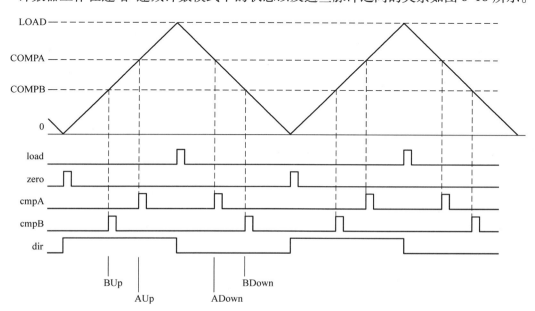

图 6-18　PWM 递增/递减计数模式

图 6-17 和图 6-18 中用到的符号定义如下。

1）LOAD 是 PWMnLOAD 寄存器中的值。

2）COMPA 是 PWMnCMPA 寄存器中的值。

3）COMPB 是 PWMnCMPB 寄存器中的值。

4）0 是零的值。

5）load 是内部信号，当计数器的值与装载值相等时产生的单时钟周期宽度的高脉冲。

6）zero 是内部信号，当计数器的值等于 0 时产生的单时钟周期宽度的高脉冲。

7）cmpA 是内部信号，当计数器的值等于 CMPA 时产生的单时钟周期宽度的高脉冲。

8）cmpB 是内部信号，当计数器的值等于 CMPB 时产生的单时钟周期宽度的高脉冲。

9）dir 是指示计数器计数方向的内部信号。

4. PWM 信号发生器

每一个 PWM 发生器根据 load、zero、cmpA 和 cmpB 脉冲（由 dir 信号限制），产生两路内部 PWM 信号：pwmA 和 pwmB。在递减计数模式中，共有四个事件会影响这些信号：zero、load、匹配 A 递减和匹配 B 递减。在递增/递减计数模式，共有六个事件会影响这些信号：zero、load、匹配 A 递减、匹配 A 递增、匹配 B 递减和匹配 B 递增。当匹配 A 或者匹配 B 事件与 zero 或 load 事件一致时，它们将被忽略。如果匹配 A 事件和匹配 B 事件一致，则以匹配 A 事件为基础产生第一个信号（pwmA），以匹配 B 事件为基础产生第二个信号（pwmB）。

对于每个事件，可以编程每路输出 PWM 信号的效果：可以不变（忽略该事件），可以被触发，可以被驱动为低电平或高电平。用这些动作可以产生一对不同位置和占空比的 PWM 信号，这些信号重叠或者不重叠。利用递增/递减计数模式来产生一对中心对齐、重叠且具有不同占空比的 PWM 信号如图 6-19 所示。该图中的 pwmA 和 pwmB 信号为通过死区发生器前的信号。

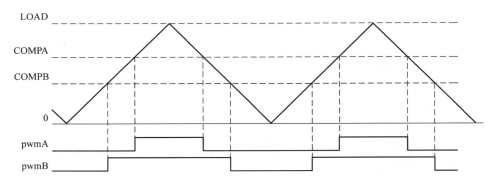

图 6-19　递增/递减计数模式下的 PWM 产生示例

在该例中，第一个发生器被设置在匹配 A 递增时驱动高电平，在匹配 A 递减时驱动低电平，并忽略其他四个事件。第二个发生器被设置在匹配 B 递增时驱动高电平，在匹配 B 递减时驱动低电平，并忽略其他四个事件。改变比较器 A 的值即改变 pwmA 信号的占空比，改变比较器 B 的值即改变 pwmB 信号的占空比。

5. 死区发生器

由每个 PWM 发生器产生的 pwmA 和 pwmB 信号被传送到死区发生器。如果死区发生器被禁用，则 PWM 信号不加修改地传送信号 pwmA′ 和 pwmB′。如果死区发生器被启用，则 pwmB 信号被丢弃并产生两路以 pwmA 信号为基础的 PWM 信号。第一路输出的 PWM 信号是 pwmA′，该信号是上升沿延迟了可编程数量的 pwmA 信号。第二路输出信号为 pwmB′，该信号是 pwmA 信号的翻转，并在 pwmA 信号的下降沿和 pwmB′ 信号的上升沿之间增加了一个可编程的延迟。

最终的信号是一对高电平有效的信号，其中之一始终为高，除了在转换时的可编程期间两者都为低。因此，这些信号适合于驱动半 H 桥，带死区延时以防止短路电流损坏电力电子器件。pwmA 信号经过死区发生器后的效果，及pwmA′和pwmB′信号传输到输出控制块的结果如图 6-20 所示。

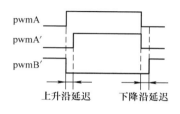

图 6-20 PWM 死区发生器

6. 中断/ADC 触发选择器

每个 PWM 发生器需要同样的四个（或六个）计数器事件，并利用它们来产生中断或 ADC 触发。这些事件的任何一个或者一组都可以被选作中断源；当选中的任何一个事件发生时，产生中断。此外，相同的事件、不同的事件、相同的事件组、不同的事件组都可以被选为 ADC 触发器的源；当发生任何一个被选择的事件，便会产生一个 ADC 触发脉冲。选择的事件允许在 pwmA 或者 pwmB 信号中的特定位置产生中断或者 ADC 触发。注意，中断和 ADC 触发是基于原始事件；由死区发生器在 PWM 信号边缘产生的延迟不考虑在内。

7. 同步方法

PWM 模块提供 4 个 PWM 发生器，每个发生器分别提供两路 PWM 输出用于各种各样的应用场合。通常说来，PWM 一般用于以下两种操作之一。

1）非同步。PWM 发生器和它的两个输出信号被独立使用，不依赖其他 PWM 发生器。

2）同步。PWM 发生器及它的两个输出信号为了和其他 PWM 发生器配合使用，采用通用的、统一的时间基准。如果多 PWM 发生器配置了相同的计数器装载值，同步操作可用于保证它们有同样的计数值（必须在同步之前配置 PWM 发生器）。根据这种特性，因为计数器始终具有相同的值，则可以在这些信号的边沿之间使用已知关联来产生超过两个 Mn-PWMn 信号。该模块中的其他情况提供了相应机制来维护通用的时间基准及相互的同步。

通过写 PWM 时间基准同步（PWMSYNC）寄存器及设置和发生器相关的 SYNCn 位，可以复位 PWM 发生器中的计数器到零。多路 PWM 发生器可以通过在一次访问中设置所有必要的 SYNCn 位来实现同步。例如，设置 PWMSYNC 寄存器的 SYNC0 位和 SYNC1 位，会将 PWM 发生器 0 和 PWM 发生器 1 的计数器同时复位。

按以下三种方式之一更新寄存器的内容，能够实现另外的多路 PWM 发生器之间的同步。

1）立即。写入值有立即效果，并且硬件立即做出反应。

2）本地同步。计数器的值在 PWM 周期结束时达到零之前写入的值不会影响逻辑。在这种情况下，写入值的影响会被延迟，以提供一个有保障的定义行为，并防止过短或过长的输出 PWM 脉冲。

3）全局同步。两个连续事件发生前的写入值不会影响逻辑:①发生器功能的更新模式在 PWMnCTL 寄存器中被编程为全局同步;②PWM 周期结束时计数器的值达到零。在这种情况下,写入的影响会被延迟,直到跟随所有更新结束的 PWM 周期结束。该模式允许多个 PWM 发生器的多个项目同时更新,而不会有无法预测的影响;所有内容都运行于旧值,直到某点才运行于新值。可以独立设定每个 PWM 发生器块中的装载值和比较器匹配值的更新模式。当这些块中的定时器同步时,使用穿过 PWM 发生器块的同步更新机制很有意义,尽管这对于功能完全的机制并不是必需的。

以下寄存器提供了本地或全局的同步,基于不同更新模式位的状态和 PWMnCTL 寄存器的字段（LOADUPD、CMPAUPD 和 CMPBUPD）:发生器寄存器 PWMnLOAD、PWMnCMPA 和 PWMnCMPB。

以下寄存器默认为立即更新,但提供了可选的同步更新,而不是让所有的更新立即生效。

① 模块级寄存器:PWMENABLE（基于 PWMENUPD 寄存器中 ENUPDn 位的状态）。

② 发生器寄存器:PWMnGENA、PWMnGENB、PWMnDBCTL、PWMnDBRISE 和 PWMnDBFALL（基于不同更新模式位的状态和寄存器 PWMnCT 的字段（GENAUPD、GEN-BUPD、DBCTLUPD、DBRISEUPD 和 DBFALLUPD））。

所有其他寄存器被认为是对应用程序执行的静态资源,或者被动态地用于某些与保持同步无关的目的,因此不需要同步更新功能。

8. 故障条件

故障条件是必须通知系统中的控制器,以停止正常运行的 PWM 功能,并随后设置 Mn-PWMn 信号为一个安全状态,以下两种基本情况会导致故障条件发生。

1）微处理器失控,并且无法在规定的时间内为运动控制进行必要的计算。

2）检测到外部错位或事件。

PWM 发生器能使用下列输入来产生故障条件。

1）MnFAULTn 引脚生效。

2）由调试器引起的控制器失控。

3）ADC 数字比较器的触发。

故障条件在每个 PWM 发生器内部形成。每个 PWM 发生器配置必要的条件,表明存在一个故障条件。这种方法允许独立或非独立控制的应用开发。

有四个故障输入引脚（MnFAULTn）可用。这些输入可以与产生高有效或低有效电平以指示故障条件的电路一起使用。使用 PWMnFLTSEN 寄存器可单独编程 MnFAULTn 引脚的相应逻辑电平。

在 PWMnCTL 寄存器中,提供 PWM 发生器的模式控制包括故障条件处理。这个寄存器决定了是输入亦或 MnFAULTn 输入信号的组合和/或数字比较触发器（被 PWMnFLTSRC0 和 PWMnFLTSRC1 寄存器配置）,被用于产生故障条件。PWMnCTL 寄存器也选择是否当外部条件持续时,一直维持故障条件,或者它一直被锁存直到故障条件被软件清除。最后,该寄存器还可以使能一个计数器,来延伸外部事件的故障条件周期,以确保持续时间为最小值,在 PWMnMINFLTPER 寄存器中确定最小故障周期计数值。

注意,当使用 ADC 数字比较器作为故障源时,PWMnCTL 寄存器中的 LATCH 和 MIN-

FLTPER 位应被设置为 1，以确保捕获到触发有效信号。

寄存器 PWMnFLTSTAT0 和 PWMnFLTSTAT1 提供具体故障原因的状态。需要注意，故障状态寄存器 PWMnFLTSTAT0 和 PWMnFLTSTAT1，反映了所有故障源的状态，无论是特定发生器的哪个被使能的故障源。通过使用 PWMINTEN 寄存器，PWM 发生器的故障条件可能产生控制器中断。

9. 输出控制块

pwmA′ 和 pwmB′ 信号作为 MnPWMn 信号送往引脚前，输出控制块进行 pwmA′ 和 pwmB′ 信号的最终调节。通过一个单个寄存器即 PWM 输出使能（PWMENABLE）寄存器，可以修改实际被送到引脚的 PWM 信号组。使用该功能，如通过单个寄存器写以实现无刷直流电机的换向（无须修改单独的 PWM 发生器，而是通过反馈控制回路修改）。另外，通过使用 PWM 使能更新（PWMENUPD）寄存器，可以配置 PWMENABLE 寄存器位的更新为立即、局部或全局同步到下一个同步更新。

在故障条件下，PWM 输出信号 MnPWMn 通常必须被驱动到安全值，这样可以安全地控制外部设备。PWMFAULT 寄存器决定无论是否处于故障条件下，产生的信号继续被驱动或按 PWMFAULTVAL 寄存器指定的编码传送。

任何一个 MnPWMn 信号都可以应用最终的翻转，使用 PWM 输出翻转（PWMINVERT）寄存器将使它们用低电平有效代替默认的高电平有效。即使某值在 PWMFAULT 寄存器中被使能，在寄存器 PWMFAULTVAL 中被指定，也可应用翻转。换句话说，如果 PWMFAULT、PWMFAULTVAL 和 PWMINVERT 寄存器中的某位被置位，PWMFAULTVAL 寄存器指定 MnPWMn 信号的输出为 0，而不是 1。

6.5.4　初始化及配置

下例说明了如何初始化 PWM 发生器 0 并在 MnPWM0 引脚产生一个频率为 25kHz、占空比为 25% 的 PWM 信号，以及在 MnPWM1 引脚上的占空比为 75%。该例假设系统时钟为 20MHz。

1）在系统控制模块中设置 RCGCPWM 寄存器中相应的位，来使能 PWM 时钟。

2）通过系统控制模块中的 RCGCGPIO 寄存器，来使能合适 GPIO 模块的时钟。

3）在 GPIO 模块中，使用 GPIOAFSEL 寄存器使能复用功能的合适引脚。

4）配置 GPIOPCTL 寄存器里的 PMCn 字段，来分配 PWM 信号到适当的引脚。

5）配置 PWM 时钟配置（PWMCC）寄存器，以使用 PWM 分频（USEPWMDIV）并设置分频系数（PWMDIV）为 2 分频（0x0）。

6）配置 PWM 发生器为递减计数模式并立即更新参数。写 PWM0CTL 寄存器的值为 0x0000.0000，写 PWM0GENA 寄存器的值 0x0000.008C，写 PWM0GENB 寄存器的值 0x0000.080C。

7）设置周期。对于 25kHz 频率，周期为 1/25000s 或 40μs。PWM 时钟源为 10MHz，系统时钟为 2 分频。因此每个周期有 400 个时钟节拍。使用该值设置 PWM0LOAD 寄存器。在递减计数模式下，设置 PWM0LOAD 寄存器中的 LOAD 字段为请求的周期减 1。写 PWM0LOAD 寄存器的值为 0x0000.018F。

8）设置 MnPWM0 引脚的脉冲宽度为 25% 的占空比。写 PWM0CMPA 寄存器的值为

0x0000.012B。

9）设置 MnPWM1 引脚的脉冲宽度为 75% 的占空比。写 PWM0CMPB 寄存器的值为 0x0000.0063。

10）启动 PWM 发生器 0 的定时器。写 PWM0CTL 寄存器的值为 0x0000.0001。

11）使能 PWM 输出。写 PWMENABLE 寄存器的值为 0x0000.0003。

6.5.5　例程

通过 LaunchPad 开发板的 PWM 接口产生 PWM 信号，PWM 接口用 M0PWM1 和 M0P-WM2，分别对应 PF1 和 PF2 引脚。相应的 PWM 发生器为 0 和 1，分别用递减计数模式和递增/递减计数模式。

编程实现：产生两路 PWM 信号，每路的频率和占空比各不相同，利用示波器观察输出 PWM 信号。

```
#include < stdint.h >
#include < stdbool.h >
#include "inc/hw_types.h"
#include "inc/hw_memmap.h"
#include "driverlib/sysctl.h"
#include "driverlib/gpio.h"
#include "driverlib/pwm.h"
#include "driverlib/pin_map.h"

int main(void)
{
    SysCtlClockFreqSet(SYSCTL_SYSDIV_60 |SYSCTL_XTAL_25MHZ |SYSCTL
_OSC_MAIN
 |SYSCTL_USE_PLL |SYSCTL_CFG_VCO_480,120000000);//设置系统时钟

    //配置 PWM 时钟
    SysCtlPWMClockSet(SYSCTL_PWMDIV_4);

    SysCtlPeripheralEnable(SYSCTL_PERIPH_PWM0);//使能 PWM 模块

    //使能 PWM 引脚用 GPIO
    SysCtlPeripheralEnable(SYSCTL_PERIPH_GPIOF);

    //配置 PWM 引脚 GPIO
    GPIOPinConfigure(GPIO_PF1_M0PWM1);
    GPIOPinConfigure(GPIO_PF2_M0PWM2);
```

```
//配置 PWM 引脚
GPIOPinTypePWM(GPIO_PORTF_BASE,GPIO_PIN_1|GPIO_PIN_2);

//配置 PWM 发生器
PWMGenConfigure(PWM0_BASE,PWM_GEN_0,PWM_GEN_MODE_DOWN|
PWM_GEN_MODE_NO_SYNC);//递减计数
PWMGenConfigure(PWM0_BASE,PWM_GEN_1,PWM_GEN_MODE_UP_DOWN|
PWM_GEN_MODE_NO_SYNC);//递增/递减计数

//设置 PWM 发生器的周期
PWMGenPeriodSet(PWM0_BASE,PWM_GEN_0,200);
PWMGenPeriodSet(PWM0_BASE,PWM_GEN_1,100);

//设置 PWM 输出的脉冲宽度
PWMPulseWidthSet(PWM0_BASE,PWM_OUT_1,50);
PWMPulseWidthSet(PWM0_BASE,PWM_OUT_2,20);

//使能 PWM 输出
PWMOutputState(PWM0_BASE,(PWM_OUT_1_BIT|PWM_OUT_2_BIT),
true);
//使能 PWM 发生器
PWMGenEnable(PWM0_BASE,PWM_GEN_0);
PWMGenEnable(PWM0_BASE,PWM_GEN_1);

while(1)
{
}
}
```

6.6 正交编码器接口

正交编码器，也称为二通道增量编码器，用于将线性位移转换成脉冲信号。通过监控脉冲的数目和两个信号的相对相位，可以跟踪位置、旋转方向和速度。此外，第三通道或索引信号可用于复位位置计数器。

TM4C1294NCPDT 正交编码器接口（QEI）模块将正交编码器码盘产生的编码译码为位置对时间的积分并决定旋转方向。此外，它还可以捕获编码器码盘速度的运行估计值。

TM4C1294NCPDT 微控制器包括一个具有以下特征的 QEI 模块。

1）跟踪编码器位置的位置积分器。

2）输入可编程噪声滤波器。

3）使用内置定时器的速度捕获。

4）QEI 输入的输入频率可达处理器频率的 1/4 （如 50MHz 系统的输入频率为 12.5MHz）。

5）中断产生于索引脉冲、速度定时器截止、方向改变和正交误差检测。

6.6.1　模块框图

TM4C1294NCPDT 的 QEI 模块内部框图如图 6-21 所示。该图中所示的 PhA 和 PhB 输入是外部信号 PhAn 和 PhBn 进入正交编码器后的内部信号。它们的翻转和交换逻辑如图 6-22 所示。QEI 模块可以选择翻转和/或交换输入信号。

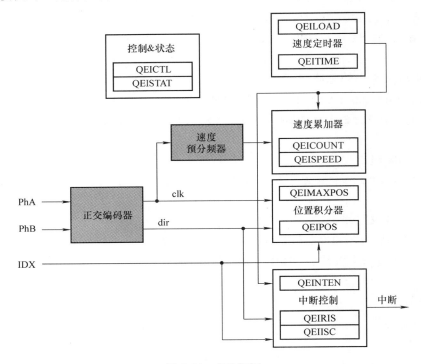

图 6-21　QEI 框图

注意，本章提到的 PhA 和 PhB 指的是内部 PhA 和 PhB 输入，是外部信号 PhAn 和 PhBn 通过 QEI 控制（QEICTL）寄存器使能的翻转和交换逻辑后进入正交编码器。允许 PhAn 和 PhBn 信号翻转和/或交换的逻辑如图 6-22 所示。

6.6.2　信号描述

QEI 模块的外部信号及各自功能描述见表 6-20。QEI 信号作为某些 GPIO 信号的复用功能，复位时默认为 GPIO 信号。在表 6-20 的"引脚复用/引脚分配"栏中列出了可能放置 QEI 信号的 GPIO 引脚。应置位 GPIO 复用功能选择（GPIOAFSEL）寄存器中的 AFSEL 位，以选择 QEI 功能。括号中的数字是必须编程到 GPIO 端口控制（GPIOPCTL）寄存器的 PMCn 字段的编码，以此分配 QEI 信号到指定的 GPIO 端口引脚。

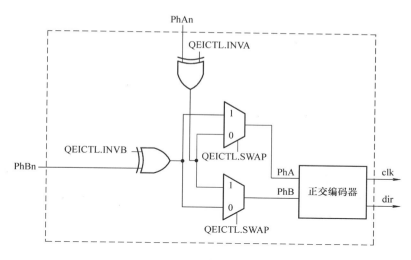

图 6-22　QEI 输入信号逻辑

表 6-20　QEI 信号（128TQFP）

引脚名称	引脚编号	引脚复用/引脚分配	引脚类型	缓冲器类型	描述
IDX0	84	PL3（6）	I	TTL	QEI 模块 0 索引
PhA0	82	PL1（6）	I	TTL	QEI 模块 0 A 相
PhB0	83	PL2（6）	I	TTL	QEI 模块 0 B 相

6.6.3　功能描述

　　QEI 模块译码的 2 位格雷码，是正交编码器码轮根据位置对时间的积分产生的，并能确定旋转方向。此外，它可以捕获编码器码轮速度的运行估计值。

　　该模块中可以单独使能位置积分器和速度捕获，但必须在使能速度捕获前使能位置积分器。两个相位信号 PhAn 和 PhBn，在被 QEI 模块译码前可被交换以改变前向和后向的含义，同时也可以校正系统的错误接线。或者，相位信号可以被某些编码器译码输出为时钟和方向信号。

　　QEI 模块的输入信号通过数字噪声滤波器，可以使能它们以防止虚假操作。噪声滤波器要求该输入在边沿检测器更新前保持一定数量连续时钟周期的稳定。QEI 控制（QEICTL）寄存器的 FILTEN 位使能该滤波器。用 QEICTL 寄存器中的 FILTCNT 位域编程可实现输入频率的更新。

　　QEI 模块支持两种模式的信号操作：正交相位模式和时钟/方向模式。在正交相位模式下，编码器产生两个相位相差 90° 的时钟信号，边沿关系用于确定转动方向。在时钟/方向模式下，编码器产生一个指示步进的时钟信号和一个指示转动方向的方向信号。这种模式由 QEICTL 寄存器的 SIGMODE 位决定。

　　当 QEI 模块被设置为使用正交相位模式（SIGMODE 位被清零）时，可以设置位置积分器的捕获模式为在 PhA 信号的每个边沿更新位置计数器，或者在 PhA 及 PhB 信号的每个边沿更新。在每个 PhA 和 PhB 边沿更新位置计数器提供了更高的位置分辨率，但位置计数器的范围变小。

当 PhA 的边沿超前 PhB 的边沿时，位置计数器的值增加。当 PhB 的边沿超前 PhA 的边沿时，位置计数器的值减小。当在一个相位上看见一个上升和下降沿对，而其他相位上没有任何边沿时，旋转方向已经改变。

达到以下两个条件之一时，位置计数器将自动复位：检测到索引脉冲或达到最大位置值。复位模式由 QEICTL 寄存器的 RESMODE 位决定。当 RESMODE 被置位，检测到索引脉冲时位置计数器被复位。此模式限制位置计数器的值为 [0：N-1]，其中 N 为编码器码轮完全旋转下的相位边沿值。QEI 最大位置（QEIMAXPOS）寄存器必须编程为 N-1，因此从位置 0 反向能使位置计数器到 N-1。在这种模式，一旦发现索引脉冲，位置寄存器包含和索引（或源）位置相关的编码器绝对位置。当 RESMODE 被清零，位置计数器被限制在 [0：M]，其中 M 为可编程的最大值。在这种模式下，位置计数器忽略索引脉冲。

速度捕获使用一个可配置的定时器和一个计数寄存器。定时器计数给定时间段内的相位边沿数（使用与位置积分器相同的配置）。将前一时间段获得的边沿计数值通过 QEI 速度（QEISPEED）寄存器提供给控制器，而当前时间段的边沿计数正在 QEI 速度计数（QEICOUNT）寄存器中计数。一旦当前时间段结束，在这段时间内被计数的边沿总数可在 QEI 速度寄存器（覆盖先前的值）中得到，而 QEICOUNT 寄存器被清零，并开始一段新的时间的计数。给定时间段内的边沿计数值与编码器速度成正比。

TM4C1294NCPDT 的正交编码器转换相位输入信号为时钟脉冲、方向信号及速度预分频器操作（用模 4 除），如图 6-23 所示。

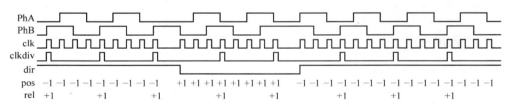

图 6-23　正交编码器和速度预分频操作

通过指定 QEI 定时器装载（QEILOAD）寄存器中定时器的装载值，可配置定时器的周期。当计数器达到零时，可以触发中断，硬件以 QEILOAD 值重装定时器并继续递减计数。当编码器的速度较低时，需要较长的定时器周期，从而能够捕获足够的边沿以得到有意义的结果。在较高的编码速度时，无论是较短的定时器周期和/或速度预分频器都能被使用。

将速度计数器的值转换成 r/min（即转/分钟）值为

r/min = (clock × (2^VELDIV) × SPEED × 60) ÷ (LOAD × ppr × edges)

其中，clock 是控制器时钟速率；ppr 是物理编码器每转的脉冲数；edges 是 2 或 4，基于 QEICTL 寄存器的捕获模式设置（CAPMODE 清零为 2，CAPMODE 置位为 4）。

例如，考虑一个电动机运转在 600r/min。与电动机相连的每转 2048 个脉冲的正交编码器，每转产生 8192 个相边沿。当速度预分频器 ÷1（VELDIV 清零）及 PhA 和 PhB 边沿上都有时钟，这将产生每秒 81920 个脉冲（电机每秒钟转动 10 次）。如果定时器的时钟为 10000Hz，并且装载值为 2500（1/4s），每次更新将计数 20480 个脉冲。利用上述公式可得

r/min = (10000 ×1 ×20480 ×60) ÷ (2500 ×2048 ×4) =600r/min

现在，考虑电机加速到 3000r/min。这导致每秒 409600 个脉冲，或 102400 个脉冲，每 1/4s。再用上面的公式计算可得

$$r/min = (10000 \times 1 \times 102400 \times 60)r/min \div (2500 \times 2048 \times 4) = 3000r/min$$

计算该式时必须小心，因为中间值可能超过 32 位整数的范围。在上例中，时钟为 10000 且分频值为 2500；上述两个值都可以被 100 预分频（在编译时如果它们是常数），因此为 100 和 25。实际上，如果它们是编译时的常数，它们也可以简化为简单的乘以 4，而边沿计数因子要除 4，正好抵消该乘 4 操作。

重要提示，在编译时控制这个算式中间值的最好方式是减少常数因子，并减少计算此式的处理要求。

能够通过选择定时器装载值来避免除法运算，如除数为 2 的幂，一个简单的移位即可代替除法。对于每转脉冲为 2 的幂的编码器，装载值可以是 2 的幂。对于其他编码器，装载值必须选为使得乘积非常接近 2 的幂。例如，每转 100 个脉冲的编码器可以使用装载值 82，结果用 32800 作为除数，它超过 2^{15} 为 0.09%。该例中以 15 作为移位值，就能得到大多数情况下足够近似的除法。如果需要绝对精度，则可以使用微控制器的除法指令。

QEI 模块可以在几个事件下产生控制器中断，如相位误差、方向改变、接收到索引脉冲和速度定时器终止，并具有标准屏蔽、原始中断状态、中断状态和中断清除功能。

6.6.4 初始化及配置

下例展示了如何配置正交编码器模块来读回一个绝对位置。

1）使用系统控制模块中的 RCGCQEI 寄存器，来使能 QEI 时钟。

2）通过系统控制模块中的 RCGCGPIO 寄存器，使能时钟到相应的 GPIO 模块。

3）在 GPIO 模块中，使用 GPIOAFSEL 寄存器使能相应引脚的复用功能。

4）配置 GPIOPCTL 寄存器中的 PMCn 字段，以分配 QEI 信号给相应的引脚。

5）配置正交编码器来捕获两个信号的边沿，并通过在索引脉冲复位而保持绝对位置。1000 线编码器中每线有四个边沿，则每转有 4000 个脉冲；因此，设置基于零的计数最大位置为 3999（0xF9F）。写 QEICTL 寄存器为值 0x0000.0018；写 QEIMAXPOS 寄存器为值 0x0000.0F9F。

6）设置 QEICTL 寄存器的位 0，来使能正交编码器。注意，一旦已通过设置 QEICTL 寄存器的 ENABLE 位使能 QEI 模块，便不可以被禁用。清除 ENABLE 位的唯一方法是使用正交编码器接口软件复位（SRSQEI）寄存器复位该模块。

7）延迟直到需要编码器位置。

8）通过读取 QEI 位置（QEIPOS）寄存器值，来读取编码器位置。

第7章 Tiva129 通信接口

计算机与计算机之间，或计算机与外部设备之间进行的数据信息交互，即计算机通信。计算机通信按数据线位数可分为串行通信和并行通信两种方式，串行通信的数据按位传输，并行通信一次可传输多位数据。

计算机通信按工作方式可分为单工、半双工、全双工三种工作方式，如图 7-1 所示。单工方式只允许数据从发送端流向接收端，如图 7-1a 所示。半双工方式在某一时刻只允许数据从一端流向另一端，如图 7-1b 所示。全双工方式在某一时刻允许数据双向流动，如图 7-1c 所示，但该工作方式需要多条数据线。

计算机通信按数据的收发方式可分为异步通信和同步通信两种。异步通信的信息格式如图 7-2 所示，传送的字符一般由起始位、数据位、奇偶校验位、停止位和空闲位组成。异步通信在终端间没有共用的时钟信息，必须靠预先规定字符的每位长度来实现数据的传送。

同步通信时，数据必须与相应的时钟信息一起被传送，时钟信息可通过单独的时钟信号线传送，也可与数据相混合后与数据共用数据线来传送。

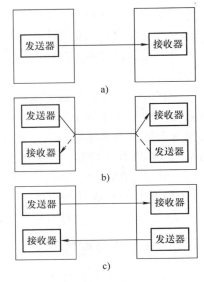

图 7-1　通信工作方式

图 7-2　异步通信字符格式

7.1　通用异步收发器

TM4C1294NCPDT 控制器包含八个通用异步接收器/发送器（UART），特征如下。

1）可编程的波特率发生器允许速度达到 7.5Mbit/s 的正常速度（除以 16），以及可达 15Mbit/s 的高速度（除以 8）。

2）独立的 16×8 发送（TX）和接收（RX）FIFO，以减少 CPU 中断服务的负荷。

3）可编程的 FIFO 长度，包括 1 字节深度操作以提供常规双缓冲接口。

4）FIFO 触发等级为 1/8、1/4、1/2、3/4 和 7/8。

5）启动、停止和奇偶校验等标准异步通信位。

6）线路中止的产生与检测。

7）完全可编程的串行接口特征，5~8 位数据位；偶、奇、强制（Stick）或无奇偶校验位产生/检测；1 或 2 个停止位产生。

8）提供 IrDA 串行红外（SIR）编码器/解码器，IrDA 串行红外（SIR）的可编程应用或 UART 输入/输出；IrDA SIR 编码器/解码功能支持数据速率达 115.2Kbit/s 的半双工；支持正常的 3/16 和低功耗（1.41~2.23μs）位持续时间；可编程内部时钟发生器为低功耗模式位持续时间，允许对基准时钟除以 1~256。

9）支持与 ISO 7816 智能卡通信。

10）在下列 UART Modem 功能可用：UART0（Modem 流量控制和 Modem 状态），UART1（Modem 流量控制和 Modem 状态），UART2（Modem 流量控制），UART3（Modem 流量控制），UART4（Modem 流量控制）。

11）支持 9 位 EIA–485。

12）标准 FIFO 级和传输结束中断。

13）用微型直接存储器访问控制器（μDMA）的高效传输，发送和接收的独立通道；当数据在 FIFO 中时接收单个请求生效，在编程的 FIFO 级时突发请求生效；在 FIFO 中有空位时发送单个请求生效，在编程的 FIFO 级时突发请求信号生效。

14）可用全局复用时钟（ALTCLK）源或系统时钟（SYSCLK）产生波特时钟。

7.1.1 模块框图

UART 模块框图如图 7-3 所示。

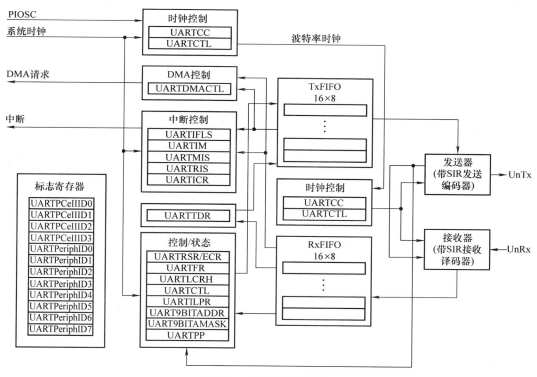

图 7-3 UART 模块框图

7.1.2 信号描述

UART 模块的外部信号及各自的功能描述见表 7-1。UART 信号是一些 GPIO 信号的复用功能，且复位时默认为 GPIO 信号。表 7-1 的"引脚复用/引脚分配"栏中列出了放置这些

UART 信号可能的 GPIO 引脚。GPIO 复用功能选择（GPIOAFSEL）寄存器中的 AFSEL 位应置位，以选择 UART 功能。括号中的数字是必须被编程进 GPIO 端口控制（GPIOPCTL）寄存器中 PMCn 字段的编码，以分配 UART 信号到指定的 GPIO 端口引脚。

表 7-1　UART 信号（128TQFP）

引脚名称	引脚编号	引脚复用/引脚分配	引脚类型	缓冲器类型	描　　述
U0CTS	30 74 121	PH1（1） PM4（1） PB4（1）	I	TTL	UART 模块 0 清除发送，Modem 流量控制输入信号
U0DCD	31 73 104	PH2（1） PM5（1） PP3（2）	I	TTL	UART 模块 0 数据载波检测，Modem 状态输入信号
U0DSR	32 72 105	PH3（1） PM6（1） PP4（2）	I	TTL	UART 模块 0 数据设置就绪，Modem 输出控制线
U0DTR	103	PP2（1）	O	TTL	UART 模块 0 数据终端就绪，Modem 状态输入信号
U0RI	60 71	PK7（1） PM7（1）	I	TTL	UART 模块 0 振铃指示，Modem 状态输入信号
U0RTS	29 120	PH0（1） PB5（1）	O	TTL	UART 模块 0 请求发送，Modem 流量控制输出信号
U0Rx	33	PA0（1）	I	TTL	UART 模块 0 接收
U0Tx	34	PA1（1）	O	TTL	UART 模块 0 发送
U1CTS	104 108	PP3（1） PN1（1）	I	TTL	UART 模块 1 清除发送，Modem 流量控制输入信号
U1DCD	13 109	PE2（1） PN2（1）	I	TTL	UART 模块 1 数据载波检测，Modem 状态输入信号
U1DSR	14 110	PE1（1） PN3（1）	I	TTL	UART 模块 1 数据装置就绪，Modem 输出控制线
U1DTR	12 111	PE3（1） PN4（1）	O	TTL	UART 模块 1 数据终端就绪，Modem 状态输入信号
U1RI	112 123	PN5（1） PE4（1）	I	TTL	UART 模块 1 振铃指示，Modem 状态投入信号
U1RTS	15 107	PE0（1） PN0（1）	O	TTL	UART 模块 1 请求发送，Modem 流量控制输出线
U1Rx	95 102	PB0（1） PQ4（1）	I	TTL	UART 模块 1 接收
U1Tx	96	PB1（1）	O	TTL	UART 模块 1 发送
U2CTS	110 128	PN3（2） PD7（1）	O	TTL	UART 模块 2 清除发送，Modem 流量控制输入信号

（续）

引脚名称	引脚编号	引脚复用/引脚分配	引脚类型	缓冲器类型	描　　述
U2RTS	109 127	PN2（2） PD6（1）	O	TTL	UART 模块 2 请求发送，Modem 流量控制输出线
U2Rx	40 125	PA6（1） PD4（1）	I	TTL	UART 模块 2 接收
U2Tx	41 126	PA7（1） PD5（1）	O	TTL	UART 模块 2 发送
U3CTS	106 112	PP5（1） PN5（2）	I	TTL	UART 模块 3 清除发送，Modem 流量控制输入信号
U3RTS	105 111	PP4（1） PN4（2）	O	TTL	UART 模块 3 请求发送，Modem 流量控制输出线
U3Rx	37 116	PA4（1） PJ0（1）	I	TTL	UART 模块 3 接收
U3Tx	38 117	PA5（1） PJ1（1）	O	TTL	UART 模块 3 发送
U4CTS	21	PK3（1）	I	TTL	UART 模块 4 清除发送，Modem 流量控制输入信号
U4RTS	20	PK2（1）	O	TTL	UART 模块 4 请求发送，Modem 流量控制输出线
U4Rx	18 35	PK0（1） PA2（1）	I	TTL	UART 模块 4 接收
U4Tx	19 36	PK1（1） PA3（1）	O	TTL	UART 模块 4 发送
U5Rx	23	PC6（1）	I	TTL	UART 模块 5 接收
U5Tx	22	PC7（1）	O	TTL	UART 模块 5 发送
U6Rx	118	PP0（1）	I	TTL	UART 模块 6 接收
U6Tx	119	PP1（1）	O	TTL	UART 模块 6 发送
U7Rx	25	PC4（1）	I	TTL	UART 模块 7 接收
U7Tx	24	PC5（1）	O	TTL	UART 模块 7 发送

7.1.3　功能描述

每个 TM4C1294NCPDT 的 UART 可实现并行-串行和串行-并行转换的功能。它在功能上与 16C550 UART 类似，但两者的寄存器不兼容。

通过 UART 控制（UARTCTL）寄存器的 TXE 和 RXE 位，配置 UART 为发送和/或接收。复位后，发送和接收都是使能的。编程任何控制寄存器前，必须通过清零 UARTCTL 中的 UARTEN 位来禁用 UART。如果在 TX 或 RX 操作过程中禁用 UART，则当前传送在 UART 停止之前完成。

UART 模块还包括串行红外（SIR）编码器/解码器块，可以连接到红外线收发器以实现 IrDA SIR 物理层。使用 UARTCTL 寄存器可以编程该 SIR 功能。

1. 发送/接收逻辑

发送逻辑对从发送 FIFO 读取的数据进行并行-串行转换。根据控制寄存器中编程的配置，控制逻辑输出以起始位开始的串行比特流，随后为数据位（最低位在前）、奇偶校验位和停止位，详细描述如图 7-4 所示。检测到一个有效起始脉冲后，接收逻辑对接收比特流执行串行–并行转换，也执行溢出、奇偶校验、帧错误

图 7-4　UART 字符帧

检查和线路中止检测，并且它们的状态伴随被写到接收 FIFO 中的数据一起变化。

2. 波特率的产生

波特率因子是 22 位数，由 16 位整数和 6 位小数组成。波特率发生器用这两个值所形成的数来确定位周期。具有小数的波特率因子允许 UART 产生所有标准的波特率。

通过 UART 整数波特率因子（UARTIBRD）寄存器装载 16 位整数，通过 UART 小数波特率因子（UARTFBRD）寄存器装载 6 位小数部分。波特率因子（BRD）与系统时钟具有以下关系（其中 BRDI 是 BRD 的整数部分，BRDF 是小数部分，用小数点隔开）。

$$BRD = BRDI + BRDF = UARTSysClk / (CLKDIV \times Baud\ Rate)$$

其中，UARTSysClk 是连接到 UART 的系统时钟，CLKDIV 是 16（如果 UARTCTL 中的 HSE 被清零）或 8（如果 HSE 被置位）。在默认情况下，这将是主系统时钟。另外，UART 可以使用内部精密振荡器（PIOSC）时钟，独立于系统时钟选择。这将允许 UART 时钟编程独立于系统时钟 PLL 设置。

通过取波特率因子的小数部分，可以计算 6 位小数（将被装载入 UARTFBRD 寄存器中的 DIVFRAC 位域），乘以 64，并加 0.5 解决舍入误差。

$$UARTFBRD[DIVFRAC] = integer(BRDF \times 64 + 0.5)$$

UART 产生波特率的 8 倍或 16 倍的内部波特率基准时钟（即 Baud8 和 Baud16，取决于 UARTCTL 中 HSE 位（位 5）的设置）。该基准时钟被 8 或 16 分频，以产生发送时钟，并在接收操作时被用于错误检测。注意，HSE 位的状态对 ISO 7816 智能卡模式中的时钟没有影响（当置位 UARTCTL 寄存器中的 SMART 位）。

连同 UART 线控制、高字节（UARTLCRH）寄存器、UARTIBRD 和 UARTFBRD 寄存器组成一个内部 30 位寄存器。这个内部寄存器仅当执行对 UARTLCRH 写操作时更新，所以任何波特率因子的改变必须随后对 UARTLCRH 寄存器写，以使更改生效。

为更新波特率寄存器，有以下四种可能的顺序。

1）UARTIBRD 写、UARTFBRD 写和 UARTLCRH 写。

2）UARTFBRD 写、UARTIBRD 写和 UARTLCRH 写。

3）UARTIBRD 写和 UARTLCRH 写。

4）UARTFBRD 写和 UARTLCRH 写。

3. 数据发送

尽管接收 FIFO 每个字符有额外 4bit 为状态信息，接收或发送的数据被储存在两个 16 字节的 FIFO 中。对于发送，数据被写进发送 FIFO。如果 UART 被使能，它会让数据帧开始发送并在 UARTLCRH 寄存器中有参数指示。数据继续被发送，直到发送 FIFO 中没有数据留下。数据一被写入发送 FIFO（即如果发送 FIFO 非空），UART 标志（UARTFR）寄存器中的 BUSY 位立即生效，并在数据被发送时保持有效。只有当发送 FIFO 为空，并且最后一个字符包括停止位已经从移位寄存器被发送时，BUSY 位失效。即使 UART 可能不再被使能，

UART 也会指示它忙。

当接收器空闲（UnRx 信号连续为 1）且数据输入变为低（已接收到开始位），接收计数器开始运行并且根据 UARTCTL 中 HSE 位（位 5）的设置，在 Baud16 采样数据的第 8 个周期或 Baud8 采样的第 4 个周期。

如果 UnRx 信号在 Baud16 的第 8 个周期（HSE 被清零）或 Baud8（HSE 被置位）的第 4 个周期仍然为低，则起始位是有效并被确认的，否则将被忽略。检测到有效的起始位后，根据编程的数据字符长度和 UARTCTL 中 HSE 位的值，在 Baud16 的每第 16 个周期或 Baud8 的每第 8 个周期（即 1 位的周期后），采样连续的数据位。如果使能奇偶校验模式方式，则随后检查奇偶校验位。在 UARTLCRH 寄存器中定义数据长度和奇偶校验。

最后，如果 UnRx 信号为高电平，则确认 1 个有效的停止位，否则发生帧错误。当接收到一个完整的字，该数据连同与这个字有关的任何错误位被储存在接收 FIFO 中。

4. 串行红外（SIR）

UART 外设包括一个 IrDA 串行红外（SIR）编码器/译码器块。该 IrDA SIR 块提供了异步 UART 数据流和半双工串行 SIR 接口之间转换的功能。片上不进行模拟处理。SIR 块的任务是提供给 UART 数字编码输出和译码输入。使能时，SIR 块为 SIR 协议使用 UnTx 和 UnRx 引脚。这些信号应被连接至一个红外收发器，以实现 IrDA SIR 的物理层连接。该 SIR 块可以接收和发送，但它是半双工的，所以它不能同时收发，且数据接收前必须停止发送。IrDA SIR 物理层规定发送和接收间最小有 10ms 延迟。SIR 的块有两种工作模式：普通 IrDA 模式和低功率 IrDA 模式。

在普通 IrDA 模式下，0 逻辑电平作为选择的波特率位周期的 3/16 宽度的高电平脉冲，被发送到输出引脚，而逻辑 1 电平作为稳定的低电平信号被发送。这些电平控制了红外线发射器的驱动器，对每个 0 发送有光的脉冲。在接收侧，入射光脉冲激励接收器的光电晶体管基极，拉低其输出为低电平，并驱动 UART 输入引脚为低电平。

在低功率 IrDA 模式，通过改变 UARTCTL 寄存器中的相应位，所发射的红外脉冲宽度被设定为 3 倍于内部产生的 IrLPBaud16 信号周期（1.63μs，假设额定频率 1.8432MHz）。

无论设备处于普通或低功率 IrDA 模式，如果译码器保持低电平则起始位被认为有效，低电平后首先检测到 IrLPBaud16 的 1 个周期。这使得普通模式 UART，可以从发送小到 1.41μs 脉冲的低功耗模式 UART 接收数据。因此，对于低功率模式和普通模式的操作，必须编程 UARTILPR 寄存器中的 ILPDVSR 字段，使 $1.42\text{MHz} < f_{\text{IrLPBaud16}} < 2.12\text{MHz}$，从而使低功率脉冲宽度为 1.41~2.11μs（IrLPBaud16 周期的三倍）。IrLPBaud16 的最小频率可确保丢弃小于 IrLPBaud16 一个周期的脉冲，但接收大于 1.4μs 的脉冲作为有效脉冲。

UART 发送和接收信号，带和不带 IrDA 调制，如图 7-5 所示。

在正常和低功耗 IrDA 模式中：

① 发送期间，用 UART 数据位作为编码基础。

② 接收期间，传送译码的位给 UART 接收逻辑。

IrDA SIR 物理层定义了半双工通信链路，在发送端和接收端间最小延迟 10ms。这种延迟一定由软件产生，因为它不是 UART 自动支持的。该延迟是有必要的，因为红外线接收器电子器件可能变得偏置，甚至因为耦合自相邻发射器 LED 的光功率而饱和。该延迟被称为等待时间或接收器的设置时间。

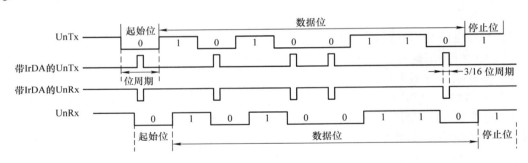

图 7-5　IrDA 数据调制

5. ISO 7816 支持

UART 提供了基本的支持，以允许与 ISO 7816 智能卡的通信。当置位 UARTCTL 寄存器的位 3（SMART）时，UnTX 信号被用作位时钟，并且 UnRx 信号用作连接智能卡的半双工通信线路。用 GPIO 信号可以产生给智能卡的复位信号。应由系统设计提供其余的智能卡信号。此模式中，最大时钟速率是系统时钟的 1/16。

当使用 ISO7816 模式时，必须设置 UARTLCRH 寄存器为发送 8 位（WLEN 位［6：5］配置为 0x3）带偶校验（置位 PEN 及置位 EPS）。在这种模式下，UART 自动使用 2 个停止位，且忽略 UARTLCRH 寄存器的 STP2 位。

如果在传输过程中检测到一个奇偶错误，在第二个停止位中 UnRx 被拉低。在这种情况下，UART 中止传输，清空传输 FIFO 并丢弃它包含的所有数据，并产生奇偶校验错误中断，允许软件检测该问题并启动受影响数据的重发。需要注意的是，在这种情况下 UART 不支持自动重传。

6. Modem 握手支持

下面介绍当 UART 被作为 DTE（数据终端设备）或作为 DCE（数据通信设备）连接时，如何配置并使用调制解调器流量控制和状态信号。通常，Modem 是 DCE，而连接到 Modem 的计算装置是 DTE。

（1）信号　基于 UART 是否被用作 DTE 或 DCE，UART 提供了不同的状态信号。当被作为 DTE 使用时，定义 Modem 流量控制和状态信号如下。

① $\overline{UnCTS}$ 清除发送。

② $\overline{UnDSR}$ 数据设置就绪。

③ $\overline{UnDCD}$ 数据载波检测。

④ $\overline{UNRI}$ 振铃指示。

⑤ $\overline{UnRTS}$ 请求发送。

⑥ $\overline{UnDTR}$ 数据终端就绪。

当被作为 DCE 使用时，定义 Modem 流量控制和状态信号如下。

① $\overline{UnCTS}$ 请求发送。

② $\overline{UnDSR}$ 数据终端就绪。

③ $\overline{UnRTS}$ 清除发送。

④ $\overline{UnDTR}$ 数据设置就绪。

注意，DCE 功能的支持不提供数据载波检测和振铃指示。如果这些信号是必需的，可以通过使用通用 I/O 信号仿真它们的功能，并提供软件支持。

（2）流量控制　流量控制可以由硬件或软件来实现。

1）硬件流量控制（RTS/CTS）。通过连接 UnRTS 输出到接收设备上的清除发送输入，可以实现两个设备之间的硬件流量控制，并连接接收设备上的请求发送输出到 UnCTS 输入。

UnCTS 输入控制了发送器。仅当 UnCTS 输入有效时，发送器发送数据。UnRTS 输出信号指示接收 FIFO 的状态。UnCTS 保持有效，直到达到预编程的要求，表示接收 FIFO 没有空间来存储额外的字符。

UARTCTL 寄存器位 15（CTSEN）和 14（RTSEN）定义了流量控制模式，见表 7-2。

表 7-2　流量控制模式

CTSEN	RTSEN	描述
1	1	RTS 和 CTS 流量控制有效
1	0	仅 CTS 流量控制有效
0	1	仅 RTS 流量控制有效
0	0	RTS 和 CTS 流量控制都无效

注意，当 RTSEN 为 1 时，软件不能通过 UARTCTL 寄存器的请求发送（RTS）位，来修改 UnRTS 输出值，应该忽略 RTS 位的状态。

2）软件流量控制（Modem 状态中断）。通过使用中断指示 UART 状态，来实现两个设备之间的软件流量控制。使用 UARTIM 寄存器的位 [3:0]，分别为 UnDSR、UnDCD、UnCTS 和 UNRI 信号，可以产生中断。使用 UARTRIS 和 UARTMIS 寄存器，可以检查原始和屏蔽的中断状态。使用 UARTICR 寄存器可以清除这些中断。

7. 9 位 UART 模式

通过使能 UART9BITADDR 寄存器中的 9BITEN 位，UART 提供 9 位模式。此功能在 UART 的多点结构中很有用，其中连接多个从机的单个主机，可以通过连同地址字节限定符的地址或地址组，与特定的从机通信。所有的从机检查在奇偶校验位处的地址限定符，如被置位，则比较接收字节与预编程地址。如果地址匹配，则它接收或发送更多的数据。如果地址不匹配，则丢弃该地址字节及随后的数据字节。如果 UART 在 9 位模式，则接收器工作在无奇偶校验模式。该地址可以被预定义以匹配接收字节，并且它可以用 UART9BITADDR 寄存器进行配置。使用 UART9BITAMASK 寄存器中的地址掩码可以扩展该匹配为一组地址，功能是屏蔽。在默认情况下，UART9BITAMASK 为 0xFF，这意味着只有指定的地址匹配。

如果没有找到匹配，将丢弃第 9 位被清零的其余数据字节。如果找到匹配，则会产生一个给 NVIC 的中断，以进行下一步操作。随后的第 9 位被清零的数据字节被存储在 FIFO 中。万一使能 μDMA 和/或 FIFO 操作作为这种情况，则软件可以屏蔽此中断而不需要处理器干预。所有 9 位模式的发送事务都是数据字节，且第 9 位被清零。通过为特定字节使能奇校验，重新定义奇偶校验设置为强制奇偶校验用，软件可以重载第 9 位为置位（表示地址）。为了匹配正确的奇偶校验设置的传输时间，地址字节可以作为单个传送，随后突发传送。发送 FIFO 不保持地址/数据位，因此软件应该注意适当地使能地址位。

8. FIFO 操作

UART 有两个 16×8 位的 FIFO，一个用于发送，一个用于接收。这两个 FIFO 都是通过

UART 数据（UARTDR）寄存器来访问的。UARTDR 寄存器读操作返回一个由 8 个数据位和 4 个错误标志构成的 12 位的值，而写操作在发送 FIFO 中放置 8 位的数据。

复位后，两个 FIFO 被禁用，并充当 1 字节深的保持寄存器。通过设置 UARTLCRH 寄存器中的 FEN 位，使能 FIFO。通过 UART 标志（UARTFR）寄存器和 UART 接收状态（UAR-TRSR）寄存器，可以监控 FIFO 的状态。硬件监控空、满和溢出条件。UARTFR 寄存器包含空和满标志（TXFE、TXFF、RXFE 和 RXFF 位），UARTRSR 寄存器通过 OE 位表示满状态。如果禁用 FIFO，根据 1 字节深的保持寄存器的状态，来设置空和满标志。

通过 UART 中断 FIFO 级别选择（UARTIFLS）寄存器，控制 FIFO 产生中断的触发。可单独配置两个 FIFO 为不同级别时触发中断。可用的配置包括 1/8、1/4、1/2、3/4 和 7/8。例如，如果为接收 FIFO 选择 1/4 选项，UART 在接收 4 个数据字节后产生接收中断。复位后，两个 FIFO 都被配置为 1/2 级别时触发中断。

9. 中断

观察到以下情况时，UART 会产生中断。

① 溢出错误。

② 中断错误。

③ 奇偶校验错误。

④ 帧错误。

⑤ 接收超时。

⑥ 发送（满足 UARTIFLS 寄存器中的 TXIFLSEL 位定义的条件时；或者如果置位 UAR-TCTL 寄存器中的 EOT 位，当所有发送数据的最后一位离开串行器时）。

⑦ 接收（当满足 UARTIFLS 寄存器中的 RXIFLSEL 位定义的条件时）。

在被发送到中断控制器之前，所有的中断事件被"或"在一起，所以在任何给定时间，UART 只能对控制器产生单个中断请求。软件通过读取 UART 屏蔽中断状态（UARTMIS）寄存器，可以在单个中断服务程序服务多个中断事件。

通过设置相应的 IM 位，中断事件可以触发在 UART 中断屏蔽（UARTIM）寄存器中定义的控制器级中断。如果中断没被使用，通过 UART 原始中断状态（UARTRIS）寄存器，原始中断状态总是可见的。总是通过写 1 到相应的 UART 中断清除（UARTICR）寄存器，清除中断（UARTMIS 和 UARTRIS 寄存器）。

当接收 FIFO 不为空，且 HSE 位被清零时超过 32 位周期或 HSE 位被置位时超过 64 位周期，没有进一步的数据被接收到时，接收超时中断生效。当通过读所有数据（或通过读保持寄存器）使 FIFO 变空，或当 1 被写入 UARTICR 寄存器中相应的位时，接收超时中断被清除。

当下列事件之一发生时，接收中断改变状态。

1) 如果启用 FIFO 且接收 FIFO 达到编程的触发级别，RXRIS 位被置位。通过从接收 FIFO 读数据直到它变成低于触发级别，而清除接收中断，或通过写 1 到 RXIC 位以清除中断。

2) 如果禁用 FIFO（有一个位置的深度）并接收数据从而填充该位置，RXRIS 位被置位。通过执行接收 FIFO 的单个读操作而清除接收中断，或通过写 1 到 RXIC 位以清除中断。

当下列事件之一发生时，发送中断改变状态。

1) 如果启用 FIFO 且发送 FIFO 过程通过编程的触发级别，TXRIS 位被置位。发送中断基于转换通过的级别，因此必须写 FIFO 超过编程的触发级别，否则不能产生进一步的传输中断。通过写数据到发送 FIFO，直到发送中断变得大于触发级别而被清除，或者通过写 1 到 TXIC 位清除该中断。

2）如果禁用 FIFO（有一个位置的深度）并且没有数据存在于发送器的单独位置，TXRIS 位被置位。通过执行单次写发送 FIFO，清除该中断，或通过写 1 到 TXIC 位清除该中断。

10. 环回操作

通过设置 UARTCTL 寄存器中的 LBE 位，可置 UART 于诊断或调试工作的内部环回模式。在环回模式下，UnTx 输出端上的发送数据在 UnRx 输入端被接收。注意，应在使能 UART 前置位 LBE 位。

11. DMA 操作

UART 为 μDMA 控制器提供了一个带发送和接收独立通道的接口。通过 UART DMA 控制（UARTDMACTL）寄存器使能 UART 的 DMA 操作。当相关的 FIFO 可以传输数据时，UART 接收或发送通道上的 DMA 请求信号生效。对于接收通道，每当接收 FIFO 中有任何数据时，单个传输请求生效。每当接收 FIFO 中的数据量等于或高于在 UARTIFLS 寄存器所配置的 FIFO 触发级别，突发传输请求生效。对于发送通道，每当发送 FIFO 中至少有一个空位置时，单个传输请求生效。每当发送 FIFO 中包含比 FIFO 触发级别少的字符时，突发请求生效。根据 DMA 通道的配置，通过 μDMA 控制器自动处理单个和突发 DMA 传输请求。

为接收通道使能 DMA 操作，则置位 DMA 控制（UARTDMACTL）寄存器中的 RXDMAE 位。为发送通道使能 DMA 操作，则置位 UARTDMACTL 寄存器中的 TXDMAE 位。配置 UART 位如果发生接收错误，可以停止使用接收通道 DMA。如果置位 UARTDMACR 寄存器的 DMAERR 位，并发生接收错误，将自动禁用 DMA 接收请求。通过清除相应的 UART 错误中断，可以清除这种错误情况。

当 μDMA 完成到 TX FIFO 或来自 RX FIFO 的数据传输后，发送一个 dma_done 信号到 UART 以指示完成。通过 UARTRIS 寄存器的 DMATXRIS 和 DMARXIS 位，指示 dma_done 状态。通过设置 UARTIM 寄存器中的 DMATXIM 和/或 DMARXIM 位，可以从这些状态位产生中断。

注意，DMATXRIS 位可用于指示对 TX FIFO 的 μDMA 数据传输完成。为指示从 UART 串行器的传输完成，应在 UARTCTL 寄存器中使能传输完成位（EOT 位）。通过设置 UARTIM 寄存器的 EOTIM 位，可以在传输完成时产生中断。

7.1.4　初始化及配置

使能并初始化 UART，以下步骤是必需的。

1）使用 RCGCUART 寄存器使能 UART 模块。

2）通过 RCGCGPIO 寄存器，使能相应 GPIO 模块的时钟。

3）为相应引脚设置 GPIO AFSEL 位。

4）为选择的模式配置 GPIO 电流级别和/或指定摆率。

5）配置 GPIOPCTL 寄存器中的 PMCn 字段，以分配 UART 信号到相应的引脚。

为使用 UART，必须通过设置 RCGCUART 寄存器中合适的位，以使能外设时钟。此外，必须通过系统控制模块中的 RCGCGPIO 寄存器，使能适当的 GPIO 模块的时钟。

本节讨论使用 UART 模块所需要的步骤。对于该例，UART 时钟假定为 20MHz，所需的 UART 配置为 115200Bd 波特率、8 位数据长度、一个停止位、无奇偶校验、禁用 FIFO 且无中断。

编程 UART 时首先要考虑的是波特率因子（BRD），因为必须在 UARTLCRH 寄存器之前写入 UARTIBRD 和 UARTFBRD 寄存器。使用 7.1.3 节的"波特率的产生"中描述的方程，可以计算 BRD 为

$$BRD = 20000000/(16 \times 115200) = 10.8507$$

这意味着应该设置 UARTIBRD 寄存器的 DIVINT 字段为十进制的 10 或 0xA。将被装载到 UARTFBRD 寄存器中的值由下式计算。

$$UARTFBRD[DIVFRAC] = integer(0.8507 \times 64 + 0.5) = 54$$

根据算出的 BRD 值，按以下顺序将 UART 配置写入模块。

1) 通过清除 UARTCTL 寄存器中的 UARTEN 位，禁用 UART。

2) 写 BRD 的整数部分到 UARTIBRD 寄存器。

3) 写 BRD 的小数部分到 UARTFBRD 寄存器。

4) 写所需的串行参数到 UARTLCRH 寄存器（在该例中，此值为 0x0000.0060）。

5) 通过写 UARTCC 寄存器，配置 UART 时钟源。

6) 可选的，配置 μDMA 通道并在 UARTDMACTL 寄存器中使能 DMA 选项。

7) 通过设置 UARTCTL 寄存器中的 UARTEN 位，使能 UART。

7.1.5 例程

通过 LaunchPad 开发板的 UART 接口接收和发送数据。UART 接口的实现方式有两种：利用 PC4 和 PC5 作为 UART 模块 7 的端口，通过串口线与计算机的串口相连；或者利用 4.1.4 节中安装"Stellaris 在线调试接口 ICDI"时所安装的"Stellaris Virtual Serial Port"作为 USB 虚拟串口，默认配置为 UART0。

串口设置为 9600bit/s，8 个数据位、无校验位、1 个停止位。为使用方便，利用 UART0 虚拟串口通信。

编程实现：利用上位机安装的串口助手调试工具，通过串口发送数据给 LaunchPad 开发板的 UART0 接口，TM4C1294NCPDT 微控制器收到数据后取反再重新发送给上位机。通过串口助手调试工具可观察到发送、接收的数据。

由于要使用 UART0 中断，因此必须在 startup_ccs.c 中声明 extern void UART0IntHandler（void），并修改中断向量表，将对应 UART0 的 IntDefaultHandler 改为 UART0IntHandler。

为使用"TivaWare_C_Series-2.1.0.12573"里中断分配的宏文件，必须在 CCS 中根据相应头文件设置"预定义符号"或修改头文件。

```
#include <stdint.h>
#include <stdbool.h>
#include "inc/hw_types.h"
#include "inc/hw_memmap.h"
#include "driverlib/sysctl.h"
```

```
#include "driverlib/gpio.h"
#include "inc/hw_ints.h"
#include "driverlib/interrupt.h"
#include "driverlib/uart.h"
#include "driverlib/pin_map.h"
#include "driverlib/rom_map.h"


unsignedlong ulSysClock;

//UART0 中断处理
void UART0 IntHandler(void)
{
    unsignedlong UTStatus;
    UTStatus =UARTIntStatus(UART0_BASE,true);    //获取 UART 屏蔽中断状态
    UARTIntClear(UART0_BASE,UTStatus);           //清除 UART 中断
    //当接收 FIFO 中有数据时循环
    while(UARTCharsAvail(UART0_BASE))
    {

      UARTCharPutNonBlocking ( UART0 _ BASE, ~ UARTCharGetNonBlocking
(UART0_BASE));
//读串口数据,取反后发送
    }
}


//串口发送
void UARTSend(constunsignedchar * pucBuff,unsignedlong ulCount)
{
    //当有数据要发送时循环
    while(ulCount—)
    {
        UARTCharPutNonBlocking(UART0 _ BASE, * pucBuff + +);//将数据写
入 UART
    }
}


int main(void)
{
```

```
    ulSysClock=MAP_SysCtlClockFreqSet(SYSCTL_XTAL_25MHZ |SYSCTL_
OSC_MAIN |
SYSCTL_USE_PLL |SYSCTL_CFG_VCO_480,120000000);   //设置系统时钟

    SysCtlPeripheralEnable(SYSCTL_PERIPH_UART0);  //使能 UART 用 GPIO
端口
    SysCtlPeripheralEnable(SYSCTL_PERIPH_GPIOA);

    IntMasterEnable();                           //使能处理器中断

    GPIOPinConfigure(GPIO_PA0_U0RX);//设置 GPIO 的 PA0 和 PA1 用于 UART
引脚
    GPIOPinConfigure(GPIO_PA1_U0TX);
    GPIOPinTypeUART(GPIO_PORTA_BASE,GPIO_PIN_0 |GPIO_PIN_1);

    UARTConfigSetExpClk(UART0_BASE,ulSysClock,9600,(UART_CONFIG_
WLEN_8 |
UART_CONFIG_STOP_ONE |UART_CONFIG_PAR_NONE));   //设置串口参数

    IntEnable(INT_UART0);                        //使能 UART 中断
    UARTIntEnable(UART0_BASE,UART_INT_RX |UART_INT_RT);

    UARTSend((unsignedchar *)"Please Input: ",14);  //发送提示信息

    while(1)
    {
    }
}
```

7.2　四同步串行接口

　　TM4C1294NCPDT 微控制器包括 4 个四同步串行接口（QSSI）模块。所有 4 个模块都与四 SSI 增强一样，支持高级和双 SSI 接口，以提供更快的数据吞吐量。QSSI 模块，为具有飞思卡尔 SPI 或德州仪器同步串行接口的外部设备的同步串行通信，担当主接口或从接口。QSSI 对从外部设备接收的数据，完成串行-并行转换。发送和接收路径带内部缓冲，独立的 FIFO 存储器允许多达 8 个传统模式下的 16 位值及高级、双和四模式下的 8 位值。CPU 可以访问这些 FIFO 中的数据，以及 QSSI 的控制和状态信息。该控制器也提供了 1 个 µDMA 接

口，以允许编程发送和接收 FIFO 为 μDMA 模块中的源/目的地址。

TM4C1294NCPDT 的 QSSI 模块具有以下特点。

1）4 个带高级、双和四 SSI 功能的 QSSI 通道。

2）在传统模式下为飞思卡尔 SPI 或德州仪器同步串行接口的可编程接口操作。在双和四 SSI 模式下支持飞思卡尔接口。

3）主或从操作。

4）可编程的时钟位速率和预分频器。

5）独立的发送和接收 FIFO，每个 16 位宽并有 8 个位置深。

6）从 4 位~16 位的可编程数据帧大小。

7）用于诊断/调试测试的内部环回测试模式。

8）标准的、基于 FIFO 的中断和传输结束中断。

9）用微型直接存储器访问控制器（μDMA）的高效传输。用于发送和接收的独立通道。当数据在 FIFO 时，接收单个请求生效；当 FIFO 包含 4 个数据时，突发请求生效。当 FIFO 中有空间时，发送单个请求生效；当写入 FIFO 中包含 4 个或更多数据时，突发请求生效。用于接收和发送完成的可屏蔽 μDMA 中断。

10）可用全局备用时钟（ALTCLK）源或系统时钟（SYSCLK）来产生波特率时钟。

7.2.1　模块框图

带高级、双和四 SSI 的 QSSI 模块框图如图 7-6 所示。

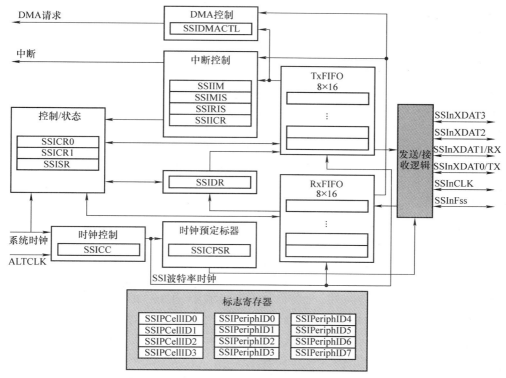

图 7-6　带高级、双 SSI 和四 SSI 支持的 QSSI 模块

7.2.2　信号描述

QSSI 模块的外部信号及各自功能描述见表 7-3。QSSI 信号是一些 GPIO 信号的复用功能，且在复位时默认是 GPIO 信号。表 7-3 的"引脚复用/引脚分配"栏中列出了可能放置 QSSI 信号的 GPIO 引脚。应该置位 GPIO 复用功能选择（GPIOAFSEL）寄存器中的 AFSEL 位，以选择 QSSI 功能。括号中的数字是必须被编程进 GPIO 端口控制（GPIOPCTL）寄存器中的 PMCn 字段的编码，以分配 QSSI 信号到指定的 GPIO 端口引脚。

注意对于 QSSI 模块，当工作于传统模式时，SSInXDAT0 用作 SSInTX，而 SSInXDAT1 用作 SSInRX。

表 7-3　SSI 信号（128TQFP）

引脚名称	引脚编号	引脚复用/引脚分配	引脚类型	缓冲器类型	描　　述
SSI0Clk	35	PA2（15）	I/O	TTL	SSI 模块 0 时钟
SSI0Fss	36	PA3（15）	I/O	TTL	SSI 模块 0 帧信号
SSI0XDAT0	37	PA4（15）	I/O	TTL	SSI 模块 0 双向数据引脚 0（传统 SSI 模式下的 SSI0TX）
SSI0XDAT1	38	PA5（15）	I/O	TTL	SSI 模块 0 双向数据引脚 1（传统 SSI 模式下的 SSI0RX）
SSI0XDAT2	40	PA6（13）	I/O	TTL	SSI 模块 0 双向数据引脚 2
SSI0XDAT3	41	PA7（13）	I/O	TTL	SSI 模块 0 双向数据引脚 3
SSI1Clk	120	PB5（15）	I/O	TTL	SSI 模块 1 时钟
SSI1Fss	121	PB4（15）	I/O	TTL	SSI 模块 1 帧信号
SSI1XDAT0	123	PE4（15）	I/O	TTL	SSI 模块 1 双向数据引脚 0（传统 SSI 模式下的 SSI1TX）
SSI1XDAT1	124	PE5（15）	I/O	TTL	SSI 模块 1 双向数据引脚 1（传统 SSI 模式下的 SSI1RX）
SSI1XDAT2	125	PD4（15）	I/O	TTL	SSI 模块 1 双向数据引脚 2
SSI1XDAT3	126	PD5（15）	I/O	TTL	SSI 模块 1 双向数据引脚 3
SSI2Clk	4	PD3（15）	I/O	TTL	SSI 模块 2 时钟
SSI2Fss	3	PD2（15）	I/O	TTL	SSI 模块 2 帧信号
SSI2XDAT0	2	PD1（15）	I/O	TTL	SSI 模块 2 双向数据引脚 0（传统 SSI 模式下的 SSI2TX）
SSI2XDAT1	1	PD0（15）	I/O	TTL	SSI 模块 2 双向数据引脚 1（传统 SSI 模式下的 SSI2RX）
SSI2XDAT2	128	PD7（15）	I/O	TTL	SSI 模块 2 双向数据引脚 2
SSI2XDAT3	127	PD6（15）	I/O	TTL	SSI 模块 2 双向数据引脚 3
SSI3Clk	5 45	PQ0（14） PF3（14）	I/O	TTL	SSI 模块 3 时钟
SSI3Fss	6 44	PQ1（14） PF2（14）	I/O	TTL	SSI 模块 3 帧信号
SSI3XDAT0	11 43	PQ2（14） PF1（14）	I/O	TTL	SSI 模块 3 双向数据引脚 0（传统 SSI 模式下的 SSI3TX）
SSI3XDAT1	27 42	PQ3（14） PF0（14）	I/O	TTL	SSI 模块 3 双向数据引脚 1（传统 SSI 模式下的 SSI3RX）
SSI3XDAT2	46 118	PF4（14） PP0（15）	I/O	TTL	SSI 模块 3 双向数据引脚 2
SSI3XDAT3	119	PP1（15）	I/O	TTL	SSI 模块 3 双向数据引脚 3

7.2.3　功能描述

QSSI 对从外设接收的数据执行串行-并行转换。CPU 访问数据、控制和状态信息。发送和接收路径带内部 FIFO 存储器缓冲，在发送和接收模式下，都允许独立地存储多达 8 个 16 位值。该 QSSI 还支持 μDMA 接口，可以编程发送和接收 FIFO 为 μDMA 模块中的目的/源地址。通过设置 SSIDMACTL 寄存器中的相应位，使能 μDMA 操作。

1. 比特率产生

QSSI 包括一个可编程的比特率时钟分频器和预分频器，以产生串行输出时钟。尽管最大比特率由外设决定，支持 2MHz 或更高的比特率。串行比特率是通过对输入时钟（SysClk）分频而得到。该时钟首先被从 2~254 的偶数预分频值 CPSDVSR 除，该值被编程在 SSI 时钟预分频（SSICPSR）寄存器中。该时钟进而被从 1~256 的值除，即 1 + SCR，其中 SCR 是被编程在 SSI 控制 0（SSICR0）寄存器中的值。输出时钟 SSInClk 的频率定义为

$$SSInClk = SysClk / (CPSDVSR \times (1 + SCR))$$

注意，根据 SSI 时钟配置（SSICC）寄存器中的 CS 字段如何配置，用 SYSCLK 或 ALTCLK 作为 SSInClk 的源。对于主传统模式，SYSCLK 或 ALTCLK 必须至少比 SSInClk 快两倍，并限制 SSInClk 不能高于 60MHz。对于从模式，SYSCLK 或 ALTCLK 必须至少比 SSInClk 快 12 倍。在从传统模式，SSInClk 的最大频率为 10MHz。

2. FIFO 操作

（1）发送 FIFO　公用的发送 FIFO 是一个 16 位宽、8 单元深、先入先出的存储器缓冲器。CPU 通过写 SSI 数据（SSIDR）寄存器将数据写入 FIFO，同时数据存储在 FIFO 中，直到它被发送逻辑读出。当配置为主机或从机时，并行数据分别通过 SSInDAT0/SSInTX 引脚写入发送 FIFO，优先于传统 SSI 串行转换以及对附属从机或主机的传输。

在从模式下，传统 SSI 在每个主机启动事务时发送数据。如果发送 FIFO 为空且主机启动，从机发送 FIFO 中第 8 个最近的值。如果自从使用 RCGCSSI 寄存器中的 Rn 位使能 SSI 模块时钟，则写入发送 FIFO 的值少于 8 个，或者如果使用 SRSSI 寄存器复位 QSSI，则发送 0。应注意确保根据需要，FIFO 中有有效数据。可配置 QSSI 为当 FIFO 为空时产生中断或 μDMA 请求。

注意，当工作在传统模式下，QSSI 的 SSInXDAT0 信号用作 SSInTX。

（2）接收 FIFO　公用的接收 FIFO 是一个 16 位宽、8 单元深、先入先出的存储器缓冲器。使用传统串行接口接收的数据被存储在缓冲器中，直到被 CPU 读出。它通过读 SSIDR 寄存器访问读 FIFO。如果当主机或从机接收新数据时接收 FIFO 已满，则该数据被延迟到接收 FIFO 有空间。

当配置为主机或从机时，通过 SSInDAT1/SSInRX 引脚接收的串行数据，在被分别并行装载到相连的从机或主机的接收 FIFO 前，被锁存。

注意，当工作在传统模式下，QSSI 的 SSInXDAT1 信号用作 SSInRX。

3. 高级、双和四 SSI 功能

双 SSI 使用 SSInXDAT0 和 SSInXDAT1 两个数据引脚，可被配置为接收或发送数据。在四 SSI 模式下，SSInXDAT0、SSInXDAT1、SSInXDAT2 和 SSInXDAT3 允许每次接收或发送 4 位数据。注意，双和四 SSI 数据传输只是半双工的。

通过编程 SSICR1 寄存器中的 MODE 位，可以使能高级、双或四 SSI 模式。在双或四 SSI 事务中，方向位 DIR 被提供给编程操作方向。由于双和四 SSI 不是全双工的，DIR 位定义了是否禁用 RX FIFO。在高级操作中，如果使能 QSSI 模块 TX（写）模式，RX FIFO 自动地不接收任何数据。当高级 SSI 在 RX（读）模式下，它工作为一个全双工接口。

在双和四 SSI 模式下，因为只允许 8 位数据，在传输数据给 RX 和 TX FIFO 前，必须编程 SSICR0 寄存器中的 DSS 位域为 0x7。对于数据发送，8 位数据包被放置在 TX FIFO 条目的位 [7:0]，而操作模式被插入 TX FIFO 条目的 3 个最高有效位中。QSSI 模块用 TX FIFO 中的操作模式位 [15:13]，在适当引脚上配置数据。可放置以下模式在 FIFO 条目的位 [15:13]：双 SSI 模式（0x1）、四 SSI 模式（0x2）和高级 SSI 模式（0x3）。

当数据被第一次写入 TX FIFO，SSInFss 低有效信号指示一帧的开始。在发送结束时，TX FIFO 中最后一个数据条目的位 12 表示帧是否结束。当 EOM 位为 1 时，表示消息结束（EOM 或 STOP 帧）并且随后 SSInFss 被强制为高。在写 TX FIFO 完成的同一时钟，SSICR1 寄存器中的 EOM 位被清零。EOM 位的值为 0 表示传输没有变化。如果 TX FIFO 被清空且 SSInFSS 仍然低有效，它保持低电平但 SSInCLK 没有脉冲。同样，如果当 TX FIFO 为空时 SSInFss 是高电平，它保持高电平。

在双 SSI 发送帧期间，数据被移出 2 位并放置到相应的两个 SSInDATn 引脚。对于四 SSI 发送帧，数据被移出 4 位并放置到相应的 4 个 SSInDATn 引脚。在双、四和高级 SSI 中，RX FIFO 中的低字节包含接收到的数据。高字节没有有效信息。注意，当主机在双或四 SSI 模式下，如果 SSICR0 寄存器中的 DSS 位不被置为 0x7，QSSI 模块恢复到传统模式且行为无法得到保证。

用 SSICRI1 寄存器的位 DIR 和 MODE 编程，将被装载进 FIFO 中的下一个数据字节所需要的操作。操作的可用模式见表 7-4。

表 7-4　QSSI 事务编码

方　向	模　式	操　作
X	0x0	SSI 传统操作支持 4~16 个数据位
0	0x1	发送（TX）双 SSI 带 8 位数据包
0	0x2	发送（TX）四 SSI 带 8 位数据包
0	0x3	发送（TX）高级 SSI 模式带 8 位数据包且写接收 FIFO 无效
1	0x1	接收（RX）双 SSI 带 8 位数据包
1	0x2	接收（RX）四 SSI 带 8 位数据包
1	0x3	全双工高级 SSI 带 8 位数据包

注意，高级、双和四模式允许的唯一帧结构是 SPO = 0 和 SPH = 0。

不同的事务可以在 FIFO 中一个接着一个。下面的事务组合是被允许的。

1）传统 SSI 模式（如果配置为这种模式，不推荐切换到任何其他复用模式）。

2）高级 SSI 模式，然后双 SSI 模式。

3）高级 SSI 模式，然后四 SSI 模式。

4）高级 SSI 模式，然后双 SSI 模式，随后高级 SSI 模式。

5）高级 SSI 模式，然后四 SSI 模式，随后高级 SSI 模式。

注意在单个事务中不鼓励在四 SSI 和双 SSI 之间切换。

4. SSInFSS 功能

对于操作的增强模式，可以编程 SSInFss 信号在 1 个记录或整个帧中每个字节传输的开始处，为低有效信号。通过编程 SSICR1 寄存器中的 FSSHLDFRM 位，来配置该模式。EOM 位也被提供以表示帧传输的结束。该位被嵌在 TX FIFO 入口处，用于在接口处的恰当时间让 SSInFss 失效。当工作在 8 位传统 SSI 模式时，也可以用 FSSHLDFRM 位。

FSSHLDFRM 位对传统 SSI 模式和增强模式的功能特性见表 7-5。

表 7-5　InFss 功能特性

模式	FSSHLDFRM	描　　述
传统模式	0	对飞思卡尔格式，当 SPH = 0，SSInFss 信号在连续传输间低有效。当 SPH = 1，SSInFss 信号在连续传输间失效（高电平）。 对 TI 格式，在每个数据传输后 SSInFss 失效（高电平）
	1	对飞思卡尔格式与任何 SPH 值，在连续传输间 SSInFss 信号被强制为高；当 Tx FIFO 中有可用数据时，它低有效；否则它被强制为高，以准备好一个新帧
高级/双/四	0	每个数据字节后，SSInFss 低有效
SSI 模式	1	写新数据到 TX FIFO 会通知 SSInFss 低有效，直到 Tx FIFO 为空

5. 高速时钟操作

在主模式下，QSSI 模块可以通过设置 SSI 控制 1（SSICR1）寄存器中的 HSCLKEN 位，使能高速时钟。在这种操作模式下，QSSI 主操作中的 SSInCLK 作为环回时钟，即 HSPEED-CLK，被返回到 QSSI 模块。因为该逻辑可被用于调整时钟到外部数据的关系，这允许更快的时序。HSPEEDCLK 在独立的寄存器中捕获 RX 数据。这允许远程设备所看到的时钟和内部时钟之间的时间匹配更加紧密。

在独立寄存器中被捕获的接收数据在环回时钟（HSPEEDCLK）上被采样，且用 HSPEEDCLK 锁存 RX FIFO 写控制。如果 HSCLKEN = 1，QSSI 将选择使用相应的移位寄存器和 FIFO 写使能。这支持更快的 QSSI 主机速度。

注意，为了高速模式的适当功能特性，在任何 SSI 数据传输前或复位 QSSI 模块后，应该置位 SSICR1 寄存器中的 HSCLKEN 位。此外，在置位 HSCLKEN 位前，必须设置 SSE 位为 0x1。

6. 中断

当观察到以下情况时，QSSI 会产生中断。

1）发送 FIFO 服务（当发送 FIFO 半满或更少时）。

2）接收 FIFO 服务（当接收 FIFO 半满或更多时）。

3）接收 FIFO 超时。

4）接收 FIFO 满。

5）发送结束。

6）接收 DMA 传输完成。

7）发送 DMA 传输完成。

被送到中断控制器之前，所有中断事件被"或"在一起，所以 QSSI 对控制器产生单个中断请求，而不管激活中断的数量。通过清除 SSI 中断屏蔽（SSIIM）寄存器中的相应位，可以屏蔽七个单独的可屏蔽中断中的任何一个。设置适当的屏蔽位可使能中断。

各个输出以及组合的中断输出，允许使用全局中断服务程序或模块设备驱动程序来处理中断。从状态中断中分离发送和接收动态数据流中断后，因此可以响应 FIFO 触发级别而读出或写入数据。从 SSI 原始中断状态（SSIRIS）和 SSI 屏蔽中断状态（SSIMIS）寄存器中可读取各个中断源的状态。

RX FIFO 有相应的超时计数器，在当 SSISR 寄存器中的 RNE 位标志 RX FIFO 不为空的同时，开始递减计数。在当一个新的或下一个字节被写到 RX FIFO 的任何时候，计数器复位，因此除非有新的活动，计数器将继续计数，直到递减为零。超时周期是基于 SSInClk 周期的 32 个周期。当计数器达到零，在 SSIRIS 寄存器中置位超时中断位 RTRIS。通过写 1 到 SSI 中断清除（SSIIC）寄存器的 RTIC 位或清空 RX FIFO，可以清除超时中断。如果中断被清除，并有残留数据在 RX FIFO 中或已写入新的数据，定时器递减计数启动，并在计数 32 周期后重新生效中断。

发送结束（EOT）中断表示数据已经发送完成，并且仅对主机模式设备/操作有效。该中断可用于指示何时可以安全地关闭 QSSI 模块时钟，或进入睡眠模式。另外，由于发送的数据和接收的数据在完全相同的时间完成，该中断也可以立即指示读数据已准备好，而不用等待接收 FIFO 超时周期来完成。

注意，仅在飞思卡尔 SPI 模式下，将引起一种情况，即 FIFO 为满，对每个传输字节产生 EOT 中断。如果已经设置集成的从机 QSSI 中的 EOT 位为 0，且已经配置 μDMA 为从该 QSSI 传送数据到使用外部回环设备上的主机 QSSI，即使 FIFO 为满，该 QSSI 从机为每个字节产生一个 EOT 中断。

7. 帧格式

每个数据帧在传统模式下是 4~16 位长度，在高级/双/四 SSI 模式是 8 位，并从最高位（MSB）开始传送。通过编程 SSICR0 寄存器中的 FRF 位，可以选择两种基本的帧类型：德州仪器同步串行和飞思卡尔 SPI。

注意，当 SSI 控制 0（SSICR0）寄存器中的 SPH = 0、SPO = 0 和 DDS = 0x8 时，高级、双和四 SSI 模块仅支持飞思卡尔模式。对于这两种格式，当 QSSI 空闲时，串行时钟（SSInClk）保持停止，而仅在主动发送或接收数据时，SSInClk 以编程频率变化。SSInClk 的空闲状态被用来提供接收超时指示，当接收 FIFO 在超时周期后仍然包含数据时会发生接收超时。

对于飞思卡尔 SPI 帧格式，串行帧（SSInFss）引脚为低电平有效，并在帧的整个传送过程中有效（拉低）。对于德州仪器同步串行帧格式，该 SSInFss 引脚在串行时钟的上升沿开始出现一个周期，优先于每帧的传送。对于这种帧格式，QSSI 和片外从设备都在 SSInClk 的上升沿驱动它们的输出数据，并在下降沿锁存从其他设备来的数据。

在传统模式下运行时，每种帧格式支持的功能概要见表 7-6。

表 7-6　传统模式 TI 和飞思卡尔 SPI 帧格式的特征

特点	TI 模式	飞思卡尔 SPI 模式
帧保持	不可用	可用
高速（仅主机 RX）	不可用	可用
SPO/SPH 配置	不可用	可用并且可以结合帧保持和高速模式使用
频率（系统时钟：SSInClk）	主机 1∶2	主机 1∶2
	从机 1∶12	从机 1∶12

对于使用飞思卡尔 SPI 格式的高级、双和四 SSI 模式，或者使用 TI 格式的双和四 SSI 模式，支持以下特征。

1）帧保持。

2）高速（仅主机 RX）。

3）SPO/SPH 配置仅允许 SPO = 0 和 SPH = 0。

4）频率（系统时钟：SSInClk）：主机 1∶2 和从机 1∶12。

（1）TI 同步串行帧格式　单次传送帧的 TI 同步串行帧格式，如图 7-7 所示。

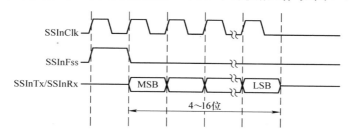

图 7-7　TI 同步串行帧格式（单次传输）

在这种模式下，SSInClk 和 SSInFss 被强制为低电平，并且每当 QSSI 空闲时，发送数据线 SSInDAT0/SSInTX 为三态。一旦发送 FIFO 的底部位置包含数据，SSInFss 出现 1 个 SSIn-Clk 周期的高脉冲。要发送的值也从发送 FIFO 传输到发送逻辑的串行移位寄存器。在 SSIn-Clk 的下一个上升沿，在 SSInDAT0/SSInTX 引脚移出 4~16 位数据帧的最高位。同样的，接收数据的最高位被片外串行从设备移到 SSInDAT1/SSInRX 引脚上。QSSI 和片外串行从设备，都在 SSInClk 的每个下降沿驱动每个数据位进到它们的串行移位器。最低位（LSB）被锁存后，在 SSInClk 的第一个上升沿，从串行移位器传输接收数据到接收 FIFO。

当传送背靠背帧时，TI 同步串行帧格式如图 7-8 所示。

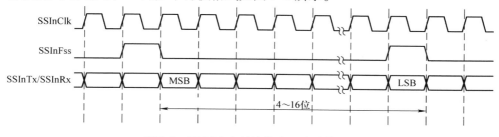

图 7-8　TI 同步串行帧格式（连续传输）

ARM 嵌入式系统教程:基于 Cortex-M4 内核和 TM4C1294 控制器

（2）飞思卡尔 SPI 帧格式　飞思卡尔 SPI 接口是一个四线接口，其中 SSInFss 信号用作从机选择。如果运行于传统模式并使用飞思卡尔 SPI 帧格式，可通过 SSICR0 控制寄存器中的 SPO 和 SPH 位，编程 SSInClk 信号的无效状态和相位。如果运行于高级/双/四 SSI 模式，必须编程 SPO 和 SPH 位为 0。

当清零 SPO 时钟极性控制位时，它在 SSInClk 引脚产生稳定的低信号。如果置位 SPO 位，当不传输数据时，SSInClk 引脚是稳定的高信号。

SPH 相位控制位，选择捕获数据的时钟边沿并允许其改变状态。通过在第 1 个数据捕获边沿之前，允许或不允许时钟转变，该位的状态对第 1 个传输位最具影响力。当 SPH 相位控制位被清零时，在第 1 个时钟边沿过渡处捕获数据。如果 SPH 位被置位，在第 2 个时钟边沿过渡处捕获数据。

（3）飞思卡尔 SPI 帧格式带 SPO＝0 和 SPH＝0　飞思卡尔 SPI 格式带 SPO＝0 和 SPH＝0 的单次及连续传输信号序列如图 7-9 和图 7-10 所示，其中 Q 无定义。注意，这是唯一可用在高级/双/四 SSI 模式下运行的飞思卡尔 SPI 帧格式配置。

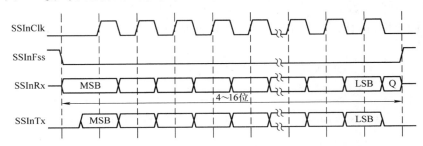

图 7-9　飞思卡尔 SPI 格式（单次传输）带 SPO＝0 和 SPH＝0

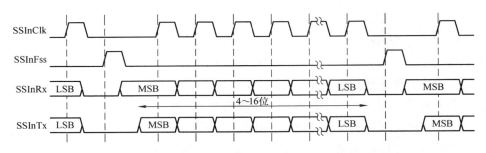

图 7-10　飞思卡尔 SPI 格式（连续传输）带 SPO＝0 和 SPH＝0

这种配置中，在空闲期间：
① SSInClk 被强制拉低。
② SSInFss 被强制抬高。
③ 发送数据线 SSInDAT0/SSInTX 被强制拉低。
④ 当 QSSI 被配置为主机，它使能 SSInClk 引脚。
⑤ 当 QSSI 被配置为从机，它禁用 SSInClk 引脚。

如果 QSSI 被使能并且发送 FIFO 中有有效数据，根据 SSInFss 主机信号被驱动为低电平，标志发送开始，这会引起从机数据被使能到主机的 SSInDAT1/SSInRX 输入线上。主机 SSIn-

DAT0/SSInTX 输出引脚被使能。一半 SSInClk 周期之后，有效的主机数据被传送到 SSIn-DAT0/SSInTX 引脚。一旦设置了主机和从机数据，在额外的半个 SSInClk 周期后，SSInClk 主机时钟引脚变高。

在 SSInClk 信号的上升沿捕获数据，在 SSInClk 信号的下降沿传输。对于单字传送，传输该数据字的所有位，捕获最后 1 位的 1 个 SSInClk 周期后，SSInFss 引线返回到它的空闲高状态。然而，对于连续背靠背传输，SSInFss 信号在每个数据字传输之间必须是高脉冲，因为从机选择引脚"冻结"了在它串行外设寄存器中的数据，并且如果 SPH 位被清零，则不允许改变它。因此，主设备必须在每个数据传输间抬高从设备的 SSInFss 引脚，以使能串行外设数据写。连续传输完成，捕获最后 1 位的 1 个 SSInClk 周期后，SSInFss 引脚返回到它的空闲状态。

（4）飞思卡尔 SPI 帧格式带 SPO = 0 和 SPH = 1　飞思卡尔 SPI 格式带 SPO = 0 和 SPH = 1 的传输信号序列如图 7-11 所示，概括了单次和连续传输，其中 Q 无定义。注意，该飞思卡尔 SPI 帧格式配置仅可用于工作在传统 SSI 操作模式下。

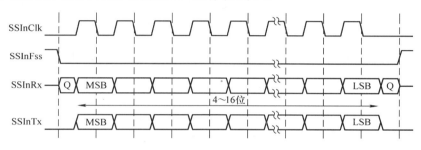

图 7-11　飞思卡尔 SPI 帧格式带 SPO = 0 和 SPH = 1

这种配置中，在空闲期间：
① SSInClk 被强制拉低。
② SSInFss 被强制抬高。
③ 发送数据线 SSInDAT0/SSInTX 被强制拉低。
④ 当 QSSI 被配置为主机，它使能 SSInClk 引脚。
⑤ 当 QSSI 被配置为从机，它禁用 SSInClk 引脚。

如果 QSSI 被使能并有有效数据在发送 FIFO 中，通过 SSInFss 主机信号被驱动为低标志开始传输。主机 SSInDAT0/SSInTX 输出被使能。额外的半个 SSInClk 周期后，主机和从机的有效数据被使能到各自的传输线路上。与此同时，使能 SSInClk，带 1 个上升边沿转变。随后，在 SSInClk 信号的下降沿捕获数据，在 SSInClk 信号的上升沿传输。

对于单字传送，传输所有位后，捕获最后 1 位的 1 个 SSInClk 周期后，SSInFss 引线返回到它的空闲高状态。对于连续背靠背传输，SSInFss 引脚在连续的数据字之间保持低状态，并且和单字传输一样结束。

（5）飞思卡尔 SPI 帧格式带 SPO = 1 和 SPH = 0　飞思卡尔 SPI 格式带 SPO = 1 和 SPH = 0 的单次及连续传输信号序列如图 7-12 和图 7-13 所示，其中 Q 无定义。注意，此飞思卡尔 SPI 帧格式配置仅用在当工作于传统 SSI 操作模式时。

这种配置中，在空闲期间：

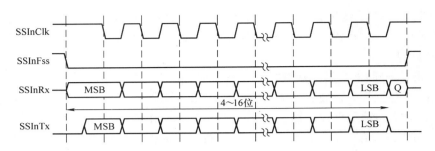

图 7-12　飞思卡尔 SPI 帧格式（单次传输）带 SPO = 1 和 SPH = 0

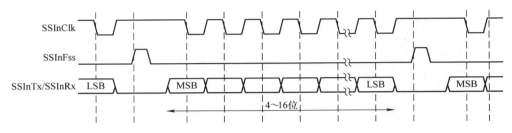

图 7-13　飞思卡尔 SPI 帧格式（连续传输）带 SPO = 1 和 SPH = 0

① SSInClk 被强制抬高。

② SSInFss 被强制抬高。

③ 发送数据线 SSInDAT0/SSInTX 被强制拉低。

④ 当 QSSI 被配置为主机，它使能 SSInClk 引脚。

⑤ 当 QSSI 被配置为从机，它禁用 SSInClk 引脚。

如果 QSSI 被使能并且在发送 FIFO 中有有效数据，SSInFss 主机信号被驱动为低电平标志着发送开始，这使得立即传输从机数据到主机的 SSInDAT1/SSInRX 输入线上，使能主机 SSInDAT0/SSInTX 输出引脚。

一个半周期后，有效的主机数据被传送到 SSInDAT0/SSInTX 引线。一旦主机和从机数据都被设置，在额外的半个 SSInClk 周期后，SSInClk 主机时钟引脚变低，意味着在 SSInClk 信号的下降沿捕获数据，在 SSInClk 信号的上升沿传输。

对于单字传送，传输该数据字的所有位后，在捕获最后 1 位的 1 个 SSInClk 周期后，SSInFss 引线返回到它的空闲高状态。然而，对于连续的背靠背传输，SSInFss 信号在每个数据字传输之间必须是高脉冲，因为从机选择引脚"冻结"了在它的串行外设寄存器中的数据，并且如果 SPH 位被清零，则不允许改变它。因此，主设备必须在每个数据传输间抬高从设备的 SSInFss 引脚，以使能串行外设数据写。连续传输完成，在捕获最后 1 位的 1 个 SSInClk 周期后，SSInFss 引脚返回到它的空闲状态。

（6）飞思卡尔 SPI 帧格式带 SPO = 1 和 SPH = 1　飞思卡尔 SPI 格式带 SPO = 1 和 SPH = 1 的传输信号序列如图 7-14 所示，概括了单次和连续传输，其中 Q 无定义。注意，该飞思卡尔 SPI 帧格式配置仅可用于当工作在传统 SSI 操作模式下。

这种配置中，在空闲期间：

① SSInClk 被强制抬高。

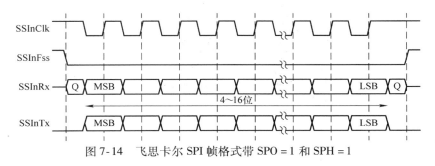

图 7-14　飞思卡尔 SPI 帧格式带 SPO = 1 和 SPH = 1

② SSInFss 被强制抬高。

③ 发送数据线 SSInDAT0/SSInTX 被强制拉低。

④ 当 QSSI 被配置为主机，它使能 SSInClk 引脚。

⑤ 当 QSSI 被配置为从机，它禁用 SSInClk 引脚。

如果 QSSI 被使能并且在发送 FIFO 中有有效数据，通过 SSInFss 主机信号被驱动为低，标志着开始传输。主机 SSInDAT0/SSInTX 输出引脚被使能。额外的半个 SSInClk 周期后，主机和从机的有效数据被使能到各自的传输线路上。与此同时，使能 SSInClk，带 1 个下降边沿转变。在 SSInClk 信号的上升沿捕获数据，在 SSInClk 信号的下降沿传输。

对于单字传送，所有位被传输并在捕获最后 1 位的 1 个 SSInClk 周期后，SSInFss 引线返回它的空闲高状态。对于连续背靠背发送，SSInFss 引脚保持低有效状态，直到最后 1 个字的最后 1 位被捕获，随后和上述一样返回它的空闲状态。对于连续背靠背传输，SSInFss 引脚在连续数据字间保持低状态，并且和单字传输一样结束。

8. DMA 操作

QSSI 外设提供了一个带发送和接收独立通道的 μDMA 控制器接口。通过 SSI DMA 控制（SSIDMACTL）寄存器使能 QSSI 的 μDMA 操作。当 μDMA 操作被使能，相关的 FIFO 可以传输数据时，QSSI 在接收或发送通道上生效 μDMA 请求。对于接收通道，只要任何数据在接收 FIFO 中，单次传输请求生效。只要接收 FIFO 中的数据数目为 4 或更多时，突发传输请求生效。对于发送通道，只要发送 FIFO 中至少有一个空位置，则单次传输请求生效。只要发送 FIFO 有 4 个或更多的空位置，突发请求生效。根据不同的 μDMA 通道配置情况，μDMA 控制器自动处理单次和突发 μDMA 传输请求。为使能接收通道 μDMA 操作，应置位 DMA 控制（SSIDMACTL）寄存器的 RXDMAE 位。为使能发送通道的 μDMA 操作，应置位 SSIDMACTL 的 TXDMAE 位。如果 μDMA 被使能并已完成了从 TX FIFO 的数据传送，SSIRIS 寄存器中的 DMATXRIS 位被置位。如果完成了从 RX FIFO 的 μDMA 数据传输，DMARXRIS 位被置位。SSIRIS 寄存器中的 EOT 位，可以指示何时 TX FIFO 为空及最后 1 位被发送出串行器。

7.2.4　初始化及配置

要使能并初始化 QSSI，必须按以下步骤进行。

1）使用 RCGCSSI 寄存器使能 QSSI 模块。

2）通过 RCGCGPIO 寄存器使能相应 GPIO 模块的时钟。

3）为合适的引脚设置 GPIO AFSEL 位。

4）配置 GPIOPCTL 寄存器中的 PMCn 字段，以分配 QSSI 信号给合适的引脚。

5）编程 GPIODEN 寄存器以使能引脚的数字功能。此外，必须配置驱动能力、漏极选择和上拉/下拉功能。

注意，上拉可用于避免 QSSI 引脚上不必要的切换（Toggle），那会导致从机处于错误状态。此外，如果通过 SSICR0 寄存器中的 SPO 位，编程 SSIClk 信号为稳定高状态，那么软件也必须在 GPIO 偏移量 0x510 的 GPIO 上拉选择（GPIOPUR）寄存器中配置对应 SSInClk 信号的 GPIO 端口引脚为上拉。

对于每种帧格式，QSSI 按以下步骤配置。

1）如果是复位后的初始化，确保任何配置更改前，SSICR1 寄存器中的 SSE 位被清零。否则，当 SSE 位被置位，可能更改配置为高级 SSI。

2）选择 QSSI 是主机还是从机。对于主机操作，设置 SSICR1 寄存器为 0x0000.0000；对于从模式（输出使能），设置 SSICR1 寄存器为 0x0000.0004；对于从模式（输出禁用），设置 SSICR1 寄存器为 0x0000.000C。

3）通过写 SSICC 寄存器，配置 QSSI 时钟源。

4）通过写 SSICPSR 寄存器，配置时钟预分频因子。

5）写 SSICR0 寄存器，配置如下：串行时钟速率（SCR）；如果使用飞思卡尔 SPI 模式（SPH 和 SPO），所需的时钟相位/极性；协议模式为飞思卡尔 SPI 或 TI SSF；数据大小（DSS）。

6）可选的配置 μDMA 通道，并使能 SSIDMACTL 寄存器中的 DMA 选项。

7）如果是复位后的第一次初始化，通过设置 SSICR1 寄存器中的 SSE 位，使能 QSSI。

举例假设 QSSI 必须配置为带下列参数运行：主机操作、飞思卡尔 SPI 模式（SPO = 1，SPH = 1）、1Mbit/s 比特率和 8 个数据位。

假定系统时钟为 20MHz，计算比特率为

$$SSInClk = SysClk/(CPSDVSR \times (1 + SCR))$$
$$1 \times 10^6 = 20 \times 10^6/(CPSDVSR \times (1 + SCR))$$

在这种情况下，如果 CPSDVSR = 0x2，SCR 必须为 0x9。配置顺序如下。

1）确保 SSICR1 寄存器中的 SSE 位被清零。

2）写 SSICR1 寄存器为值 0x0000.0000。

3）写 SSICPSR 寄存器为值 0x0000.0002。

4）写 SSICR0 寄存器为值 0x0000.09C7。

5）随后通过设置 SSICR1 寄存器中的 SSE 位，使能 QSSI。

对于增强模式的配置，如果 QSSI 模块支持高级/双/四的功能，那么在初始化 QSSI 模块后可以使能这些模式。下面是配置 QSSI 在高级 SSI 模式中发送 2 个数据字节并随后在双 SSI 模式中发送 2 字节的例子。

1）在 SSICR1 寄存器中设置 MODE 位为 0x3 及 FSSHLDFM 位为 1。为了在主模式下运行，编程 MS 位为 0。编程 SSICR0 和 SSICR1 寄存器中剩余位为相关值。

2）写一个数据字节到 TX FIFO；设置 EOM 位为 1 并写入第二个数据字节到 TX FIFO。

3）设置 SSICR1 寄存器中 MODE 位为 0x1 及 FSSHLDFM 位为 1。为了在主模式下运行，编程 MS 位为 0。编程 SSICR0 和 SSICR1 寄存器中剩余位为相关值。

4）用一个数据字节填充 TX FIFO。

5）置位 SSICR1 寄存器中的 EOM 位。

6）用一个数据字节填充 TX FIFO。

7.3　通用串行总线控制器

在与 USB 主机、设备或 OTG 功能设备进行点对点通信期间，TM4C1294NCPDT 通用串行总线（USB）控制器工作于全速或低速方式。如果利用集成的 ULPI 接口，USB 可以高速方式工作。该控制器遵循 USB 2.0 标准，包括 SUSPEND（暂停）和 RESUME（恢复）信号，16 个包含两个硬连线的端点来控制传输（一个端点为 IN，一个端点为 OUT），加上 14 个通过固件定义的端点，连同动态大小 FIFO 以支持多数据包队列。USB 对 FIFO 的 DMA 访问可以使来自系统软件的干预最小。软件控制的连接和断开在 USB 设备启动期间提供了灵活性。该控制器遵守 OTG 标准的会话请求协议（SRP）和主机协商协议（HNP）。

TM4C1294NCPDT 的 USB 模块具有以下特点。

1）符合 USB–IF（实施者论坛）认证标准。

2）USB 2.0 高速（480 Mbit/s）操作带集成 ULPI 接口与外部 PHY 通信。

3）链接电源管理支持使用链路状态感知以减少功耗。

4）4 种传输类型：控制、中断、批量和同步。

5）16 个端点：1 个专用控制 IN 端点和 1 个专用控制 OUT 端点；7 个可配置 IN 端点和 7 个可配置 OUT 端点。

6）4KB 专用端点存储器：1 个端点可被定义为双缓冲 1023 字节同步数据包大小。

7）VBUS 下垂检测和中断。

8）集成的 USB DMA 带总线主控能力。多达 8 个 RX 端点通道和 8 个 TX 端点通道可用；每个通道可被单独编程以工作于不同模式；支持 4、8、16 或不确定长度的增量突发传输。

7.3.1　模块框图

USB 模块框图如图 7-15 所示。

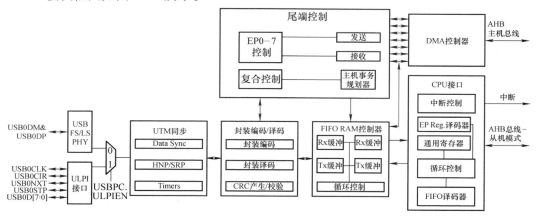

图 7-15　USB 模块框图

7.3.2 信号描述

USB 控制器的外部信号及各自功能描述见表 7-7。一些 USB 控制器信号是一些 GPIO 信号的复用功能，并在复位时默认为 GPIO 信号。表 7-7 的"引脚复用/引脚分配"栏中列出了为这些 USB 信号可能放置的 GPIO 引脚。应该设置 GPIO 复用功能选择（GPIOAFSEL）寄存器中的 AFSEL 位为选择 USB 功能。括号中的数字是必须被编程进 GPIO 端口控制（GPIOPCTL）寄存器中 PMCn 字段的编码，以分配 USB 信号给指定的 GPIO 端口引脚。通过清除 GPIO 数字使能（GPIODEN）寄存器中适当的 DEN 位，配置 USB0VBUS 和 USB0ID 信号。剩余信号（在"引脚复用/引脚分配"栏中"固定"）有固定的引脚分配和功能。

注意，当在 OTG 模式下使用时，USB0VBUS 和 USB0ID 不需要任何配置，因为它们是 USB 控制器的专用引脚并且直接连接到 USB 连接器的 VBUS 和 ID 信号。如果 USB 控制器被用作专用的主机或设备，在 USB 通用控制和状态（USBGPCS）寄存器中的 DEVMOD 字段可用于连接 USB0VBUS 和/或 USB0ID 输入到内部固定电平，从而释放 PB0 与 PB1 引脚作 GPIO 用。注意 PB1（USB0VBUS）根据需要是 5V 兼容信号。为了正确的自供电设备操作，必须仍然监测 VBUS 值以确保如果主机移除 VBUS，自供电设备禁用 D +/D-上拉电阻。可以通过连接标准的 GPIO 到 VBUS 来完成这个功能。

已在内部添加 USB PHY 的终端电阻，因此没有必要使用外部电阻。对于设备，在 D + 有 1.5kΩ 的上拉电阻，对于主机在 D + 和 D-都有 15kΩ 的下拉电阻。

注意，端口引脚 PL6 和 PL7 用作快速 GPIO 引脚，但只有 4mA 的驱动能力。GPIO 寄存器对驱动能力、电压摆率和漏极开路的控制对这些引脚没有影响。没有影响的寄存器如下：GPIODR2R、GPIODR4R、GPIODR8R、GPIODR12R、GPIOSLR 和 GPIOODR。

表 7-7　USB 信号（128TQFP）

引脚名称	引脚编号	引脚复用/引脚分配	引脚类型	缓冲器类型	描　　述
USB0CLK	92	PB3 (14)	O	TTL	外部 PHY 60MHz 时钟
USB0D0	81	PL0 (14)	I/O	TTL	USB 数据 0
USB0D1	82	PL1 (14)	I/O	TTL	USB 数据 1
USB0D2	83	PL2 (14)	I/O	TTL	USB 数据 2
USB0D3	84	PL3 (14)	I/O	TTL	USB 数据 3
USB0D4	85	PL4 (14)	I/O	TTL	USB 数据 4
USB0D5	86	PL5 (14)	I/O	TTL	USB 数据 5
USB0D6	106	PL5 (14)	I/O	TTL	USB 数据 6
USB0D7	105	PL4 (14)	I/O	TTL	USB 数据 7
USB0DIR	104	PL3 (14)	O	TTL	表示外部 PHY 能够接受来自 USB 控制器的数据
USB0DM	93	PL7	I/O	Analog	USB0 双向差分数据引脚（每个 USB 规范的 D-）
USB0DP	94	PL6	I/O	Analog	USB0 双向差分数据引脚（每个 USB 规范的 D +）
USB0EPEN	40 41 127	PA6 (5) PA7 (11) PD6 (5)	O	TTL	在主机模式下选用以控制外部电源给 USB 总线供电

（续）

引脚名称	引脚编号	引脚复用/引脚分配	引脚类型	缓冲器类型	描　　述
USB0ID	95	PB0	I	Analog	该信号检测 USB ID 信号的状态。USB PHY 使能集成上拉，外部元件（USB 连接器）指示 USB 控制器的初始状态（电缆的 A 面下拉而 B 面上拉）
USB0NXT	103	PP2（14）	O	TTL	由外部 PHY 生效以抑制所有数据类型
USB0PFLT	41 128	PA7（5） PD7（5）	I	TTL	外部电源在主机模式下选用以由该电源指示错误状态
USB0STP	91	PB2（14）	O	TTL	由 USB 控制器生效以标识 USB 发送包或寄存器写操作的末尾
USB0VBUS	96	PB1	I/O	Analog	会话请求协议中使用该信号。该信号允许 USB PHY 既检测 VBUS 的电压、电平及 VBUS 脉冲中的 VBUS 上升瞬间

197

7.3.3　例程

TivaWare 软件库自带的样例工程，利用 LaunchPad 开发板的 USB 接口实现 USB device 功能，计算机作为 USB host。

将"C：\ ti \ TivaWare _ C _ Series-2.1.0.12573 \ examples \ boards \ ek-tm4c1294xl \ usb _ dev _ bulk"目录下的工程作为 LaunchPad 开发板的新建工程。

在 TI 网站下载"SW-USB-win-2.1.0.12573.msi"程序并安装，作为 Windows 命令行应用程序，与 USB 设备进行通信，如图 7-16 所示。

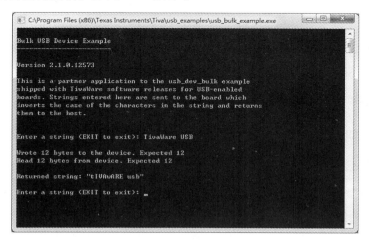

图 7-16　USB Bulk Example 实现 USB Bulk 通信

将计算机与 LaunchPad 开发板通过除 DEBUG USB 外的另一个 Target USB 连接后，打开安装的 Windows 命令行应用程序"USB Bulk Example"，这时显示"无法初始化 Bulk USB

Device",需要安装驱动程序。在设备管理器中选择"C:\ ti \ TivaWare _ C _ Series -
2.1.0.12573\ windows _ drivers"目录添加驱动程序,成功安装 Generic Bulk Device。

编程实现:上位机通过"USB Bulk Example"程序,利用 USB 接口发送字符串给
LaunchPad 开发板的 Target USB 接口,TM4C1294NCPDT 微控制器接收到字符串后改变其大
小写,再通过 USB 接口重新发送给上位机,上位机显示接收到的字符串。

7.4 内部集成电路接口

内部集成电路总线（I^2C）通过一种两线设计（串行数据线 SDA 和串行时钟线 SCL）提
供双向数据传输,同时为外部 I^2C 设备提供接口,如串行存储器（RAMs 和 ROMs）、网络设
备、LCD 和声音发生器等。I^2C 总线也可以在产品开发和制造中用于系统测试和诊断。
TM4C1294NCPDT 控制器可以实现在总线上与其他 I^2C 器件通信（包括发送和接收）。

包含 I^2C 模块的 TM4C1294NCPDT 控制器具有以下特点。

1) I^2C 总线上的设备可以做主设备或是从设备,无论主设备还是从设备都支持发送和
接收数据,同时支持主从操作。

2) 四种 I^2C 模式:主机发送、主机接收、从机发送和从机接收。

3) 用于接收和发送数据的两个 8 项的 FIFO,FIFO 可以独立地分配给主设备或从设备。

4) 四种传输速度:标准（100Kbit/s）、快速模式（400Kbit/s）、快速模式 +（1Mbit/s）、
高速模式（3.3Mbit/s）。

5) 毛刺抑制。

6) 通过软件支持 SMBus（系统管理总线,System Management Bus）、时钟低超时中断、
双从地址功能和快速命令功能。

7) 主机和从机中断发生器。当发送或接收操作完成时,主机产生中断（或由于错误退
出）;当数据已经传输、主机要求、检测到 START 或 STOP 条件时,从机产生中断。

8) 主机带有仲裁和时钟同步功能、多主机支持以及 7 位寻址模式。

9) 使用微型直接存储器访问控制器（μDMA）的高效传输,发送和接收的独立通道,
在 I^2C 中使用 RX 和 TX FIFO 执行单个数据传输或突发数据传输的能力。

7.4.1 模块框图

I^2C 模块框图如图 7-17 所示。

7.4.2 信号描述

表 7-8 中列出了 I^2C 接口的外部信号并描述了每个信号的功能。I^2C 接口信号是某些
GPIO 信号的复用功能,并在复位时默认为 GPIO 信号。表 7-8 的"引脚复用/引脚分配"栏
中列出了可能放置 I^2C 接口信号的 GPIO 引脚。应该设置 GPIO 复用功能选择（GPIOAFSEL）
寄存器中的 AFSEL 位为选择 I^2C 功能。括号中的数字是必须写入 GPIO 端口控制（GPI-
OPCTL）寄存器中的 PMCn 字段的编码,用于分配 I^2C 信号到指定的 GPIO 端口引脚。注意
I2CSDA 引脚必须使用 GPIO 漏极开路选择（GPIOODR）寄存器,以设置为开漏极。

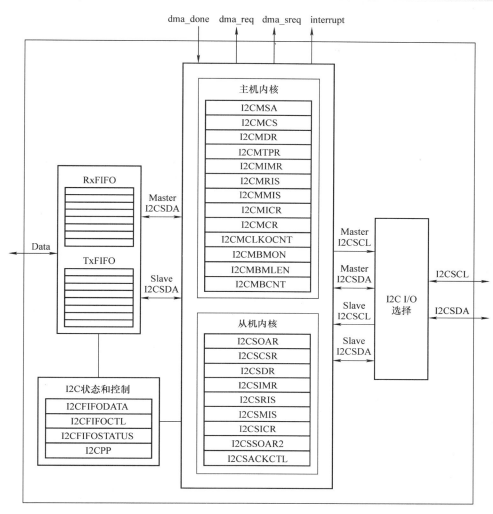

图 7-17　I²C 模块框图

表 7-8　I²C 信号（128TQFP）

引脚名称	引脚编号	引脚复用/引脚分配	引脚类型	缓冲器类型	描　述
I2C0SCL	91	PB2（2）	I/O	OD	I²C 模块 0 时钟。注意这个信号是有效上拉。相应端口引脚应被配置为开漏
I2C0SDA	92	PB3（2）	I/O	OD	I²C 模块 0 数据
I2C1SCL	49	PG0（2）	I/O	OD	I²C 模块 1 时钟。注意这个信号是有效上拉。相应端口引脚应被配置为开漏
I2C1SDA	50	PG1（2）	I/O	OD	I²C 模块 1 数据
I2C2SCL	82 106 112	PL1（2） PP5（2） PN5（3）	I/O	OD	I²C 模块 2 时钟。注意这个信号是有效上拉。相应端口引脚应被配置为开漏

（续）

引脚名称	引脚编号	引脚复用/引脚分配	引脚类型	缓冲器类型	描 述
I2C2SDA	81 111	PL0（2） PN4（3）	I/O	OD	I^2C 模块 2 数据
I2C3SCL	63	PK4（2）	I/O	OD	I^2C 模块 3 时钟。注意这个信号是有效上拉。相应端口引脚应被配置为开漏
I2C3SDA	62	PK5（2）	I/O	OD	I^2C 模块 3 数据
I2C4SCL	61	PK6（2）	I/O	OD	I^2C 模块 4 时钟。注意这个信号是有效上拉。相应端口引脚应被配置为开漏
I2C4SDA	60	PK7（2）	I/O	OD	I^2C 模块 4 数据
I2C5SCL	95 121	PB0（2） PB4（2）	I/O	OD	I^2C 模块 5 时钟。注意这个信号是有效上拉。相应端口引脚应被配置为开漏
I2C5SDA	96 120	PB1（2） PB5（2）	I/O	OD	I^2C 模块 5 数据
I2C6SCL	40	PA6（2）	I/O	OD	I^2C 模块 6 时钟。注意这个信号是有效上拉。相应端口引脚应被配置为开漏
I2C6SDA	41	PA7（2）	I/O	OD	I^2C 模块 6 数据
I2C7SCL	1 37	PD0（2） PA4（2）	I/O	OD	I^2C 模块 7 时钟。注意这个信号是有效上拉。相应端口引脚应被配置为开漏
I2C7SDA	2 38	PD1（2） PA5（2）	I/O	OD	I^2C 模块 7 数据
I2C8SCL	3 35	PD2（2） PA2（2）	I/O	OD	I^2C 模块 8 时钟。注意这个信号是有效上拉。相应端口引脚应被配置为开漏
I2C8SDA	4 36	PD3（2） PA3（2）	I/O	OD	I^2C 模块 8 数据
I2C9SCL	33	PA0（2）	I/O	OD	I^2C 模块 9 时钟。注意这个信号是有效上拉。相应端口引脚应被配置为开漏
I2C9SDA	34	PA1（2）	I/O	OD	I^2C 模块 9 数据

7.4.3　功能描述

　　每个 I^2C 模块都包括主机和从机功能，并通过一个唯一的地址标识。主机发起的通信产生时钟信号 SCL。为操作正确，必须配置 SDA 引脚为漏极开路信号。由于支持高速操作的内部电路，SCL 引脚不能配置为漏极开路信号，虽然内部电路使之作用就像它是漏极开路信号。SDA 和 SCL 信号必须连接到接上拉电阻的正电源电压。典型的 I^2C 总线配置如图 7-18 所示。

1. I^2C 总线功能概述

I^2C 总线只使用 SDA 和 SCL 两个信号，在 TM4C1294NCPDT 微处理器上被命名为 I2CSDA 和 I2CSCL。SDA 是双向串行数据线，SCL 是双向串行时钟线。当两条线都是高电平时，认为该总线是空闲的。

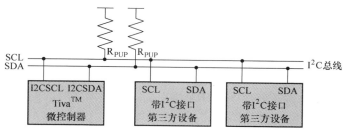

图 7-18　I^2C 总线配置

I^2C 总线上的每一次事务都是 9 位长度，包含 8 位数据位和 1 位应答位。每次传输的字节数（定义为有效的起始和停止条件间的时间，见"START 和 STOP 条件"）是不受限制的，但每个数据字节都必须跟随一个应答位，并且必须先传输数据的最高位。

当接收器不能接收另一个完整字节时，它可以保持时钟线 SCL 为低并强制发送器进入等待状态。接收器释放时钟 SCL 时，将继续数据传输。

（1）起始和停止条件　I^2C 总线协议定义了两种状态用以开始和结束事务：START 和 STOP。当 SCL 为高时，SDA 线上高到低的跳变被定义为 START 条件。而当 SCL 为高时，SDA 线上低到高的跳变被定义为 STOP 条件。START 条件后，认为总线忙碌；STOP 条件后，认为总线空闲。起始和结束条件如图 7-19 所示。

STOP 位决定在数据周期结束时是否停止周期，或继续作用直到重复 START 条件。为生成单个发送周期，I^2C 主从地址（I2CMSA）寄存器要写入

图 7-19　起始和结束条件

所需的地址，清零 R/S 位，控制寄存器写入 ACK = X（0 或 1）、STOP = 1、START = 1 及 RUN = 1 来执行操作和停止。当操作完成（或由于错误中止），中断引脚激活并且可以从 I^2C 主数据（I2CMDR）寄存器读取数据。当 I^2C 模块工作在主接收器模式下，通常置位 ACK 位以使得 I^2C 总线控制器在每个字节后自动发送响应。当 I^2C 总线控制器不再需要从从发送器发送其他数据时，必须清零该位。

当在从机模式下工作时，I^2C 从机原始中断状态（I2CSRIS）寄存器中的 STARTRIS 和 STOPRIS 位指示总线的 START 和 STOP 条件的检测，还可配置 I^2C 从机屏蔽中断状态（I2CSMIS）寄存器为允许提交 STARTRIS 和 STOPRIS 位给控制器中断（当中断使能时）。

（2）7 位地址的数据格式　数据传输遵循图 7-20 所示的格式。在 START 条件后，发送从机地址。地址是 7 位长度，第 8 位是数据方向位（I2CMSA 寄存器中的 R/S 位）。如果 R/S 位被清零，它表示传送操作（发送）；如果它被置位，则表示请求数据（接收）。数据传输总是被主机产生的 STOP 条件所终止，然而，主设备可以通过产生一个重复的 START 条件，且不需要一开始产生的 STOP 条件来寻址另一个从设备，开始与总线上的另一个设备的通信。不同的收发格式组合都可能包含于单个传输中。

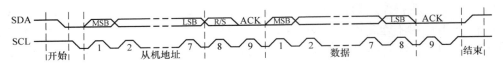

图 7-20　7 位地址的完整数据传输

首字节的前 7 位组成从机地址（见图 7-21），第 8 位决定该消息的方向：第 1 个字节的 R/S 位置为 0，意味着主机发送数据到选定的从机；这个位置上的 1 意味着主机从从机接收数据。

（3）数据有效性　SDA 线上的数据必须在时钟的高电平期间保持稳定，只有当 SCL 为低电平才能改变数据线（见图 7-22）。

图 7-21　首字节的 R/S 位

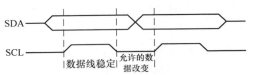

图 7-22　I²C 总线位传输中的数据有效性

（4）应答　所有的总线事务都需要一个由主机产生的应答时钟周期。在应答周期中，发送器（可以是主机或从机）释放 SDA 线。为了应答事务，接收器必须在应答时钟周期内拉低 SDA。在应答周期内，被接收器发出的数据必须符合"数据有效性"节中描述所要求的数据有效性。

当从机接收器不能应答从机地址时，从机必须保持 SDA 高电平，使得主机可以产生一个 STOP 条件并中止当前传输。如果主机设备在传输过程中作为接收器，它负责应答从机发起的每次传输。因为主机控制传输中的字节数目，它通过在最后一个数据字节中不产生应答信号，来表示给从机发送器的数据结束。该从机发送器必须随后释放 SDA，以允许主机产生 STOP 或重复 START 条件。

如果要求从机提供手动 ACK 或 NACK 信号，I²C 从机 ACK 控制（I2CSACKCTL）寄存器允许从机对无效数据和命令发出 NACK 信号，或对有效数据和命令发出 ACK 信号。当使能该操作时，在最后的数据位之后，微控制器从机模块 I²C 时钟被拉低，直到寄存器中写入指定的响应。

（5）重复起始　I²C 主机模块具有在初始传输发生后执行重复 START（发送或接收）的能力。主机发送的重复起始顺序如下。

1）当设备处于空闲状态时，主机写从机地址到 I2CMSA 寄存器，并为所需的传输类型配置 R/S 位。

2）写数据到 I2CMDR 寄存器。

3）当 I2CMCS 寄存器中的 BUSY 位为 0 时，主机写 0x3 到 I2CMCS 寄存器，以开始传输。

4）主机不产生 STOP 条件，而是写另外一个从机地址到 I2CMSA 寄存器，然后写入 0x3 启动重复 START。

主机接收的重复起始顺序与此类似。

1）当设备空闲时，主机写从机地址到 I2CMSA 寄存器，并为所需的传输类型配置 R/S 位。

2）主机读取 I2CMDR 寄存器中的数据。

3）当 I2CMCS 寄存器中的 BUSY 位为 0 时，主机写 0x3 到 I2CMCS 寄存器，以开始传输。

4）主设备不产生 STOP 条件，而是写另外一个从机地址到 I2CMSA 寄存器，然后写 0x3 启动重复 START。

（6）时钟低超时（CLTO）　I^2C 从机可以通过定期拉低时钟，以产生低位传输速率，来延长事务。I^2C 模块有一个 12 位可编程计数器，用于跟踪被拉低的时钟长度。可以通过 I^2C 主时钟低超时计数（I2CMCLKOCNT）寄存器，来编程该计数器的高 8 位值。而低 4 位对于用户不可见，且为 0x0。被编程进 I2CMCLKOCNT 寄存器中的 CNTL 值，必须大于 0x01。应用程序可以编程计数器的最高 8 位，以反映事务中可接受的累计低电平时间。在 START 条件下装载计数器，并在主机内部总线时钟的每个下降沿递减计数。注意，为计数器产生的内部总线时钟，即使总线上的 SCL 保持低，也在可编程的 I^2C 速度下保持运行。在到达计数终点时，主状态机在 SCL 和 SDA 释放时，通过发布 STOP 条件强制退出总线。

例如，如果 I^2C 模块运行在 100kHz 速度，编程 I2CMCLKOCNT 寄存器为 0xDA，将会转换为值 0xDA0，因为低四位被设置为 0。这将会在 100kHz 下转换为十进制的 3488 个时钟，或 34.88ms 的低电平周期。

当达到时钟超时周期时，I^2C 主机原始中断状态（I2CMRIS）寄存器中的 CLKRIS 位将被置位，允许主机启动纠错动作以解决远程从机状态。此外，I^2C 主机控制/状态（I2CMCS）寄存器的 CLKTO 位被置位；当发出 STOP 状态或 I^2C 主机复位过程中，该位将会被清零。可通过 I^2C 主机总线监视（I2CMBMON）寄存器的 SDA 和 SCL 位，读取原始 SDA 和 SCL 信号的状态，从而帮助决定远程从机的状态。

如果发生 CLTO 情况，应用程序软件必须选择怎样实现总线恢复。大多数应用程序都可以尝试手动切换 I^2C 引脚，以迫使从机离开时钟信号（常见的方法是试图迫使总线 STOP）。如果在突发传输结束前检测到 CLTO，且主机成功恢复总线，主机硬件试图结束挂起的突发操作。根据总线恢复后的从机状态，总线上的实际行为是不同的。如果从机恢复可以应答主机的状态（本质上，即总线挂起前的状态），它将从离开的位置继续运行。然而，如果从机恢复复位状态（或主机强制 STOP，导致从机进入闲置状态），它将忽视主机完成突发操作的尝试，且在主机发送或请求第 1 个数据字节时应答 NAK。

由于并不总是可预测从机的行为，建议应用程序软件在 CLTO 中断服务程序中总是写 I^2C 主机配置（I2CMCR）寄存器中的 STOP 位。这将会在总线恢复期间，限制主机试图发送或接收数据的数量到单个字节，当引线上出现单个字节后，主设备发起 STOP。另一种解决方法是在试图手动恢复总线前，由应用程序软件复位 I^2C 外设。这种方法允许 I^2C 主设备硬件在试图恢复被卡住的总线前，返回已知的正常（闲置）状态，并阻止任何不需要的数据出现在引线上。

注意，主机时钟低超时计数器在 SCL 为低的全部时间内，一直在计数。如果 SCL 在任何时候失效，将会用 I2CMCLKOCNT 寄存器中的值重新加载主机时钟低超时计数器，并从该值开始递减计数。

（7）双地址　I²C 接口支持从机双地址功能。提供额外的可编程地址，并可以在使能的条件下匹配。在禁用带双地址的传统模式时，如果地址和 I2CSOAR 寄存器中的 OAR 字段匹配，I²C 从机提供了总线上的 ACK 信号。在双地址模式下，无论是与 I2CSOAR 寄存器中的 OAR 字段匹配，还是与 I2CSOAR2 寄存器中的 OAR2 字段匹配，I²C 从机都提供了总线上的 ACK 信号。通过 I2CSOAR2 寄存器中的 OAR2EN 位，可以编程使能双地址，并且不禁用传统地址。

I2CSCSR 寄存器中的 OAR2SEL 位指示被 ACK 的地址是否为备用地址。清零该位时，表示传统操作或无匹配地址。

（8）仲裁　只有当总线空闲时，主机才可以开始传输。在 START 条件的最小保持时间中，可能会有两个或更多主机产生 START 条件。在这些情况下，当 SCL 为高时，SDA 线上发生仲裁机制。仲裁过程中，第一个竞争的主机设备在 SDA 上设置 1（高），当另一个主机发送 0（低）时，则关闭其数据输出阶段并退出，直到总线再次空闲。

仲裁可以发生在多个位上，第一个阶段是地址位的比较，如果两个主机试图寻址同一设备，仲裁将进行数据位的比较。

在 TX FIFO 使能状态下，如果当 I²C 主机发起 BURST 时丢失仲裁，应用程序应执行以下步骤来正确处理仲裁丢失。

1）清空并禁用 TX FIFO。

2）通过清除 I2CMIMR 寄存器中的 TXFEIM 位，清除并屏蔽 TXFE 中断。

一旦总线空闲，可以填充并使能 TX FIFO，可以不屏蔽 TXFE 位，并发起一个新的 BURST 事务。

（9）多主机配置下的毛刺抑制　当使用多主机配置时，编程 I2CMTPR 寄存器中的 PULSEL 位，可提供 SCL 和 SDA 线上的毛刺抑制并确保正确的信号值。毛刺抑制值是根据缓冲系统时钟而来的。注意当毛刺抑制非零时，所有信号将会内部延迟。例如，如果设置 PULSEL 位为 0x7，将会加 31 个时钟到预期事务时间的计算上。

（10）SMBus 操作　SMBus 接口基于 I²C 协议，然而两者之间存在某些差异。为了确保 SMBus 协议，包括满足时序规范，必须通过软件处理这些差异。注意，SMBus 2.0 规范把接口的最大频率限制到 100kHz，因此，I²C 标准速度操作可用于 SMBus。

如果 SMBus/I²C 从机没有通过拉低时钟而准备好，那么它将可以延长事务。SMBus 规范为延长事务，允许最大超时介于 25~35ms，而 I²C 规范没有这样的要求。I²C 模块支持可编程计数，以支持主机的时钟低超时来输出错误，并按要求采取适当措施。该特征在"时钟低超时（CLTO）"中有说明。注意，如果事务被延长，需要在 I2CMCLKOCNT 寄存器中编程超时周期，且不能屏蔽 I2CMRIS 寄存器的 CLKRIS 位。

不同于 I²C 从机，无论 SMBus 从机是否准备好，它都需要发出 ACK 信号来响应它的地址。结果，I²C 从机发出 ACK 信号响应它的地址，而如果其没有准备好，就会在数据字节中发出 NACK 响应。如果传输过程中存在任何问题，I2CMCS 寄存器中的 ARBLST 位都将被置位。此外，从机可以在任何时刻发出 NACK 信号，以强制主机停止发送额外字节。

I²C 接口对高效的数据处理支持 μDMA。μDMA 操作需要使能 FIFO 为合适的传输类型，以在突发传输和所有从机传输类型下运行 I²C 主机。I²C 接口支持双通道，一个用于 RX（I²C 到存储器）传输，另一个用于 TX（存储器到 I²C）传输。

快速命令是一种简单而紧凑的 SMBus 协议，通过发送一个地址和在 I²C 头字节的 R/S 位的 1 位数据，来传达命令到从机，典型的为"关闭"和"打开"。通过向 I2CMSA 寄存器写目标地址和 R/S 值，并随后在 I2CMCS 寄存器中写值 0x27，I²C 主机外设具有发送快速命令的能力。SMBus 要求从机能够接收并处理指令，而主机产生快速命令事务。当从机响应后，主机也具有停止事务的能力。

当快速命令发出时，I²C 从机外设需要特殊处理。当主机发出快速命令且 R/S（数据）位被清零时，I2CSCSR 寄存器中的 QCMDST 位被置位，当 I2CSRIS 寄存器中的 STOPRIS 位被置位且 STOP 中断生效时，QCMDRW 位表示数据的值（在这种情况下为 0）。在这种特定情况下，DATARIS 中断位未被置位。当主机发送快速命令且 R/S（数据）位被置位时，主机将会置位 DATARIS 位，以通知从机写一个数据字节到 I2CSDR 寄存器中，此寄存器第 7 位被置位。建议对 I2CSDR 寄存器"虚写"0xFF。当写完 I2CSDR 寄存器后，STOP 中断生效，并置位 I2CSCSR 寄存器中的 QCMDST 和 QCMDRW 位，以指示发生了快速命令读，以及最后一个事务为快速命令。因此，当从机必须接收快速命令时，因为当 R/S 被置位时必须在 I2CSDR 寄存器中写入特定的值，所以它需要这个命令。

2. 可用速度模式

I²C 总线可以运行在标准模式（100Kbit/s）、快速模式（400Kbit/s）、快速模式 +（1Mbit/s）或高速模式（3.4Mbit/s，提供正确的系统时钟频率且在 SCL 和 SDA 线上有适当的驱动强度）。选中的模式必须匹配总线上其他 I²C 器件的速度。

（1）标准、快速和快速 + 模式　通过使用 I²C 主机定时器周期（I2CMTPR）寄存器中的值，可以选择标准、快速和快速 + 模式，其 SCL 频率分别为 100Kbit/s、400Kbit/s 和 1Mbit/s。I²C 时钟速率由参数 CLK_PRD、TIMER_PRD、SCL_LP 和 SCL_HP 决定，其中：

CLK_PRD 是系统时钟周期；

SCL_LP 是 SCL 的低相位（固定为 6）；

SCL_HP 是 SCL 的高相位（固定为 4）；

TIMER_PRD 是 I2CMTPR 寄存器中的编程值，是由在下式中带入已知变量，解出 TIMER_PRD 所得。

I²C 时钟周期的计算为

$$SCL\_PERIOD = 2 \times (1 + TIMER\_PRD) \times (SCL\_LP + SCL\_HP) \times CLK\_PRD$$

例如：

CLK_PRD = 50 ns；

TIMER_PRD = 2；

SCL_LP = 6；

SCL_HP = 4。

产生的 SCL 频率为

1/SCL_PERIOD = 333 kHz

基于各种系统时钟频率，用于产生标准、快速模式和快速 + 模式 SCL 频率的定时器周期，举例见表 7-9。

表 7-9　I²C 主机定时器周期对应速度模式举例

系统时钟	定时器周期	标准模式	定时器周期	快速模式	定时器周期	快速+模式
4MHz	0x01	100Kbit/s	—	—	—	—
6MHz	0x02	100Kbit/s	—	—	—	—
12.5MHz	0x06	89Kbit/s	0x01	312Kbit/s	—	—
16.7MHz	0x08	93Kbit/s	0x02	278Kbit/s	—	—
20MHz	0x09	100Kbit/s	0x02	333Kbit/s	—	—
25MHz	0x0C	96.2Kbit/s	0x03	312Kbit/s	—	—
33MHz	0x10	97.1Kbit/s	0x04	330Kbit/s	—	—
40MHz	0x13	100Kbit/s	0x04	400Kbit/s	0x01	1000Kbit/s
50MHz	0x18	100Kbit/s	0x06	357Kbit/s	0x02	833Kbit/s
80MHz	0x27	100Kbit/s	0x09	400Kbit/s	0x03	1000Kbit/s
100MHz	0x31	100Kbit/s	0x0C	385Kbit/s	0x04	1000Kbit/s
120MHz	挂起	挂起	挂起	挂起	挂起	挂起

（2）高速模式　TM4C1294NCPDT 的 I²C 外设，作为主机和从机都支持高速操作。通过设置 I²C 主机控制/状态（I2CMCS）寄存器中的 HS 位，配置高速模式。高速模式以 66.6%/33.3% 占空比的高比特率传输数据，但取决于用户选择的模式，在标准、快速和快速+模式速度下完成通信和仲裁。当置位 I2CMCS 寄存器中的 HS 位时，使能当前模式上拉。

通过下式可以选择时钟周期，但在这种情况下，SCL_LP = 2 及 SCL_HP = 1。

$$SCL\_PERIOD = 2 \times (1 + TIMER\_PRD) \times (SCL\_LP + SCL\_HP) \times CLK\_PRD$$

例如：

CLK_PRD = 25 ns；

TIMER_PRD = 1；

SCL_LP = 2；

SCL_HP = 1。

产生的 SCL 频率为

1/T = 3.33 MHz

高速模式下的定时器周期和系统时钟，举例见表 7-10。注意，I2CMTPR 寄存器中的 HS 位需要被设置为高速模式下使用的 TPR 值。

表 7-10　高速模式下 I²C 主机定时器周期举例

系统时钟	定时器周期	传送模式
40MHz	0x01	3.33Mbit/s
50MHz	0x02	2.77Mbit/s
80MHz	0x03	3.33Mbit/s

当作为主机工作时，其协议如图 7-23 所示。主机以高速模式开始传输前，无论在标准模式（100Kbit/s）还是快速模式（400Kbit/s）下，它都会发出一个主机代码字节。主机代

码字节必须包含 0000.1XXX 格式的数据，用于告诉从机设备准备高速传输。由于仅用于表示将以更高的数据速率传输将来的数据，主机代码字节从不被从机应答。为给标准高速传输发送主机代码字节，软件需要把主机代码字节的值写入 I2CMSA 寄存器中，并且写 0x13 到 I2CMCS 寄存器中。如果需要高速突发传输，随后发送主机代码字节，软件需要把主机代码字节的值写入 I2CMSA 寄存器中，并且写 0x50 到 I2CMCS 寄存器中。每种配置都把 I^2C 主机外设置于高速模式，所有随后的传输（直到 STOP）都使用普通 I2CMCS 命令位，以执行高速数据速率，且不设置 I2CMCS 寄存器中的 HS 位。再次提醒，只有在主机代码字节中，才有必要设置 I2CMCS 寄存器中的 HS 位。

当工作在高速从机模式下，没有额外的软件要求。

图 7-23　高速数据格式

注意，高速模式为 3.4Mbit/s，提供正确的系统时钟频率设置，且在 SCL 和 SDA 线上有适当的推拉强度。

3. 中断

在主机模块中如发生以下状况，I^2C 可以产生中断。

1）主机事务完成（RIS 位）。

2）主机仲裁丢失（ARBLOSTRIS 位）。

3）主机地址/数据 NACK（NACKRIS 位）。

4）主机总线超时（CLKRIS 位）。

5）下一个字节请求（RIS 位）。

6）检测到总线 STOP 条件（STOPRIS 位）。

7）检测到总线 START 条件（STARTRIS 位）。

8）RX DMA 中断挂起（DMARXRIS 位）。

9）TX DMA 中断挂起（DMATXRIS 位）。

10）达到 FIFO 的触发值，且 TX FIFO 请求中断挂起（TXRIS 位）。

11）达到 FIFO 的触发值，且 RX FIFO 请求中断挂起（RXRIS 位）。

12）发送 FIFO 为空（TXFERIS 位）。

13）接收 FIFO 为满（RXFFRIS 位）。

在从机模块中如发生以下情况，I^2C 可以产生中断。

1）接收从机事务（DATARIS 位）。

2）请求从机事务（DATARIS 位）。

3）从机下一字节传输请求（DATARIS 位）。

4）检测到总线 STOP 条件（STOPRIS 位）。

5）检测到总线 START 条件（STARTRIS 位）。

6）RX DMA 中断挂起（DMARXRIS 位）。

7）TX DMA 中断挂起（DMATXRIS 位）。

8）达到 FIFO 的可编程触发值，且 TX FIFO 请求中断挂起（TXRIS 位）。

9）达到 FIFO 的可编程触发值，且 RX FIFO 请求中断挂起（RXRIS 位）。

10）发送 FIFO 为空（TXFERIS 位）。

11）接收 FIFO 为满（RXFFRIS 位）。

I^2C 主机和 I^2C 从机模块有独立的中断寄存器。通过清除 I2CMIMR 或 I2CSIMR 寄存器中的相应位，可以屏蔽中断。注意主机原始中断状态（I2CMRIS）寄存器中的 RIS 位和从机原始中断状态（I2CSRIS）寄存器中的 DATARIS 位，包含多个中断原因，也包括下一个字节传输请求中断。当主机和从机都请求发送或接收事务时，产生中断。

4. 环回操作

通过设置 I^2C 主机配置（I2CMCR）寄存器中的 LPBK 位，可使 I^2C 模块进入内部环回模式，用于诊断和调试工作。在环回模式中，从主机发出的 SDA 和 SCL 信号，连到从机模块的 SDA 和 SCL 信号，以允许设备的内部测试，而不需要通过 I/O。

5. FIFO 和 μDMA 操作

无论是主机还是从机模块，都能访问两个 8 字节的 FIFO，可与 μDMA 一起用于数据的快速传输。发送（TX）FIFO 和接收（RX）FIFO 可被独立分配给 I^2C 主机或 I^2C 从机。因此，允许以下的 FIFO 分配。

1）发送和接收 FIFO 可被分配给主机。

2）发送和接收 FIFO 可被分配给从机。

3）发送 FIFO 分配给主机，而接收 FIFO 被分配给从机；反之亦然。

在大多数情况下，两个 FIFO 都被分配给主机或从机。通过编程 I^2C FIFO 控制（I2CFIFOCTL）寄存器中的 TXASGNMT 和 RXASGNMT 位，可以配置 FIFO 的分配。

每个 FIFO 都有一个可编程阈值点，它指示何时必须产生 FIFO 服务中断。除此以外，可以通过主机和从机的 I^2C 中断屏蔽（I2CxIMR）寄存器，使能 FIFO 接收满和发送空中断。注意，如果当 TX FIFO 为空时，清除了 TXFERIS 中断（通过设置 TXFEIC 位），在这种情况下即使 TX FIFO 保持空，TXFERIS 中断也不会重新生效。

当 1 个 FIFO 未被分配给主机或从机模块时，模块的 FIFO 中断和状态信号被强制为指示 FIFO 为空的状态。例如，TX FIFO 被分配给主机模块，从机发送接口的状态信号指示该 FIFO 为空。

注意，当重新分配 FIFOs 给合适的功能时，FIFOs 必须为空。

（1）主机模块突发模式 提供给主机模块的 BURST 命令，允许在 FIFO 中使用 μDMA（或软件，如果需要）处理数据，以允许数据传输序列。通过设置 I^2C 主机控制/状态（I2CMCS）寄存器中的 BURST 位，以使能 BURST 命令。在 I^2C 主机突发长度（I2CMBLEN）寄存器中，可以编程 BURST 请求传输的字节数，该值的副本也将被自动写入 I^2C 主机突发计数（I2CMBCNT）寄存器，以在 BURST 传输中作为递减计数器使用。根据是否正在执行发送或接收，写入 I^2C FIFO 数据（I2CFIFODATA）寄存器中的字节被传输给 RX FIFO 或 TX FIFO。如果数据在 BURST 中被 NACK，且 I2CMCS 寄存器中的 STOP 位被置位，传输终止。如果 STOP 位未被置位，当发 NACK 中断生效时，软件应用程序必须发出重复的 STOP 或

START。在 NACK 情况下，可用 I2CMBCNT 寄存器来确定在 BURST 终止前被传输的数据量。如果传输中地址被 NACK，应用程序将发出 STOP。

当设置 I^2C 主机控制/状态（I2CMCS）寄存器使能 BURST 模式，且在 μDMA 中的 DMA 通道映射选择 n（DMACHMAPn）寄存器中使能了主机 I^2C μDMA 通道，主机控制模块将对 μDMA 生效内部单个 μDMA 请求信号（dma_sreq）或多重 μDMA 请求信号（dma_req）。注意，对于发送和接收，dma_sreq 和 dma_req 信号是独立的。当 RX FIFO 至少有一个数据字节在 FIFO 中时，和/或当 TX FIFO 中至少还有一个可用空间可以填充时，主机模块将生效单个 μDMA 请求信号（dma_sreq）。当 RX FIFO 填充等级比触发等级高，和/或 TX FIFO 保持的突发长度小于 4 个字节且 FIFO 填充等级低于触发等级时，dma_req（或突发）信号生效。如果完成单个传输或 BURST 操作，μDMA 对主机模块发送通过 I2CMIMR/I2CMRIS/I2CMMIS/I2CMICR 寄存器中的 DMATX/DMARX 中断代表的 dma_done 信号。

如果禁用 I^2C μDMA 通道，且用软件处理 BURST 命令，软件能够读 I^2C FIFO 状态（I2CFIFOSTAT）寄存器和 I^2C 主机突发计数（I2CMBC）寄存器，以在 BURST 事务中决定 FIFO 是否需要服务。在 I2CFIFOCTL 寄存器中编程触发值，以允许在不同的 FIFO 填充等级下中断。

通过使能中断状态寄存器中的 NACK 和 ARBLOST 位，以指示没有数据传输的应答或总线上的仲裁丢失。

当主机模块正在传输 FIFO 数据时，软件可以在设置 I2CMCS 寄存器中的 BURST 位前填充 TX FIFO。当 μDMA 使能为 BURST 模式时，如果 FIFO 为空，dma_req 和 dma_sreq 都生效（假设编程 I2CMBLEN 寄存器为至少 4 个字节，且 TX FIFO 的填充等级小于触发设置）。如果 I2CMBLEN 寄存器值小于 4，且 TX FIFO 不满但高于触发等级，仅 dma_sreq 生效。主机将会根据需要产生单个请求，来保持 FIFO 满，直到 I2CMBLEN 寄存器中指定的字节数已经被传送给了 FIFO（I2CMBCOUNT 寄存器达到 0x0）。就此，直到下一个 BURST 命令发出，都不会产生其他请求。如果禁用 μDMA，将基于主机中断状态寄存器中激活的中断，来服务 FIFO，FIFO 触发值在 I2CFIFOSTATUS 寄存器中显示并结束于 BURST 传输。

当主机模块接收 FIFO 数据时，RX FIFO 最初是空的并且不发出有效请求。如果从从机读出数据并放入 RX FIFO 中，发给 μDMA 的 dma_sreq 信号生效，表示有数据要传输。如果 RX FIFO 中包含至少 4 个字节，那么 dma_req 信号也生效。该 μDMA 将继续从 RX FIFO 传输出数据，直到它达到 I2CMBLEN 寄存器中编程的字节数。

注意，当主机从 RXFIFO 执行 RX BURST 时，应该清除 I2CMIMR 寄存器中的 TXFEIM 中断屏蔽位（屏蔽 TXFE 中断），且在开始 TX FIFO 传输前解除屏蔽。

（2）从机模块　从机模块也能够在 RX 及 TX FIFO 数据传输中使用 μDMA。如果 TX FIFO 被分配给从机模块，且 I2CSCSR 寄存器中的 TXFIFO 位被置位，如果主机模块请求下一个字节传输，从机模块将产生单个 μDMA 请求 dma_sreq。如果 FIFO 填充级别小于触发级别，μDMA 多重传输请求信号 dma_req 将生效，以继续来自 μDMA 的数据传输。

如果 RX FIFO 被分配给从机模块，且 I2CSCSR 寄存器中的 RXFIFO 位被置位，如果有任何数据需要传输，从机模块将产生单个 μDMA 请求信号 dma_sreq。当 RX FIFO 中数据超过通过编程 I2CFIFOCTL 寄存器中的 RXTRIG 位的触发级别时，dma_req 信号将生效。

注意，对于连续传输，强烈建议应用程序不要在 I2CSDR 寄存器和 TX FIFO 之间切换，反之亦然。

7.4.4 初始化及配置

1. 配置 I²C 模块为主机传输单个字节

下面的例子展示如何配置 I²C 模块作为主机传输单个字节，假设系统时钟为 20MHz。

1）使用系统控制模块中的 RCGCI2CC 寄存器，使能 I²C 时钟。

2）使用系统控制模块中的 RCGCGPIO 寄存器，使能相应 GPIO 模块的时钟。

3）在 GPIO 模块中，使用 GPIOAFSEL 寄存器使能相关引脚的复用功能。

4）使能 I2CSDA 引脚为漏极开路操作。

5）配置 GPIOPCTL 寄存器中的 PMCn 字段，给相关引脚分配 I²C 信号。

6）通过写 0x0000.0010 到 I2CMCR 寄存器，初始化 I²C 主机。

7）通过用正确值写 I2CMTPR 寄存器，以设置需要的 100Kbit/s SCL 时钟速度。写入 I2CMTPR 寄存器的值，表示 1 个 SCL 时钟周期里的系统时钟周期数。TPR 值由以下等式决定。

$$TPR = (System\ Clock/(2 \times (SCL\_LP + SCL\_HP) \times SCL\_CLK))-1$$
$$TPR = (20MHz/(2 \times (6+4) \times 100000))-1$$
$$TPR = 9$$

写 0x0000.0009 到 I2CMTPR 寄存器。

8）指定主机的从机地址，通过写 0x0000.0076 到 I2CMSA 寄存器实现下一次操作为发送。这将设置从机地址为 0x3B。

9）通过向 I2CMDR 寄存器写需要的数据，把将要发送的数据（字节）放入数据寄存器中。

10）通过写 0x0000.0007（STOP，START，RUN）到 I2CMCS 寄存器，来启动数据从主机到从机的单个字节发送。

11）通过轮询 I2CMCS 寄存器中的 BUSBSY 位，直到该位被清除，等待直到传送结束。

12）检查 I2CMCS 寄存器中的 ERROR 位，确认传送得到应答。

2. 配置 I²C 主机为高速模式

配置 I²C 主机为高速模式，步骤如下。

1）使用系统控制模块中的 RCGCI2C 寄存器，使能 I²C 时钟。

2）通过系统控制模块中的 RCGCGPIO 寄存器，使能相应 GPIO 模块的时钟。

3）在 GPIO 模块中，使用 GPIOAFSEL 寄存器使能相关引脚的复用功能。

4）使能 I2CSDA 引脚为漏极开路操作。

5）配置 GPIOPCTL 寄存器中的 PMCn 字段，分配 I²C 信号给相关引脚。

6）通过写 0x0000.0010 到 I2CMCR 寄存器，初始化 I²C 主机。

7）通过用正确值写 I2CMTPR 寄存器，来设置需要的 3.3Mbit/s SCL 时钟速度。写入 I2CMTPR 寄存器中的值，表示 1 个 SCL 时钟周期中的系统时钟周期数。TPR 值由以下等式决定。

$$TPR = (System\ Clock/(2 \times (SCL\_LP + SCL\_HP) \times SCL\_CLK))-1$$
$$TPR = (80\ MHz/(2 \times (2+1) \times 3330000))-1$$

TPR = 3

写 0x0000.0003 到 I2CMTPR 寄存器。

　　8）为发送主机代码字节，软件应把主机代码字节的值放入 I2CMSA 寄存器，并根据要求的操作写以下值到 I2CMSA 寄存器：对于标准高速模式，I2CMCS 寄存器中应该写入 0x13；对于突发高速模式，I2CMCS 寄存器中应该写入 0x50。

　　9）通过使用常规 I2CMCS 命令位，设置 I^2C 主机外设为高速模式，所有随后的传输（直到 STOP）都以高速数据速率执行，且不需要设置 I2CMCS 寄存器中的 HS 位。

　　10）通过设置 I2CMCS 寄存器中的 STOP 位，结束事务。

　　11）查询 I2CMCS 寄存器中的 BUSBSY 位，直到被清除，等待直到传输完成。

　　12）检查 I2CMCS 寄存器中的 ERROR 位，确认传送得到应答。

7.5　控制器局域网模块

　　控制器局域网（CAN）是一种用于连接电子控制单元（ECU）的组播、共享串行总线标准。CAN 总线特别设计用于电磁干扰环境中的鲁棒性，且可以使用如 RS485 的差分平衡线或更鲁棒的双绞线。CAN 总线最初用于汽车电子，也用于许多嵌入式控制应用中（如工业和医疗）。网络长度小于 40m 时，比特率可高达 1Mbit/s。减小比特率可用于更长的网络距离（如 125Kbit/s 时 500m）。

　　TM4C1294NCPDT 微控制器包含两个 CAN 单元，特征如下。

　　1）支持 CAN 协议 2.0A 和 2.0B。

　　2）波特率高达 1Mbit/s。

　　3）带有独立标识符掩码的 32 个报文对象。

　　4）可屏蔽中断。

　　5）时间触发的 CAN（TTCAN）应用中，禁止自动重新传送模式。

　　6）自检操作下可编程环回模式。

　　7）可编程 FIFO 模式使能多报文对象的存储。

　　8）通过 CANnTX 和 CANnRX 信号实现与外部 CAN 收发器的无缝连接。

7.5.1　模块框图

　　CAN 控制器模块框图如图 7-24 所示。

7.5.2　信号描述

　　CAN 控制器的外部信号及各自功能描述见表 7-11。CAN 控制器信号是某些 GPIO 信号的复用功能，且在复位条件下默认为 GPIO 信号。表 7-11 的"引脚复用/引脚分配"栏中列出了可能用于 CAN 信号的 GPIO 引脚。应该设置 GPIO 复用功能选择（GPIOAFSEL）寄存器中的 AFSEL 位为选择 CAN 控制器功能。括号中的数字是必须被编程进 GPIO 端口控制（GPIOPCTL）寄存器中 PMCn 字段的编码，以分配 CAN 信号给指定的 GPIO 端口引脚。

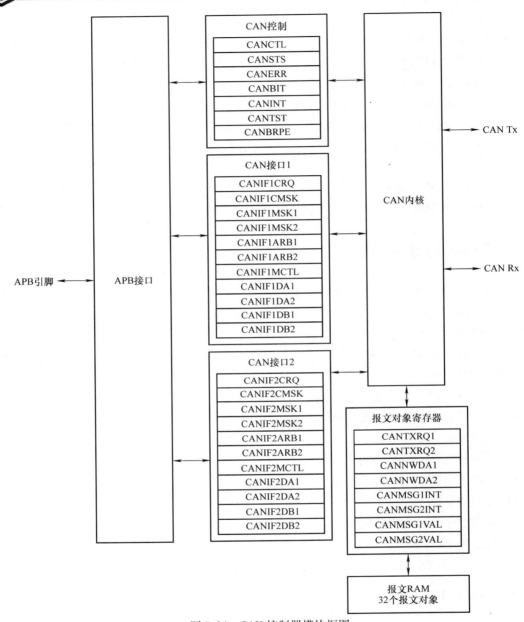

图 7-24　CAN 控制器模块框图

表 7-11　控制器局域网信号（128TQFP）

引脚名称	引脚编号	引脚复用/引脚分配	引脚类型	缓冲类型	描　述
CAN0Rx	33	PA0（7）	I	TTL	CAN 模块 0 接收
CAN0Tx	34	PA1（7）	O	TTL	CAN 模块 0 发送
CAN1Rx	95	PB0（7）	I	TTL	CAN 模块 1 接收
CAN1Tx	96	PB1（7）	O	TTL	CAN 模块 1 发送

第 8 章　Tiva129 模拟接口

常规的计算机控制系统中，模拟量输入通道必不可少，其输出通道也多由模拟量输出通道组成，典型的计算机模拟接口系统如图 8-1 所示。

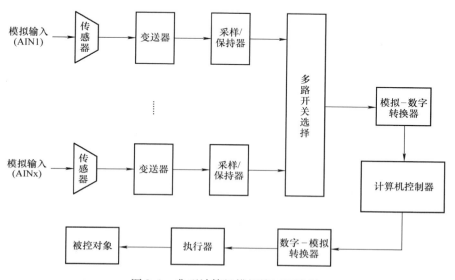

图 8-1　典型计算机模拟接口系统图

在计算机模拟接口系统中，主要的组成元件为模拟/数字转换器和数字/模拟转换器，即通常所说的 A-D 转换器和 D-A 转换器。

A-D 转换器用于将连续的模拟电压转换成离散的数字量，常见类型有逐次逼近型、双斜率积分型、Δ-Σ 调制型、并行型和压/频变换型等。

逐次逼近型 A-D 转换器是目前应用最广泛的一种。典型的逐次逼近型 A-D 转换器有 TI 公司的 ADS8383，其基本原理如图 8-2 所示。它通过一个 D-A 转换器获得负反馈信号，利用运算放大器与输入信号进行比较，再通过逐次逼近寄存器（SAR）来改变 D-A 转换器的输入值。逐次逼近寄存器中的值从最高位（MSB）开始，向最低位（LSB）逐次改变，最终完成转换。逐次逼近型 A-D 转换器结构较为简单，转换速度较快，精度较高，是目前性价比最高的 ADC。

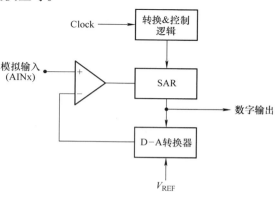

图 8-2　逐次逼近型 A-D 转换器框图

双斜率积分型 A-D 转换器是早期应用最多的类型，其转换速度较慢，但由于不用 D-A

转换器，故其成本较低，且有较高的分辨率和线性度。典型的双斜率积分型 A-D 转换器有 TI 公司的 TLC7135，其基本原理如图 8-3 所示。A-D 转换器首先在固定时间内对模拟输入信号进行积分，然后以固定斜率对 V_{REF} 进行反向积分（即对 $-V_{REF}$ 进行积分）到零，反向积分时间段内的计数值即为 A-D 转换结果。由于该 A-D 转换器的本质是电压对时间的积分，故能够消除常见的干扰信号，而对周期性的干扰信号，其抑制效果更好，常用于对转换速度要求不高的场合，如万用表等。

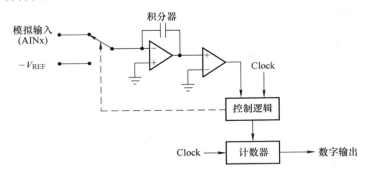

图 8-3　双斜率积分型 A-D 转换器框图

Δ-Σ 调制型 A-D 转换器是一种较新型的 A-D 转换器，其分辨率、信噪比（SNR）和集成度较高，动态范围较广，而结构简单，功耗和成本较低，因此应用越来越广泛。典型的 Δ-Σ 调制型 A-D 转换器有 TI 公司的 ADS1625，有的也叫作 Σ-Δ 调制型 A-D 转换器，如 ADI 公司的 AD7405。Δ-Σ 调制型 A-D 转换器中，数字部分占了大约 3/4，而模拟部分仅有 1/4，对于从直流到 MHz 的广域模拟信号，该型 A-D 转换器尤为适用，其基本原理如图 8-4 所示。该 A-D 转换器的本质是 1bit 的采样系统，对于模拟输入信号进行过采样，通常采样速率是输出数字结果的数百倍。采样信号通过内部 Δ-Σ 调制器后，生成 1bit 的数字流，该比特流通过数字/抽取滤波器后，变为高精度、慢速的数字编码输出。

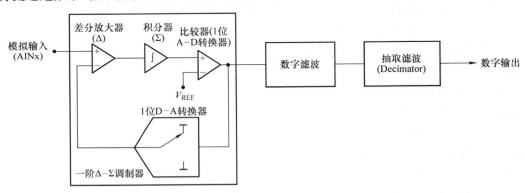

图 8-4　Δ-Σ 调制型 A-D 转换器框图

并行型 A-D 转换器也叫闪速（Flash）型 A-D 转换器，其转换速度最快但位数较少，且成本最高。1 个 2 位的并行型 A-D 转换器的原理框图如图 8-5 所示，它需要 2^n 个电阻及 2^n-1 个比较器，待转换的模拟输入信号被同时送到各个比较器，比较结果通过编码器生成数字信号输出。实际使用的并行型 A-D 转换器一般采用半并行型（Half-flash）结构，如 TI 公司的 TLC5510、ADI 公司的 AD7820 等。

其余的 A–D 转换器种类还有流水线（Pipeline）型（如 TI 的 ADS850）、压/频变换型 A–D 转换器（如 ADI 公司的 AD650）、计数器型等。一般根据转换速度、分辨率、功耗、体积、成本和输入/输出特性等指标，综合评估以选择合适的 A–D 转换器。

D–A 转换器用于把数字量转化为模拟量，相当于 A–D 转换器的逆过程，主要类型有 Δ–Σ 型、串型和电阻网络型等几种。常用的电阻网络型 D–A 转换器主要是 R–2R 型，如 TI 公司的 16 位 D–A 转换器 DAC712，其基本工作原理如图 8-6 所示。

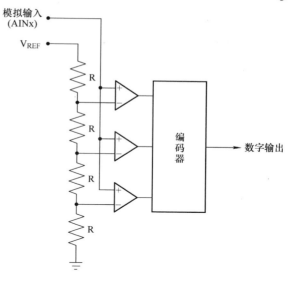

图 8-5　并行型 A–D 转换器

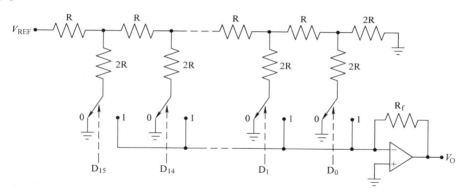

图 8-6　D–A 转换器 712 基本工作原理

该 D–A 转换器由 R–2R 电阻解码网络、模拟电子开关、运算放大器和基准电源等组成，通过数字的数字量来控制模拟电子开关，从而影响流入运算放大器反向输入端的电流，该电流流过电阻 R_f，最后得到与输入数字量成正比的输出电压 V_O。

8.1　模–数转换器

TM4C1294NCPDT 的模–数转换器包括两个相同的转换器模块，它们共用 20 个输入通道。每个模块具有 12 位转换精度并支持 20 个输入通道，以及一个内部温度传感器。每个 A–D 转换器模块包含四个可编程序列器（sequencer），它们支持无须控制器干涉的多路模拟输入源采样。每个采样序列器都提供灵活编程其全配置输入源、触发事件、中断产生及序列器优先级。另外，转换值可选择地移交给数字比较器模块。每个 A–D 转换器模块提供 8 个数字比较器。每一个数字比较器相对两个用户自定义值来评估 A–D 转换器转换值，以确定信号的工作范围。ADC0 和 ADC1 的触发源可以独立，也可以根据同一触发源工作，并工作于相同或不同的输入。移相器可以按照指定的相位角延迟采样的开始。当同时使用两个 A-D 转换器模块时，配置转换器的同时可以开始转换或相互间有相对相位。

TM4C1294NCPDT 微控制器提供了两个 A-D 转换器模块，每个都具有以下特性。

1）20 个共用模拟输入通道。

2）12 位精度 A-D 转换器。

3）单端和差分输入配置。

4）片上内置温度传感器。

5）最大采样速率为 100 万次/s。

6）可选、可编程的相位延迟。

7）可编程采样和保持窗口。

8）四个可编程采样转换序列器，包含 1~8 个采样，并具有相应的转换结果 FIFO。

9）柔性触发控制有控制器（软件）、定时器、模拟比较器、PWM 和 GPIO。

10）最多 64 个采样的硬件平均。

11）8 个数字比较器。

12）转换器使用信号 VREFA + 和 GNDA 作为电压基准。

13）模拟电路的电源和地与数字电路的电源和地隔离。

14）使用微型直接存储器访问控制器（μDMA）的高效传输，每个采样序列器具有专用通道，A-D 转换器模块为 DMA 使用突发请求。

15）全局复用时钟（ALTCLK）源或系统时钟（SYSCLK）可以用来产生 A-D 转换器时钟。

8.1.1 模块框图

TM4C1294NCPDT 微控制器包含两个相同的模数转换器模块。这两个模块 ADC0 和 ADC1，共享相同的 20 个模拟输入通道。每个 A-D 转换器模块独立工作，因此可以执行不同的采样序列，可随时采样任何模拟输入通道，并产生不同的中断和触发。两个模块如何连接模拟输入及系统总线如图 8-7 所示。

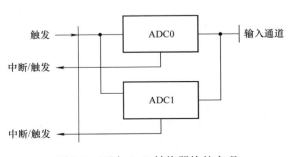

图 8-7　两个 A-D 转换器块的实现

A-D 转换器的控制和数据寄存器的内部配置细节如图 8-8 所示。

8.1.2 信号描述

A-D 转换器模块的外部信号及各自的功能描述见表 8-1。AINx 信号是某些 GPIO 信号的模拟功能。表 8-1 的"引脚复用/引脚分配"栏中列出了放置 A-D 转换器信号的 GPIO 引脚。这些信号是通过清除 GPIO 数字使能（GPIODEN）寄存器相应的 DEN 位，和设置 GPIO 模拟模式选择（GPIOAMSEL）寄存器相应的 AMSEL 位来配置的。VREFA + 信号（在"引脚复用/引脚分配"栏中为"固定"）有固定的引脚分配和功能，并且不是 5V 兼容。

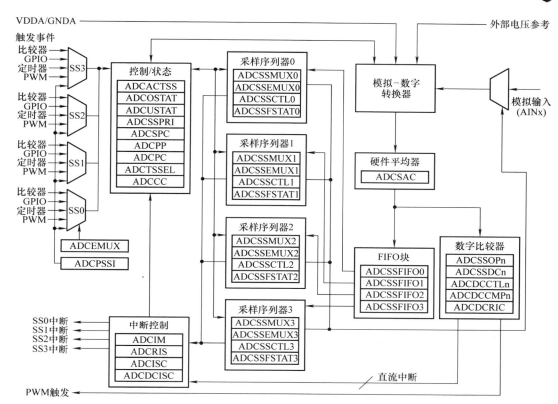

图 8-8　A-D 转换器模块

表 8-1　ADC 信号 （128TQFP）

引脚名称	引脚编号	引脚复用/引脚分配	引脚类型	缓冲类型	描　　述
AIN0	12	PE3	I	模拟	模-数转换器输入 0
AIN1	13	PE2	I	模拟	模-数转换器输入 1
AIN2	14	PE1	I	模拟	模-数转换器输入 2
AIN3	15	PE0	I	模拟	模-数转换器输入 3
AIN4	128	PD7	I	模拟	模-数转换器输入 4
AIN5	127	PD6	I	模拟	模-数转换器输入 5
AIN6	126	PD5	I	模拟	模-数转换器输入 6
AIN7	125	PD4	I	模拟	模-数转换器输入 7
AIN8	124	PE5	I	模拟	模-数转换器输入 8
AIN9	123	PE4	I	模拟	模-数转换器输入 9
AIN10	121	PB4	I	模拟	模-数转换器输入 10
AIN11	120	PB5	I	模拟	模-数转换器输入 11
AIN12	4	PD3	I	模拟	模-数转换器输入 12
AIN13	3	PD2	I	模拟	模-数转换器输入 13

（续）

引脚名称	引脚编号	引脚复用/引脚分配	引脚类型	缓冲类型	描 述
AIN14	2	PD1	I	模拟	模-数转换器输入 14
AIN15	1	PD0	I	模拟	模-数转换器输入 15
AIN16	18	PK0	I	模拟	模-数转换器输入 16
AIN17	19	PK1	I	模拟	模-数转换器输入 17
AIN18	20	PK2	I	模拟	模-数转换器输入 18
AIN19	21	PK3	I	模拟	模-数转换器输入 19
VREFA +	9	固定	—	模拟	基准电压用于指定 A-D 转换器转换最大值处的电压。该引脚用于与 GNDA 联用。VREFA + 的电压作为 AINn 信号，将被转换为 4095

8.1.3 功能描述

TM4C1294NCPDT 的 A-D 转换器通过使用可编程的基于序列的方法收集样本数据，以取代许多 A-D 转换器模块上使用的传统单次或双次采样方法。每个采样序列是完全编程的一系列（背靠背）采样，允许 A-D 转换器从多路输入源收集数据而不必重新配置或由处理器提供服务。采样序列中每个采样的编程包括许多参数，如输入源和模式（差分与单端输入）、采样完成的中断产生以及序列中最后一个采样的指示。此外，μDMA 可用于更有效地从采用序列中移动数据而不需要 CPU 的干预。

1. 采样序列器

采样控制和数据捕获由采样序列器进行处理。除了可被捕获的采样数量和 FIFO 的深度以外，所有的序列器在执行时是相同的。每个序列器可以捕获的最大采样数量及相应的 FIFO 深度见表 8-2。所捕获的每个采样被存储在 FIFO 中。在该处理过程中，每个 FIFO 入口是一个 32 位的字，其低 12 位包含转换结果。

表 8-2 序列器的采样和 FIFO 深度

序列发生器	采样数	FIFO 深度
SS3	1	1
SS2	4	4
SS1	4	4
SS0	8	8

对于给定的采样序列，每个采样被 A-D 转换器采样序列输入多路复用器选择（ADCSSMUXn）寄存器、A-D 转换器采样序列扩展输入多路复用器选择（ADCSSEMUXn）和A-D转换器采样序列控制（ADCSSCTLn）寄存器中的位域定义，其中的 "n" 对应序列号。ADCSSMUXn 和 ADCSSEMUXn 字段选择输入引脚，而 ADCSSCTLn 字段包含相应参数的采样控制位，如温度传感器的选择、中断使能、序列终端和差分输入模式。采样序列器是通过设置A-D转换器有效采样序列器（ADCACTSS）寄存器中各自的 ASENn 位来使能，而且被使能

前必须进行配置，然后通过设置 A-D 转换器处理器采样序列启动（ADCPSSI）寄存器的 SSN 位来启动采样。此外，在每个 A-D 转换器模块的配置过程中，可以通过使用 ADCPSSI 寄存器的 GSYNC 和 SYNCWAIT 位，来使采样序列在多个 A-D 转换器模块同时启动。

当配置一个采样序列时，允许复用在同一序列中的相同输入引脚。在 ADCSSCTLn 寄存器中，可以对任何采样的组合设置 IEn 位，必要情况下允许在序列中的每个采样完成后产生中断。同样，在采样序列中的任何点可以设置 END 位。例如，如果序列 0 被使用，END 位可以在与第 5 个采样相关的半字节中被置位，允许序列器 0 在第 5 个采样后结束采样序列的执行。

在一个采样序列结束执行后，可以从 A-D 转换器采样序列结果 FIFO（ADCSSFIFOn）寄存器中找回结果数据。FIFO 是通过读同一地址而"弹出"结果数据的简单循环缓冲器。对于软件调试目的，FIFO 的头和尾指针的位置在 A-D 转换器采样序列 FIFO 状态（ADCSS-FSTATn）寄存器中随同 FULL 和 EMPTY 状态标记一起可见。如果 FIFO 为满时尝试写，则写不会发生且会提示溢出状态。使用 ADCOSTAT 和 ADCUSTAT 寄存器监控溢出和下溢状态。

2. 模块控制

采样序列器之外，控制逻辑的剩余部分负责如下任务。

① 产生中断。

② DMA 操作。

③ 序列优先次序。

④ 触发配置。

⑤ 比较器配置。

⑥ 外部电压基准。

⑦ 控制采样相位。

⑧ 模块时钟。

（1）中断　采样序列器和数字比较器的寄存器配置决定了哪些事件产生原始中断，但不控制中断是否真正被传送到中断控制器。A-D 转换器中断屏蔽（ADCIM）寄存器的 MASK 位的状态，控制 A-D 转换器模块的中断信号。在两个位置可以观察到中断状态：A-D 转换器原始中断状态（ADCRIS）寄存器，显示各种中断信号的原始状态；A-D 转换器中断状态和清除（ADCISC）寄存器，显示被 ADCIM 寄存器使能的有效中断。通过往 AD-CISC 中相应的 IN 位写 1，可以清除序列器中断。通过往数字比较器中断状态和清除（ADC-DCISC）寄存器中写 1，可以清除数字比较器中断。

（2）DMA 操作　DMA 可用于提高效率。它允许每个采样序列独立地操作并且传输数据，而无须处理器干预或重新配置。

A-D 转换器基于 FIFO 的级别，向 μDMA 控制器生效单个及突发 μDMA 请求信号（dma_sreq 和 dma_req）。当所使用的 FIFO 半满时（即 4 个采样对应 SS0，2 个采样对应 SS1 和 SS2，1 个采样对应 SS3），产生 dma_req 信号。假如，ADCSSCTL0 寄存器有六个采样要传送，四个值的突发传送后，发生两个单个传送（dma_sreq）。dma_done 信号（每个采样序列器一个）被送到 A-D 转换器，以允许一个 ADCRIS 寄存器中 DMAINRn 中断位的触发。通过设置偏移量 0x000 处的 ADCACTSS 寄存器中适当的 ADENn 位，使能对于指定采样序列器的 μDMA。

使用支持 A–D 转换器模块的 μDMA 时，应用程序必须通过 μDMA 中的 DMA 通道映射选择 n（DMACHMAPn）寄存器，来使能 A–D 转换器通道。

（3）优先次序　当采样事件（触发）同时发生时，它们按照 A–D 转换器采样序列器优先级（ADCSSPRI）寄存器中的值，被排序处理。有效的优先级范围在 0~3 之间，其中 0 是最高优先级，3 是最低优先级。具有相同优先级的多个有效采样序列器单元不会提供一致的结果，因此软件必须确保所有有效采样序列器单元有唯一的优先级值。

（4）采样事件　A–D 转换器事件多路复用器选择（ADCEMUX）寄存器定义了每个采样序列器的采样触发。触发源包括处理器（默认）、模拟比较器、由 GPIO ADC 控制（GPIOADCCTL）寄存器指定的 GPIO 上的外部信号、通用定时器、PWM 生成器及连续采样。处理器通过设置 A–D 转换器处理器采样序列启动（ADCPSSI）寄存器中的 SSX 位触发采样。

使用连续采样触发时必须小心。如果一个序列器的优先级太高，可能使其他较低优先级的序列器无法使用。在一般情况下，使用连续采样的采样序列器应被设置为最低优先级。连续采样可与数字比较器一起使用，这样当输入中出现特定电压时可以产生一个中断。

（5）采样和保持窗口控制　A–D 转换器模块通过 A–D 转换器采样序列 n 采样和保持时间（ADCSSTSHn）寄存器提供序列中每步的采样和保持窗口的编程能力。在每个 TSHn 字段可以写入不同的采样和保持宽度，这反映在 A–D 转换器时钟中，允许的编码见表 8-3。

表 8-3　A–D 转换器时钟中的采样和保持宽度

TSHn 编码	NSH	TSHn 编码	NSH
0x0	4	0x7	保留
0x1	保留	0x8	64
0x2	8	0x9	保留
0x3	保留	0xA	128
0x4	16	0xB	保留
0x5	保留	0xC	256
0x6	32	0xD~0xF	保留

由于源阻抗和转换频率是所述采样和保持数（N_{SH}）的函数，系统设计者必须评估如何改变该值以提高系统性能。源阻抗可用下式计算：

$$R_{\mathrm{S}} = ((N_{\mathrm{SH}} \times T_{\mathrm{ADC}})/C_{\mathrm{ADC}} \times \ln(2^{N})) - R_{\mathrm{ADC}}$$

式中，N_{SH} 是采样时间中 A–D 转换器转换时钟周期数；T_{ADC} 是 A–D 转换器转换时钟周期，1Msps 时为 1/16MHz；C_{ADC} 是 A–D 转换器的等效输入电容，等于 10pF；N 是分辨率，为 12 位；R_{ADC} 是 A–D 转换器等效输入电阻，为 2.5kΩ。

转换频率可以用以下公式来计算：

$$F_{\mathrm{CONV}} = 1/((N_{\mathrm{SH}} + 12) \times T_{\mathrm{ADC}})$$

式中，N_{SH} 是采样时间中 A–D 转换器转换时钟周期数；T_{ADC} 是 A–D 转换器转换时钟周期，1Msps 时为 1/16MHz。

这两个方程表明，当 N_{SH} 增加时，F_{CONV} 减小且 R_{S} 增大，见表 8-4。

表 8-4　$T_{ADC} = 1/16MHz$ 时，不同的 N_{SH} 对应的 R_S 和 F_{CONV}

N_{SH}	4	8	16	32	64	128	256
R_S/Ω	506	3511	9522	21545	45590	93680	189859
F_{CONV}/Ksps	1000	800	571	364	211	114	60

系统设计者必须考虑这两个因素，以实现最佳的 A-D 转换操作。

（6）采样相位控制　ADC0 和 ADC1 的触发源可以独立，或者两个 A-D 转换器模块可以从相同的触发源工作，并工作在相同或不同的输入源。如果转换器以相同的采样速率运行，它们可以被配置为同时开始转换，或者一个 A-D 转换器可被编程为最多滞后另一个 ADC15 个时钟周期。通过编程 A-D 转换器采样相位控制（ADCSPC）寄存器中的 PHASE 字段，能使采样时间延迟于标准采样时间。1Msps 速率下，各种相位关系的例子如图 8-9 所示。

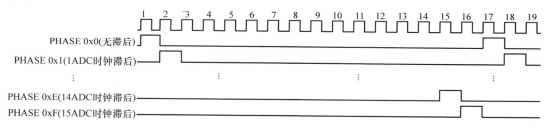

图 8-9　A-D 转换器采样相位

此特性可用于加倍输入的采样速率。A-D 转换器模块 0 和 A-D 转换器模块 1 都可以被编程为采样相同的输入。A-D 转换器模块 0 可以在标准位置采样（ADCSPC 寄存器中的 PHASE 字段为 0x0）。A-D 转换器模块 1 可以被配置为具有相位滞后（PHASE 为非零）的采样。对于以秒为单位的采样速率，两个 A-D 转换器的所有序列器的 TSHn 字段必须被编程为 0x0，并且其中一个 A-D 转换器模块的 PHASE 字段必须被设置为 0x8。这两个模块可以使用 A-D 转换器处理器采样序列器启动（ADCPSSI）寄存器中的 GSYNC 和 SYNCWAIT 位来同步。随后，软件可以结合两个模块的结果，在 16MHz 时创建 100 万次/s 的采样速率，如图 8-10 所示。

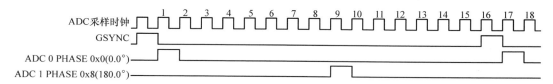

图 8-10　A-D 转换器采样速率加倍

使用 ADCSPC 寄存器，ADC0 和 ADC1 可以提供许多有趣的应用。

1）不同信号的一致连续采样。在这两个转换器中同时运行采样序列步骤。在这种情况下，两个 A-D 转换器模块序列器所匹配采样步骤的 TSHn 必须相同，并且两个 A-D 转换器模块的 ADCSPC 寄存器的 PHASE 字段必须为 0x0。TSHn 字段在 A-D 转换器采样序列 n 采样和保持时间（ADCSSTSHn）寄存器中。

① A-D 转换器模块 0，ADCSPC = 0x0，采样 AIN0。

221

② A-D 转换器模块 1，ADCSPC = 0x0，采样 AIN1。

2）同一信号的倾斜采样。由 ADCSSTSHn 寄存器的 TSHn 字段和 ADCSPC 寄存器中的 PHASE 字段共同确定倾斜。为了达到最快倾斜采样速率，所有的 TSHn 字段必须被设置为 0x0。如果所有序列器的 TSHn = 0x0，并且其中一个 A-D 转换器的 PHASE 字段是 0x8，当软件结合了多个结果时，该配置将单个输入的转换带宽增加一倍，如图 8-11 所示。

① A-D 转换器模块 0，ADCSPC = 0x0，采样 AIN0。

② A-D 转换器模块 1，ADCSPC = 0x8，采样 AIN1。

注意，不要求倾斜采样中的 TSHn 字段相同。如果一个应用具有变化的模拟输入阻抗，则 TSHn 和 PHASE 可以根据工作要求而改变。

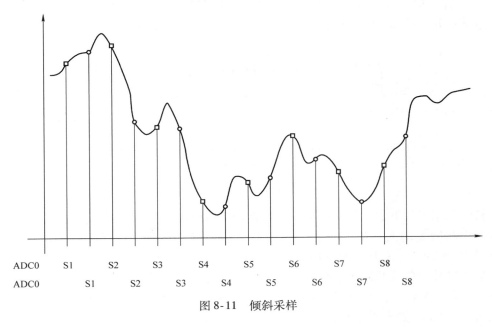

图 8-11　倾斜采样

（7）模块时钟　A-D 转换器的数字块时钟为系统时钟，而 A-D 转换器的模拟块时钟是独立的转换时钟（A-D 转换器时钟）。A-D 转换器时钟频率最高为 32MHz，以产生 2Msps 的转换速率。16MHz 的 A-D 转换器时钟可提供 1Msps 的采样速率。A-D 转换器时钟的源有如下三个。

1）分频的 PLL VCO。配置 PLL VCO 频率，可以对 2Msps 的转换速率生成最高 32MHz 的时钟。必须编程 ADCCC 寄存器的 CS 字段为 0x0 以选择 PLL VCO，并且 CLKDIV 字段被用于设置所需频率的相应时钟分频因子。

2）16MHz 的 PIOSC。使用 PIOSC 提供接近 1Msps 的转换速率。要使用 PIOSC 给 ADC 时钟，先启动 PLL，然后在 ADCCC 寄存器中的 CS 位域使能 PIOSC，随后禁用 PLL。

3）MOSC。对于 1Msps 转换速率的 MOSC 时钟源必须是 16MHz，2Msps 转换速率为 32MHz。

系统时钟必须和 ADC 时钟频率相同或更高。所有的 ADC 模块共用相同的时钟源，以便于转换单元间数据采样的同步，由 ADC0 的 ADCCC 寄存器提供其选择和编程。ADC 模块不会以不同的转换速率运行。

（8）忙状态　ADCACTSS 寄存器中的 BUSY 位是用于指示何时 A–D 转换器忙于当前转换。当没有在下个或后几个周期开始新转换的挂起触发时，BUSY 位读出为 0。软件在通过写模数转换器运行模式时钟门控控制（RCGCADC）寄存器以禁用 A–D 转换器时钟前，必须读出 BUSY 位的状态为 0。

（9）抖动使能　ADCCTL 寄存器提供了抖动使能位，以减少 A–D 转换器采样的随机噪声。复位时，默认使能 DITHER 位。通过清除 ADCCTL 寄存器的 DITHER 位可禁用抖动模式。

3. 硬件采样平均电路

使用硬件平均电路能够产生更高精度的结果，然而，改进的结果是以吞吐量为代价的。多达 64 个采样可以被累加并平均，以形成在序列器 FIFO 中的单个数据项。吞吐量根据平均计算中的样本数量成比例地减小。例如，平均电路被配置为平均 16 个采样，吞吐量根据因子 16 减小。

平均电路默认是关闭的，而且所有数据从转换器通过序列器 FIFO。A–D 转换器采样平均控制（ADCSAC）寄存器控制平均硬件。当平均电路实现后，所有输入通道，无论是单端或差分都接收同样的平均数量。

对于 4 × 硬件过采样，ADCSAC 寄存器被设置为 0x2，为采样序列而置位 IE1 位，导致第二个平均值被存储在 FIFO 后，产生一个中断，如图 8-12 所示。

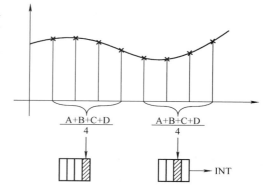

图 8-12　采样平均实例

4. 模数转换器

模–数（A–D）转换器模块使用逐次逼近寄存器（SAR）结构，以产生一个 12 位、低功耗、高精度的转换值。逐次逼近采用开关电容阵列实现采样和保持信号的双重功能，如同提供 12 位的 D–A 转换操作。A–D 转换器输入等效图如图 8-13 所示。

A–D 转换器工作于 3.3V 模拟和 1.2V 数字供电电源。当不需要 A–D 转换器转换时，A–D 转换器时钟可被配置为降低功耗。模拟输入通过专门的平衡输入路径连接到 A–D 转换器，以减少输入上的失真和串扰。

A–D 转换器使用内部信号 VREFP 和 VREFN 作为电压基准，以从选定的模拟输入产生转换值。根据 A–D 转换器控制（ADCCTL）寄存器中 VREF 位的配置，VREFP 可以被连接到 VREFA + 或 VDDA，而 VREFN 被连接到 GNDA，如图 8-14 所示。

这种转换值的范围是 0x000~0xFFF。在单端输入模式下，0x000 对应于 VREFN 的电压电平；0xFFF 对应 VREFP 的电压电平。这种配置的分辨率可以用下式计算：

```
mV per ADC code = (VREFP-VREFN)/4096
```

当模拟输入引脚可以处理的电压超出此范围时，模拟输入电压必须保持在规定的范围，以产生精确的结果。V_{REFA} 规范为 VREFA + 和 GNDA 上的外部电压基准定义了有用的范围。注意，提供的基准电压要质量可靠。模拟输入的 A–D 转换器转换功能如图 8-15 所示。

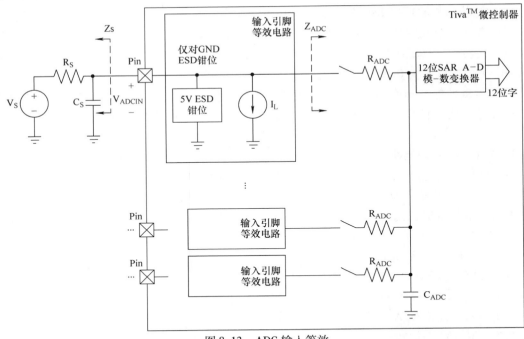

图 8-13　ADC 输入等效

5. 差分采样

除了传统的单端采样，A–D 转换器模块支持两个模拟输入通道的差分采样。为了使能差分采样，软件必须置位按步配置半位元组中 ADCSSCTL0n 寄存器的 DN 位。

当配置一个序列步骤为差分采样时，必须在 ADCSSMUXn 寄存器中配置采样的输入对。差分对 0 采样模拟输入 0 和 1；差分对 1 采样模拟输入 2 和 3；以此类推，见表 8-5。A–D 转换器不支持其他差分对，如模拟输入 0 和模拟输入 3。

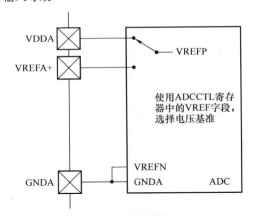

图 8-14　ADC 电压基准

表 8-5　差分采样对

差分对	模拟输入	差分对	模拟输入
0	0 和 1	5	10 和 11
1	2 和 3	6	12 和 13
2	4 和 5	7	14 和 15
3	6 和 7	8	16 和 17
4	8 和 9	9	18 和 19

差分模式采样的电压是奇数和偶数通道之间的差。

1）输入正电压：$\mathrm{VIN}_+ = V_{\mathrm{IN\_EVEN}}$（偶数通道）。

2）输入负电压：$\mathrm{VIN}_- = V_{\mathrm{IN\_ODD}}$（奇数通道）。

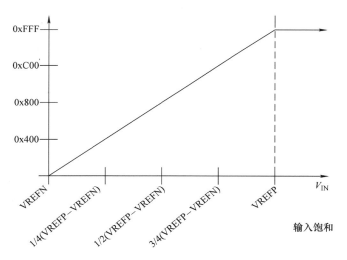

图 8-15　ADC 转换结果

输入差分电压被定义为 $VIN_D = VIN_+ - VIN_-$，因此：

1）如果 $VIN_D = 0$，则转换结果 $= 0x800$。

2）如果 $VIN_D > 0$，则转换结果 $> 0x800$（范围是 0x800~0xFFF）。

3）如果 $VIN_D < 0$，则转换结果 $< 0x800$（范围是 0~0x800）。

当使用差分采样，以下定义是相关的。

1）输入共模电压：$VIN_{CM} = (VIN_+ + VIN_-)/2$。

2）基准正电压：VREFP。

3）基准负电压：VREFN。

4）基准差分电压：$VREF_D = VREFP - VREFN$。

5）基准共模电压：$VREF_{CM} = (VREFP + VREFN)/2$。

以下条件提供差分模式下的最佳结果。

1）为得到有效转换结果，V_{IN_EVEN} 和 V_{IN_ODD} 都必须在（VREFP~VREFN）范围内。

2）可能的最大差分输入摆幅，或最大差分范围为 $-VREF_D \sim +VREF_D$，因此最大的峰-峰值输入差分信号是（$+VREF_D - (-VREF_D)$）$= 2 \times VREF_D = 2 \times (VREFP - VREFN)$。

3）为了利用最大可能的差分输入摆幅，VIN_{CM} 应非常接近 $VREF_{CM}$。

如果 VIN_{CM} 不等于 $VREF_{CM}$，差分输入信号可以对最大或最小电压裁剪，因为任何单端输入不能大于 VREFP 或小于 VREFN，并且不能达到全摆幅。因此，输入电压和基准电压之间的共模差限制了 A-D 转换器的差分动态范围。

因为最大峰-峰值差分信号电压是 $2 \times (VREFP - VREFN)$，A-D 转换码可以解释为

```
mV per A-D code = (2 × (VREFP-VREFN))/4096
```

差分电压 ΔV 如何被 A-D 转换码表示，如图 8-16 所示。

6. 内部温度传感器

温度传感器有两个主要目的：①通知系统其内部温度对于可靠运行过高或过低；②为休眠模块 RTC 调整值的校准提供温度测量。

温度传感器没有单独的使能，因为它也包含了带隙基准并且必须始终被使能。该基准被

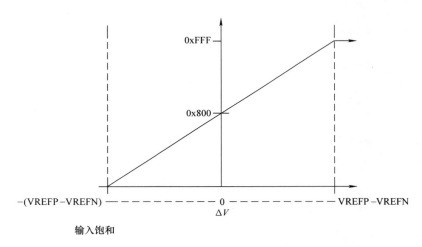

图 8-16　差分电压表示

提供给其他模拟模块，而不仅仅给 ADC。另外，温度传感器在 3.3V 区域具有第二个掉电输入，通过休眠模块提供该输入的控制。

内部温度传感器将温度测量值转换成电压。该电压值 V_{TSENS} 由下式给出（其中，TEMP 是温度，单位为℃）。

$$V_{\text{TSENS}} = 2.7 - ((\text{TEMP} + 55)/75)$$

该关系如图 8-17 所示。

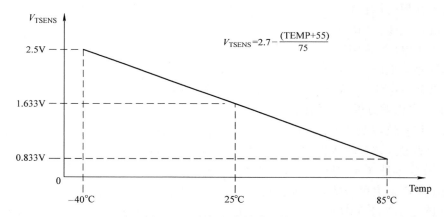

图 8-17　内部温度传感器特性

通过设置 ADCSSCTLn 寄存器的 TSN 位，可在采样序列中采样温度传感器的读数。应使用 ADCSSTSHn 寄存器配置采样和保持宽度至少为 16 个 ADC 时钟。温度传感器得到的温度读数还可以作为 ADC 值的函数。基于 ADC 读数（ADC_{CODE}，0~4095 的无符号十进制数）和最大 ADC 电压范围（VREFP~VREFN），计算温度（TEMP 单位为℃）的公式如下：

$$\text{TEMP} = 147.5 - ((75) \times (\text{VREFP} - \text{VREFN}) \times \text{ADC}_{\text{CODE}}/4096)$$

7. 数字比较器单元

A-D 转换器通常用于采样外部信号并监测其值，以确保它保持在给定范围内。为了自动执行此过程监控，并降低处理器数量的必要开销，每个模块提供 8 路数字比较器。

被送到数字比较器的来自 A–D 转换器的转换值，与 A–D 转换器数字比较器范围（AD-CDCCMPn）寄存器中的用户编程限定值相比较。根据 ADC 是否运行在 ADCDCCMPn 位域配置的低、中或高段区域内，A–D 转换器可以被配置为产生中断。数字比较器的四个操作模式（一次、始终、滞后一次和始终滞后）可以额外申请中断配置。

（1）输出功能 根据 A–D 转换器采样序列 n 操作（ADCSSOPn）寄存器中的 SnDCOP 位定义，A–D 转换器转换既可被存储在 A–D 转换器采样序列的 FIFO 中，也可以使用数字比较器源进行比较。这些选定的 A–D 转换器转换被它们各自的数字比较器用来监视外部信号。每个比较器有两个可能的输出功能：处理器中断和触发。每个功能都有自己的状态机以跟踪监视信号。即使可以同时单独或一起使能中断和触发功能，每个功能也可以使用相同的转换数据来确定是否已经满足合适的条件，以生效相应的输出。

1）中断。通过设置 A–D 转换器数字比较器控制（ADCDCCTLn）寄存器中的 CIE 位，使能数字比较器的中断功能。该位使能中断功能状态机，以启动监视送入的 A–D 转换器转换。当满足相应的条件集合，并且 ADCIM 寄存器中的 DCONSSx 位被置位时，一个中断被送到中断控制器。

注意，对于 1Msps 的速率，因为系统时钟频率接近 A–D 转换器时钟频率，建议应用程序处理转换数据之前使用 μDMA 将其从 FIFO 存储到内存，而不是中断驱动的单个数据读取。处理器在中断之前使用 μDMA 存储多个采样，并通过多个传输分摊中断开销，并防止采样数据丢失。

注意，只有单个 DCONSSn 位在任何时间可被设置。设置一个以上的这些位导致 ADC-RIS 寄存器中的 INRDC 位被屏蔽，并且在任何采样序列器中断线上也没有中断产生。建议使用中断时，在备用采样或采样序列结束时使能它们。

2）触发。通过设置 ADCDCCTLn 寄存器中的 CTE 位，使能数字比较器触发功能。该位使能触发功能状态机，以开始监视传入的 A–D 转换器转换。当满足合适的条件集合时，相应的数字比较器对 PWM 模块生效触发信号。

（2）操作模式 为支持广泛的应用和多个可能的信号要求，ADC 提供了四种操作模式：始终模式、一次模式、滞后始终模式和滞后一次模式。使用 ADCDCCTLn 寄存器中的 CIM 或 CTM 字段选择操作模式。

1）始终模式。在始终操作模式中，只要 A–D 转换器的转换值满足它的比较标准，相关的中断或触发就生效。当转换在合适的范围内时，结果是一连串的中断或触发生效。

2）一次模式。在一次操作模式中，每当 A–D 转换器的转换值满足它的比较标准，且以前的 A–D 转换器转换不满足时，相关的中断或触发生效。转换在适当范围内时，结果是中断或触发单个生效。

3）滞后始终模式。由于必须穿过中段区域并进入相对区域以清除滞后状态，滞后始终运行模式只能与低段或高段区域合用。在滞后始终模式下，相关的中断或触发在下列情况生效：①A–D 转换器转换值满足其比较标准；②以前的 A–D 转换器转换值满足比较标准，且由于进入相对区域，滞后的条件没有被清除。结果是一连串的中断或触发生效，直到进入相对区域才不继续。

4）滞后一次模式。由于必须穿过中段区域并进入相对区域以清除滞后状态，滞后一次模式只能与低段或高段区域合用。在滞后一次模式下，只有当 A–D 转换器转换值满足它的比较标准时，滞后条件才被清除，而且以前的 A-D 转换器转换不满足比较条件，相关的中断或触发才生效。结果是中断或触发单个生效。

（3）功能范围　A-D 数字比较器范围（ADCDCCMPn）寄存器中的两个比较值 COMP0 和 COMP1，有效地把转换区域划分为三个明显的区域。这些区域被称为低段（小于 COMP0）、中段（大于 COMP0 但小于或等于 COMP1）及高段（大于或等于 COMP1）区域。COMP0 和 COMP1 可被编程为相同的值，从而有效地创建两个区域，但 COMP1 必须总是大于或等于 COMP0 的值。COMP1 小于 COMP0 将会产生不可预知的结果。

1）低段操作。为了在低段区域运行，一定要编程 ADCDCCTLn 寄存器中的 CIC 字段或 CTC 字段为 0x0。在根据可编程的操作模式定义的低段区域，此设置会引起产生中断或触发。低段区域中每种操作模式的中断/触发信号的状态，示例如图 8-18 所示。注意，操作模式名称后一栏里的"0"（始终、一次、滞后始终和滞后一次）表示该中断或触发信号无效，而"1"表示信号有效。

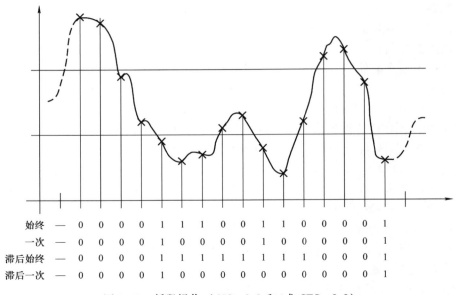

图 8-18　低段操作（CIC = 0x0 和/或 CTC = 0x0）

2）中段操作。为了在中段区域操作，必须编程 ADCDCCTLn 寄存器中的 CIC 字段或 CTC 字段为 0x1。根据操作模式，此设置会在中段区域引起产生中断或触发。在中段区域只可用始终和一次操作模式。中段区域中每种可用操作模式的中断/触发信号状态，如图 8-19 所示。注意，操作模式名称后一栏里的"0"（始终或一次）表示该中断或触发信号无效，而"1"表示信号有效。

3）高段操作。为了在高段区域内操作，必须编程 ADCDCCTLn 寄存器中的 CIC 或 CTC 字段为 0x3。根据操作模式，此设置会在高段区域引起产生中断或触发。高段区域中每种可用操作模式的中断/触发信号状态，如图 8-20 所示。注意，操作模式名称后一栏里的"0"（始终、一次、滞后始终和滞后一次）表示该中断或触发信号无效，而"1"表示信号有效。

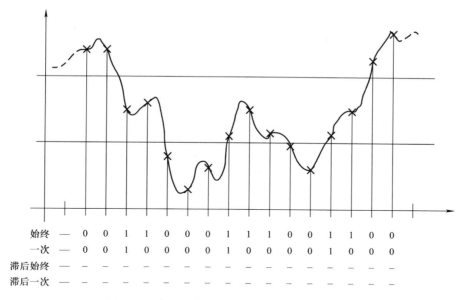

图 8-19　中段操作（CIC = 0x1 和/或 CTC = 0x1）

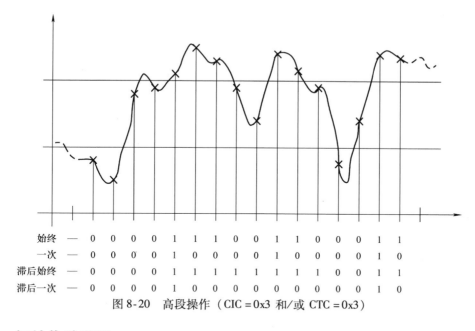

图 8-20　高段操作（CIC = 0x3 和/或 CTC = 0x3）

8.1.4　初始化及配置

1. 模块初始化

A–D 转换器模块的初始化是一个只需几步的简单过程：使能 A–D 转换器的时钟，禁用与所有将要使用的输入联系的模拟隔离电路，重新配置采样序列器优先权（如果需要）。

ADC 的初始化序列如下。

1）通过 RCGCADC 寄存器使能 A–D 转换器时钟。

2）通过 RCGCGPIO 寄存器使能给适当的 GPIO 模块时钟。

3）为 A-D 转换器输入引脚设置 GPIO 的 AFSEL 位。

4）通过清除 GPIO 数字使能（GPIODEN）寄存器中相应的 DEN 位，配置 AINx 信号为模拟输入。

5）对于所有的 A-D 转换器输入引脚禁用模拟隔离电路，使用时通过在相关 GPIO 块中写 1 到 GPIOAMSEL 寄存器的适当位。

6）如果应用程序需要，重新配置 ADCSSPRI 寄存器中的采样序列器优先权。默认配置为采样序列器 0 有最高优先级，而采样序列器 3 为最低优先级。

2. 采样序列器配置

采样序列器的配置要比模块的初始化稍微复杂，因为每个采样序列器都是完全可编程的。每个采样序列器的配置应该如下。

1）确保通过清除 ADCACTSS 寄存器中相应的 ASENn 位，禁用采样序列器。不需要使能采样序列器，就可对它们编程。如果在配置过程中将发生触发事件，编程时禁用采样序列器以预防错误的执行。

2）在 ADCEMUX 寄存器中为采样序列器配置触发事件。

3）当使用 PWM 发生器作为触发源时，使用 A-D 转换器触发源选择（ADCTSSEL）寄存器来指定发生器位于哪个 PWM 模块。默认寄存器复位选择 PWM 模块 0 为所有发生器。

4）对于采样序列器中的每个采样，在 ADCSSMUXn 和 ADCSSEMUXn 寄存器中配置相应的输入源。

5）对于采样序列器中的每个采样，在 ADCSSCTLn 寄存器中相应的半字节配置采样控制位。编程最后半字节时，确保置位 END 位。END 置位的失败，会引起不可预知的错误。

6）如果使用中断，在 ADCIM 寄存器中设置相应的 MASK 位。

7）通过在 ADCACTSS 寄存器中设置相应的 ASENn 位，使能采样序列器逻辑。

8.1.5 例程

通过 LaunchPad 开发板的 A-D 转换器将输入模拟电压转换为数字量。模拟电压通过 A-D 通道 1 输入，对应芯片引脚为 PE2。

编程实现：输入模拟电压，随后在 CCS 的"查看区"观察 A-D 转换的数字量结果 ulADC1 _ Value。

```
#include < stdint.h >
#include < stdbool.h >
#include "inc/hw _ types.h"
#include "inc/hw _ memmap.h"
#include "driverlib/sysctl.h"
#include "driverlib/gpio.h"
#include "driverlib/adc.h"

int main(void)
```

```
{
    uint32_t ulADC1_Value;

    //初始化 ADC1/PE2
    SysCtlPeripheralEnable(SYSCTL_PERIPH_ADC1);
    SysCtlPeripheralEnable(SYSCTL_PERIPH_GPIOE);
    GPIOPinTypeADC(GPIO_PORTE_BASE,GPIO_PIN_2);
    //设置 ADC 基准电压为内部基准电压
    ADCReferenceSet(ADC1_BASE,ADC_REF_INT);
    //配置 ADC 采集序列
    ADCSequenceConfigure(ADC1_BASE,0,ADC_TRIGGER_PROCESSOR,0);
    ADCSequenceStepConfigure(ADC1_BASE,0,0,ADC_CTL_CH1|ADC_CTL_
END|ADC_CTL_IE);
    //使能 ADC 采集序列
    ADCSequenceEnable(ADC1_BASE,0);
    ADCIntClear(ADC1_BASE,0);
    ADCIntEnable(ADC1_BASE,0);

    while(1)
    {
        ADCProcessorTrigger(ADC1_BASE,0);                    //触发采集
        while(! ADCIntStatus(ADC1_BASE,0,false));            //等待采集结束
        ADCSequenceDataGet(ADC1_BASE,0,&ulADC1_Value);  //获取采集结果
    }
}
```

8.2　模拟比较器

　　模拟比较器是一种比较两个模拟电压的外设，并提供标识比较结果的逻辑输出。注意，不是所有的比较器都可选择驱动输出引脚。

　　比较器能够提供其输出到器件引脚，可以代替电路板上的模拟比较器。此外，该比较器可通过中断或在 ADC 中触发采样序列的开始，向应用程序发送信号。中断的产生和 ADC 触发逻辑是分开并独立的。这种灵活性意味着，可以产生一个在上升沿触发的中断及在下降沿触发的 ADC。

　　TM4C1294NCPDT 微控制器提供具有以下功能的三个独立的集成模拟比较器。

　　1）将外部引脚输入与外部引脚输入或内部可编程电压基准相比较。

　　2）比较测试电压与以下电压之一：

　　① 单个外部基准电压。

② 共用的单外部基准电压。

③ 共用的内部基准电压。

8.2.1　模块框图

模拟比较器模块的框图如图 8-21 所示。

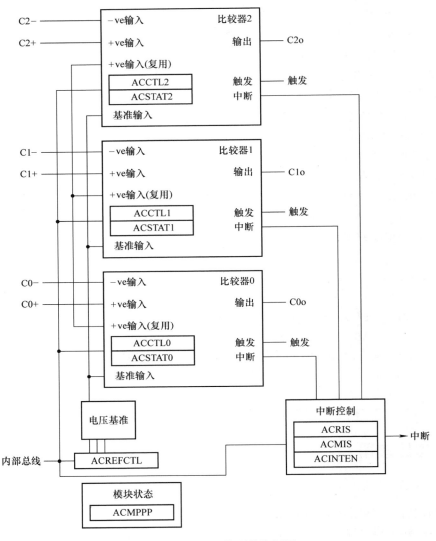

图 8-21　模拟比较器模块框图

8.2.2　信号描述

模拟比较器的外部信号及各自的功能描述见表 8-6。对某些 GPIO 信号而言，模拟比较器的输出信号是复用功能，并在复位时默认为 GPIO 信号。表 8-6 的"引脚复用/引脚分配"栏中列出了可能放置模拟比较器信号的 GPIO 引脚。必须置位 GPIO 复用功能选择（GPIO-AFSEL）寄存器中的 AFSEL 位，以选择模拟比较器功能。括号中的数字是必须被编程到

GPIO 端口控制（GPIOPCTL）寄存器中 PMCn 字段的编码，以分配模拟比较器信号给指定的 GPIO 端口引脚。通过清除 GPIO 数字使能（GPIODEN）寄存器中 DEN 位，来配置正和负输入信号。

表 8-6 模拟比较器信号（128TQFP）

引脚名称	引脚编号	引脚复用/ 引脚分配	引脚类型	缓冲器类型	描 述
C0+	23	PC6	I	模拟	模拟比较器 0 的正输入
C0−	22	PC7	I	模拟	模拟比较器 0 的负输入
C0o	1	PD0（5）	O	TTL	模拟比较器 0 的输出
C0o	83	PL2（5）	O	TTL	模拟比较器 0 的输出
C1+	24	PC5	I	模拟	模拟比较器 1 的正输入
C1−	25	PC4	I	模拟	模拟比较器 1 的负输入
C1o	2	PD1（5）	O	TTL	模拟比较器 1 的输出
	84	PL3（5）			
C2+	118	PP0	I	模拟	模拟比较器 2 的正输入
C2−	119	PP1	I	模拟	模拟比较器 2 的负输入
C2o	3	PD2（5）	O	TTL	模拟比较器 2 的输出

8.2.3 功能描述

比较器比较 VIN − 和 VIN + 输入端，并产生输出 VOUT。

```
VIN - < VIN +,VOUT =1
VIN - > VIN +,VOUT =0
```

如图 8-22 所示，VIN − 的输入源为外部输入 Cn − ，其中 n 是模拟比较器号。除了外部输入 Cn + ，VIN + 的输入源可能是 C0 + 或内部基准 V_{IREF}。

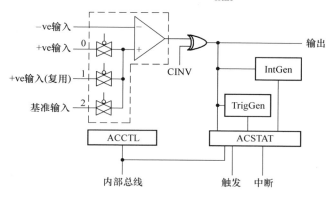

图 8-22 比较器单元结构

比较器是通过两个状态/控制寄存器进行配置的，即模拟比较器控制（ACCTL）寄存器和模拟比较器状态（ACSTAT）寄存器。通过模拟比较器基准电压控制（ACREFCTL）寄存器配置内部基准。中断状态和控制是通过模拟比较器可屏蔽中断状态（ACMIS）、模拟比较器原始中断状态（ACRIS）和模拟比较器中断使能（ACINTEN）三个寄存器来配置的。

通常情况下，比较器的输出被内部用于产生中断，并被 ACCTL 寄存器的 ISEN 位控制。输出也可被用于驱动外部引脚之一（Cno），或产生一个模拟/数字转换器（ADC）的触发信号。必须要注意，在使用模拟比较器前设置 ACCTL 寄存器中的 ASRCP 位。

内部基准的结构如图 8-23 所示。内部基准被单个的配置寄存器（ACREFCTL）所控制。

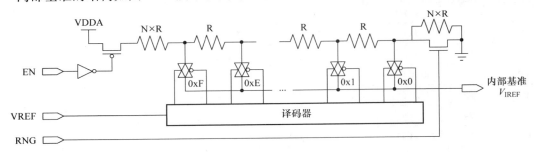

图 8-23 比较器内部基准结构

根据 ACREFCTL 寄存器中的 RNG 位，可编程内部基准为两种模式之一（低范围或高范围）。当 RNG 被清零，内部基准是高范围模式；当 RNG 被置位时，内部基准是低范围模式。

在每个范围之中，内部基准 V_{IREF} 有 16 个预编程阈值或步长值。通过使用 ACREFCTL 寄存器的 VREF 字段，来选择将用于与外部输入电压相比较的阈值。在高范围模式，V_{IREF} 阈值电压从理想的高范围起始电压 $V_{DDA}/4.2$ 开始，并增加理想恒定电压步长 $V_{DDA}/29.4$。在低范围模式，V_{IREF} 阈值电压从 0V 开始，并增加理想恒定电压步长 $V_{DDA}/22.12$。每种模式的理想 V_{IREF} 步长电压与 RNG 和 VREF 字段的关系，见表 8-7。

表 8-7 内部基准电压和 ACREFCTL 字段值

ACREFCTL 寄存器		基于 VREF 字段值的输出基准电压
EN 位值	RNG 位值	
EN = 0	RNG = X	0V（GND）对 VREF 的任何值。所以建议 RNG = 1 和 VREF = 0 以使基准地的噪声最小
EN = 1	RNG = 0	V_{IREF} 高范围：通过 VREF = 0x0~0xF 索引的 16 个电压阈值
		理想的起始电压（VREF = 0）：$V_{DDA}/4.2$
		理想的步长：$V_{DDA}/29.4$
		理想的 V_{IREF} 阈值：V_{IREF}（VREF）= $V_{DDA}/4.2$ + VREF × （$V_{DDA}/29.4$），VREF = 0x0~0xF
	RNG = 1	V_{IREF} 低范围：通过 VREF = 0x0~0xF 索引的 16 个电压阈值
		理想的起始电压（VREF = 0）：0V
		理想的步长：$V_{DDA}/22.12$
		理想的 V_{IREF} 阈值：V_{IREF}（VREF）= VREF × （$V_{DDA}/22.12$），VREF = 0x0~0xF

注意，表 8-7 中所示的值是 V_{IREF} 阈值的理想值。这些值在最小值和最大值之间的实际变化为每个阈值的步长，这取决于过程和温度。用于每个步长的最小值和最大值由下式给出。

① V_{IREF}（VREF）[最小] = 理想 V_{IREF}（VREF）−（理想步长 −2mV）/2。

② V_{IREF}（VREF）[最大] = 理想 V_{IREF}（VREF）+（理想步长 −2mV）/2。

234

当 $V_{DDA} = 3.3V$ 的高和低范围时，最小和最大 V_{IREF} 值的例子见表 8-8 和表 8-9。需要注意的是，这些例子仅适用于 $V_{DDA} = 3.3V$，该值根据 V_{DDA} 相应增大或减小。

表 8-8　模拟比较器电压基准特性（$V_{DDA} = 3.3V$，EN = 1 且 RNG = 0）

VREF 值	V_{IREF} 最小	理想的 V_{IREF}	V_{IREF} 最大	单位
0x0	0.731	0.786	0.841	V
0x1	0.843	0.898	0.953	V
0x2	0.955	1.010	1.065	V
0x3	1.067	1.122	1.178	V
0x4	1.180	1.235	1.290	V
0x5	1.292	1.347	1.402	V
0x6	1.404	1.459	1.514	V
0x7	1.516	1.571	1.627	V
0x8	1.629	1.684	1.739	V
0x9	1.741	1.796	1.851	V
0xA	1.853	1.908	1.963	V
0xB	1.965	2.020	2.076	V
0xC	2.078	2.133	2.188	V
0xD	2.190	2.245	2.300	V
0xE	2.302	2.357	2.412	V
0xF	2.414	2.469	2.525	V

表 8-9　模拟比较器电压基准特性（$V_{DDA} = 3.3V$，EN = 1 且 RNG = 1）

VREF 值	V_{IREF} 最小	理想的 V_{IREF}	V_{IREF} 最大	单位
0x0	0.000	0.000	0.074	V
0x1	0.076	0.149	0.223	V
0x2	0.225	0.298	0.372	V
0x3	0.374	0.448	0.521	V
0x4	0.523	0.597	0.670	V
0x5	0.672	0.746	0.820	V
0x6	0.822	0.895	0.969	V
0x7	0.971	1.044	1.118	V
0x8	1.120	1.193	1.267	V
0x9	1.269	1.343	1.416	V
0xA	1.418	1.492	1.565	V
0xB	1.567	1.641	1.715	V
0xC	1.717	1.790	1.864	V
0xD	1.866	1.939	2.013	V
0xE	2.015	2.089	2.162	V
0xF	2.164	2.238	2.311	V

8.2.4 初始化及配置

下面的示例显示了如何配置一个模拟比较器，以从内部寄存器读回其输出值。

1）通过写 0x0000.0001 到系统控制模块中的 RCGCACMP 寄存器，来使能模拟比较器的时钟。

2）通过 RCGCGPIO 寄存器使能相应 GPIO 模块的时钟。

3）在 GPIO 模块中，使能与输入信号相关的 GPIO 端口/引脚，作为 GPIO 输入。

4）配置 GPIOPCTL 寄存器里的 PMCn 字段，以分配模拟比较器输出信号到相应的引脚。

5）通过写 ACREFCTL 寄存器的值 0x0000.030C，来配置内部电压基准为 1.65V。

6）通过写 ACCTLn 寄存器的值 0x0000.040C，以配置比较器使用内部电压基准且不翻转输出。

7）延迟 10μs。

8）通过读取 ACSTATn 寄存器的 OVAL 值，读取比较器的输出值。

改变比较器的负输入信号 C-的电平，以观察 OVAL 值的变化。

8.2.5 例程

通过 LaunchPad 开发板的模拟比较器接口，比较输入电压与设定电压值，根据结果控制板载 LED 发光二极管 D3 和 D4。输入模拟电压通过 PC7 引脚输入，板载 LED 发光二极管 D3 和 D4 分别被 GPIO 的 PF4 和 PF0 引脚控制。

编程实现：当输入电压小于设定电压时，D3 亮、D4 灭；当输入电压大于设定电压时，D3 灭、D4 亮。

```
#include < stdint.h >
#include < stdbool.h >
#include "inc/hw _ types.h"
#include "inc/hw _ memmap.h"
#include "driverlib/sysctl.h"
#include "driverlib/gpio.h"
#include "driverlib/comp.h"

//定义发光二极管管脚
#define D3 GPIO _ PIN _ 4
#define D4 GPIO _ PIN _ 0

void main(void)
{
    SysCtlPeripheralEnable(SYSCTL _ PERIPH _ GPIOF);   //使能 LED 用 GPIO 端口
    SysCtlPeripheralEnable(SYSCTL _ PERIPH _ COMP0);   //使能比较器 0
    SysCtlPeripheralEnable(SYSCTL _ PERIPH _ GPIOC);
```

```
    GPIOPinTypeComparator(GPIO _ PORTC _ BASE,GPIO _ PIN _ 6 |GPIO _ PIN _
7);//比较器用管脚
    GPIOPinTypeGPIOOutput(GPIO _ PORTF _ BASE,D3 |D4);//LED 用 GPIO 为数
字量输出

    ComparatorConfigure(COMP _ BASE,0,COMP _ TRIG _ NONE |COMP _ INT _ BOTH
|
COMP _ ASRCP _ REF);//设置比较器内部基准电压
    ComparatorRefSet(COMP _ BASE,COMP _ REF _ 2 _ 371875V);//设置比较器基
准电压为 2.371875V

    while(1)
    {
        if(ComparatorValueGet(COMP _ BASE,0))
            GPIOPinWrite(GPIO _ PORTF _ BASE,D3 |D4,D3);
        else
            GPIOPinWrite(GPIO _ PORTF _ BASE,D3 |D4,D4);
    }
}
```

附　　录

附录 A　Cortex–M4F 指令集简介

处理器执行 Thumb 指令集版本，支持的指令如表 A-1 所示。

- < > 中为操作数的复用格式。
- { } 中为可选操作数。
- 操作数栏可能有遗漏。
- Op2 是灵活的第二操作数，可以为寄存器或常数。
- 大多数指令可以使用可选的条件代码后缀。

表 A-1　Cortex–M4F 指令集简介

助　记　符	操　作　数	概　　述	标　志
ADC, ADCS	{Rd, } Rn, Op2	带进位加法	N, Z, C, V
ADD, ADDS	{Rd, } Rn, Op2	加法	N, Z, C, V
ADD, ADDW	{Rd, } Rn, #imm12	加法	—
ADR	Rd, label	加载 PC 相对地址	—
AND, ANDS	{Rd, } Rn, Op2	逻辑"与"	N, Z, C
ASR, ASRS	Rd, Rm, < Rs|#n >	算术右移	N, Z, C
B	label	转移	—
BFC	Rd, #lsb, #width	位域清零	—
BFI	Rd, Rn, #lsb, #width	位域插入	—
BIC, BICS	{Rd, } Rn, Op2	位清零	N, Z, C
BKPT	#imm	断点	—
BL	label	带链接转移	—
BLX	Rm	带链接间接转移	—
BX	Rm	间接转移	—
CBNZ	Rn, label	如非零，比较并转移	—
CBZ	Rn, label	如为零，比较并转移	—
CLREX	—	清除独占	—
CLZ	Rd, Rm	前导零计数	—
CMN	Rn, Op2	比较负数	N, Z, C, V
CMP	Rn, Op2	比较	N, Z, C, V
CPSID	i	更改处理器状态，禁用中断	—
CPSIE	i	更改处理器状态，使能中断	—

（续）

助 记 符	操 作 数	概 述	标 志
DMB	—	数据存储器屏障	—
DSB	—	数据同步屏障	—
EOR, EORS	{Rd,} Rn, Op2	逻辑"异或"	N, Z, C
ISB	—	指令同步屏障	—
IT	—	if-then 条件判断	—
LDM	Rn {!}, reglist	加载多个寄存器, 随后增加	—
LDMDB, LDMEA	Rn {!}, reglist	加载多个寄存器, 随后减少	—
LDMFD, LDMIA	Rn {!}, reglist	加载多个寄存器, 随后增加	—
LDR	Rt, [Rn, #offset]	以字加载寄存器	—
LDRB, LDRBT	Rt, [Rn, #offset]	以字节加载寄存器	—
LDRD	Rt, Rt2, [Rn, #offset]	以两字节加载寄存器	—
LDREX	Rt, [Rn, #offset]	独占加载寄存器	—
LDREXB	Rt, [Rn]	用字节独占加载寄存器	—
LDREXH	Rt, [Rn]	用半字独占加载寄存器	—
LDRH, LDRHT	Rt, [Rn, #offset]	用半字加载寄存器	—
LDRSB, LDRSBT	Rt, [Rn, #offset]	用有符号字节加载寄存器	—
LDRSH, LDRSHT	Rt, [Rn, #offset]	用有符号半字加载寄存器	—
LDRT	Rt, [Rn, #offset]	用字加载寄存器	—
LSL, LSLS	Rd, Rm, <Rs | #n>	逻辑左移	N, Z, C
LSR, LSRS	Rd, Rm, <Rs | #n>	逻辑右移	N, Z, C
MLA	Rd, Rn, Rm, Ra	乘法和累加, 32 位结果	—
MLS	Rd, Rn, Rm, Ra	乘法和减法, 32 位结果	—
MOV, MOVS	Rd, Op2	移动	N, Z, C
MOV, MOVW	Rd, #imm16	移动16 位常数	N, Z, C
MOVT	Rd, #imm16	移动到顶	—
MRS	Rd, spec_reg	从特殊寄存器移动到通用寄存器	—
MSR	spec_reg, Rm	从通用寄存器移动到特殊寄存器	N, Z, C, V
MUL, MULS	{Rd,} Rn, Rm	乘法, 32 位结果	N, Z
MVN, MVNS	Rd, Op2	取"非"移动	N, Z, C
NOP	—	不操作	—
ORN, ORNS	{Rd,} Rn, Op2	逻辑"或非"	N, Z, C
ORR, ORRS	{Rd,} Rn, Op2	逻辑"或"	N, Z, C
PKHTB, PKHBT	{Rd,} Rn, Rm, Op2	组合半字	—
POP	reglist	从堆栈弹出寄存器	—
PUSH	reglist	将寄存器压入堆栈	—
QADD	{Rd,} Rn, Rm	饱和加法	Q

（续）

助 记 符	操 作 数	概 述	标志
QADD16	{Rd, } Rn, Rm	饱和加 16（半字）	—
QADD8	{Rd, } Rn, Rm	饱和加 8（字节）	—
QASX	{Rd, } Rn, Rm	交叉饱和加法和减法	—
QDADD	{Rd, } Rn, Rm	饱和加倍并加法	Q
QDSUB	{Rd, } Rn, Rm	饱和加倍并减法	Q
QSAX	{Rd, } Rn, Rm	交叉饱和减法和加法	—
QSUB	{Rd, } Rn, Rm	饱和减法	Q
QSUB16	{Rd, } Rn, Rm	饱和减 16（半字）	—
QSUB8	{Rd, } Rn, Rm	饱和减 8（字节）	—
RBIT	Rd, Rn	位取反	—
REV	Rd, Rn	字中字节顺序取反	—
REV16	Rd, Rn	每个半字字节顺序取反	—
REVSH	Rd, Rn	底部半字和符号扩展字节顺序取反	—
ROR, RORS	Rd, Rm, <Rs | #n>	循环右移	N, Z, C
RRX, RRXS	Rd, Rm	带扩展循环右移	N, Z, C
RSB, RSBS	{Rd, } Rn, Op2	反向减法	N, Z, C, V
SADD16	{Rd, } Rn, Rm	有符号加 16（半字）	GE
SADD8	{Rd, } Rn, Rm	有符号加 8（字节）	GE
SASX	{Rd, } Rn, Rm	交叉有符号加法和减法	GE
SBC, SBCS	{Rd, } Rn, Op2	带进位减法	N, Z, C, V
SBFX	Rd, Rn, #lsb, #width	提取有符号位域	—
SDIV	{Rd, } Rn, Rm	有符号除法	—
SEL	{Rd, } Rn, Rm	选择字节	—
SEV	—	发送事件	—
SHADD16	{Rd, } Rn, Rm	有符号半加 16（半字）	—
SHADD8	{Rd, } Rn, Rm	有符号半加 8（字节）	—
SHASX	{Rd, } Rn, Rm	交叉有符号半加和减	—
SHSAX	{Rd, } Rn, Rm	交叉有符号半减和加	—
SHSUB16	{Rd, } Rn, Rm	有符号半减 16（半字）	—
SHSUB8	{Rd, } Rn, Rm	有符号半减 8（字节）	—
SMLABB, SMLABT, SMLATB, SMLATT	Rd, Rn, Rm, Ra	有符号乘法长累加（半字）	Q
SMLAD, SMLADX	Rd, Rn, Rm, Ra	有符号乘法双累加	Q
SMLAL	RdLo, RdHi, Rn, Rm	带累加有符号乘法（32 × 32 + 64），64 位结果	—

（续）

助 记 符	操 作 数	概 述	标志
SMLALBB，SMLALBT，SMLALTB，SMLALTT	RdLo, RdHi, Rn, Rm	有符号乘法长累加（半字）	—
SMLALD，SMLALDX	RdLo, RdHi, Rn, Rm	有符号乘法长双累加	—
SMLAWB，SMLAWT	Rd, Rn, Rm, Ra	有符号乘法累加，字和半字	Q
SMLSD，SMLSDX	Rd, Rn, Rm, Ra	有符号乘双减法	Q
SMLSLD SMLSLDX	RdLo, RdHi, Rn, Rm	有符号乘法长双减法	
SMMLA	Rd, Rn, Rm, Ra	有符号最高位字乘法累加	
SMMLS，SMMLR	Rd, Rn, Rm, Ra	有符号最高位字乘法减法	
SMMUL，SMMULR	{Rd，} Rn, Rm	有符号最高位字乘法	
SMUAD SMUADX	{Rd，} Rn, Rm	有符号双乘法加法	Q
SMULBB，SMULBT，SMULTB，SMULTT	{Rd，} Rn, Rm	有符号乘法半字	—
SMULL	RdLo, RdHi, Rn, Rm	有符号乘法（32×32），64 位结果	—
SMULWB，SMULWT	{Rd，} Rn, Rm	半字有符号乘法	—
SMUSD，SMUSDX	{Rd，} Rn, Rm	有符号双乘法减法	—
SSAT	Rd, #n, Rm {, shift #s}	有符号饱和	Q
SSAT16	Rd, #n, Rm	有符号饱和 16（半字）	Q
SSAX	{Rd，} Rn, Rm	交叉饱和减法和加法	GE
SSUB16	{Rd，} Rn, Rm	有符号减法 16（半字）	—
SSUB8	{Rd，} Rn, Rm	有符号减法 8（字节）	—
STM	Rn {!}, reglist	存储多个寄存器，之后增加	—
STMDB，STMEA	Rn {!}, reglist	存储多个寄存器，之前减少	—
STMFD，STMIA	Rn {!}, reglist	存储多个寄存器，之后增加	—
STR	Rt, [Rn {, #offset}]	存储寄存器字	—
STRB，STRBT	Rt, [Rn {, #offset}]	存储寄存器字节	—
STRD	Rt, Rt2, [Rn {, #offset}]	存储寄存器双字	—
STREX	Rt, Rt, [Rn {, #offset}]	独占存储寄存器	—
STREXB	Rd, Rt, [Rn]	独占存储寄存器字节	—
STREXH	Rd, Rt, [Rn]	独占存储寄存器半字	—
STRH，STRHT	Rt, [Rn {, #offset}]	存储寄存器半字	—
STRSB，STRSBT	Rt, [Rn {, #offset}]	存储寄存器有符号字节	—
STRSH，STRSHT	Rt, [Rn {, #offset}]	存储寄存器有符号半字	—
STRT	Rt, [Rn {, #offset}]	存储寄存器字	—
SUB，SUBS	{Rd，} Rn, Op2	减法	N, Z, C, V
SUB，SUBW	{Rd，} Rn, #imm12	减 12 位常数	N, Z, C, V

（续）

助 记 符	操 作 数	概 述	标志
SVC	#imm	特权调用	—
SXTAB	{Rd,} Rn, Rm, {, ROR #}	扩展 8 位到 32 并加	—
SXTAB16	{Rd,} Rn, Rm, {, ROR #}	双扩展 8 位到 32 并加	—
SXTAH	{Rd,} Rn, Rm, {, ROR #}	扩展 16 位到 32 并加	—
SXTB16	{Rd,} Rm {, ROR #n}	有符号扩展字节 16	—
SXTB	{Rd,} Rm {, ROR #n}	有符号扩展 1 个字节	—
SXTH	{Rd,} Rm {, ROR #n}	有符号扩展 1 个半字	—
TBB	[Rn, Rm]	表转移字节	—
TBH	[Rn, Rm, LSL #1]	表转移半字	—
TEQ	Rn, Op2	相等测试	N, Z, C
TST	Rn, Op2	测试	N, Z, C
UADD16	{Rd,} Rn, Rm	无符号加 16	GE
UADD8	{Rd,} Rn, Rm	无符号加 8	GE
UASX	{Rd,} Rn, Rm	交叉无符号加法和减法	GE
UHADD16	{Rd,} Rn, Rm	无符号半加 16（半字）	—
UHADD8	{Rd,} Rn, Rm	无符号半加 8（字节）	—
UHASX	{Rd,} Rn, Rm	交叉无符号半加法和减法	—
UHSAX	{Rd,} Rn, Rm	交叉无符号半减法和加法	—
UHSUB16	{Rd,} Rn, Rm	无符号半减法 16（半字）	—
UHSUB8	{Rd,} Rn, Rm	无符号半减法 8（字节）	—
UBFX	Rd, Rn, #lsb, #width	提取无符号位域	—
UDIV	{Rd,} Rn, Rm	无符号除法	—
UMAAL	RdLo, RdHi, Rn, Rm	无符号乘法长累加（32×32+64），64 位结果	—
UMLAL	RdLo, RdHi, Rn, Rm	带累加无符号乘法（32×32+32+32），64 位结果	—
UMULL	RdLo, RdHi, Rn, Rm	无符号乘法（32×2），64 位结果	—
UQADD16	{Rd,} Rn, Rm	无符号饱和加法 16（半字）	—
UQADD8	{Rd,} Rn, Rm	无符号饱和加法 8（字节）	—
UQASX	{Rd,} Rn, Rm	交叉无符号饱和加法和减法	—
UQSAX	{Rd,} Rn, Rm	交叉无符号饱和减法和加法	—
UQSUB16	{Rd,} Rn, Rm	无符号饱和减法 16（半字）	—
UQSUB8	{Rd,} Rn, Rm	无符号饱和减法 8（字节）	—
USAD8	{Rd,} Rn, Rm	绝对差值无符号求和	—
USADA8	{Rd,} Rn, Rm, Ra	绝对差值无符号求和并累加	—

（续）

助 记 符	操 作 数	概 述	标志
USAT	Rd, #n, Rm {, shift #s}	无符号饱和	Q
USAT16	Rd, #n, Rm	无符号饱和 16（半字）	Q
USAX	{Rd,} Rn, Rm	交叉无符号减法和加法	GE
USUB16	{Rd,} Rn, Rm	无符号减法 16（半字）	GE
USUB8	{Rd,} Rn, Rm	无符号减法 8（字节）	GE
UXTAB	{Rd,} Rn, Rm, {, ROR #}	旋转，扩展 8 位到 32 并加法	—
UXTAB16	{Rd,} Rn, Rm, {, ROR #}	旋转，双扩展 8 位到 16 并加法	—
UXTAH	{Rd,} Rn, Rm, {, ROR #}	旋转，无符号扩展并加半字	—
UXTB	{Rd,} Rm, {, ROR #n}	零扩展字节	—
UXTB16	{Rd,} Rm, {, ROR #n}	无符号扩展字节 16（半字）	—
UXTH	{Rd,} Rm, {, ROR #n}	零扩展半字	—
VABS.F32	Sd, Sm	浮点绝对值	—
VADD.F32	{Sd,} Sn, Sm	浮点加法	—
VCMP.F32	Sd, < Sm | #0.0 >	比较两个浮点寄存器，或者一个浮点寄存器和零	FPSCR
VCMPE.F32	Sd, < Sm | #0.0 >	比较两个浮点寄存器，或者一个浮点寄存器和零与无效的操作检查	FPSCR
VCVT.S32.F32	Sd, Sm	浮点和整数之间转换	—
VCVT.S16.F32	Sd, Sd, #fbits	浮点与定点之间转换	—
VCVTR.S32.F32	Sd, Sm	浮点和整数间四舍五入转换	—
VCVT < B | H >.F32.F16	Sd, Sm	转换半精度值到单精度	—
VCVTT < B | T >.F32.F16	Sd, Sm	转换单精度寄存器到半精度	—
VDIV.F32	{Sd,} Sn, Sm	浮点除法	—
VFMA.F32	{Sd,} Sn, Sm	浮点合并乘法累加	—
VFNMA.F32	{Sd,} Sn, Sm	浮点合并取反乘法累加	—
VFMS.F32	{Sd,} Sn, Sm	浮点合并乘法减法	—
VFNMS.F32	{Sd,} Sn, Sm	浮点合并取反乘法减法	—
VLDM.F < 32 | 64 >	Rn {!}, list	加载多个扩展寄存器	—
VLDR.F < 32 | 64 >	< Dd | Sd >, [Rn]	从存储器加载 1 个扩展寄存器	—
VLMA.F32	{Sd,} Sn, Sm	浮点乘法累加	—
VLMS.F32	{Sd,} Sn, Sm	浮点乘法减法	—
VMOV.F32	Sd, #imm	浮点移动立即数	—
VMOV	Sd, Sm	浮点移动寄存器	—

243

（续）

助 记 符	操 作 数	概 述	标志
VMOV	Sn, Rt	复制 ARM 内核寄存器到单精度	—
VMOV	Sm, Sm1, Rt, Rt2	复制 2 ARM 内核寄存器到 2 单精度	—
VMOV	Dd［x］, Rt	复制 ARM 内核寄存器到标量	—
VMOV	Rt, Dn［x］	复制标量到 ARM 内核寄存器	—
VMRS	Rt, FPSCR	移动 FPSCR 到 ARM 内核寄存器或 APSR	N, Z, C, V
VMSR	FPSCR, Rt	从 ARM 内核寄存器移到 FPSCR	FPSCR
VMUL.F32	｛Sd,｝Sn, Sm	浮点乘法	—
VNEG.F32	Sd, Sm	浮点取反	—
VNMLA.F32	｛Sd,｝Sn, Sm	浮点乘法和加法	—
VNMLS.F32	｛Sd,｝Sn, Sm	浮点乘法和减法	—
VNMUL	｛Sd,｝Sn, Sm	浮点乘法	—
VPOP	list	弹出扩展寄存器	—
VPUSH	list	压入扩展寄存器	—
VSQRT.F32	Sd, Sm	计算浮点平方根	—
VSTM	Rn ｛!｝, list	浮点寄存器存储多个	—
VSTR.F3 < 32 | 64 >	Sd,［Rn］	存储 1 个扩展寄存器到存储器	—
VSUB.F < 32 | 64 >	｛Sd,｝Sn, Sm	浮点减法	—
WFE	—	等待事件	—
WFI	—	等待中断	—

附录 B　TM4C1294 芯片引脚图及引脚信号

　　TM4C1294NCPDT 微控制器的引脚如图 B-1 所示。

　　除非复位时默认为复用功能，每个 GPIO 信号根据它的 GPIO 端口识别。在这种情况下，GPIO 端口名跟随其默认复用功能。

　　每个引脚可用的信号见表 B-1，表示引脚与信号名称的映射，包括信号的功能特性，列出了每个引脚可用的复用模拟和数字功能。

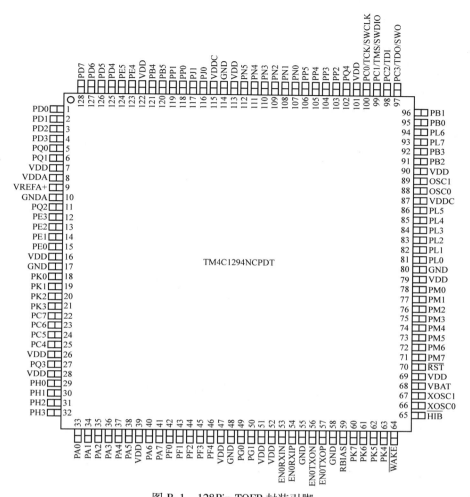

图 B-1　128Pin TQFP 封装引脚

表 B-1　根据管脚编号排列的信号

引脚编号	引脚名	引脚类型	缓冲类型	描　述
1	PD0	I/O	TTL	GPIO 端口 D 位 0
	AIN15	I	Analog	模-数转换器输入 15
	C0o	O	TTL	模拟比较器 0 输出
	I2C7SCL	I/O	OD	I^2C 模块 7 时钟。注意该信号为有源上拉。相应端口引脚不应被配置为开漏
	SSI2XDAT1	I/O	TTL	SSI 模块 2 双向数据引脚 1 （传统 SSI 模式中的 SSI2RX）
	T0CCP0	I/O	TTL	16/32 位定时器 0 捕获/比较/PWM0
2	PD1	I/O	TTL	GPIO 端口 D 位 1
	AIN14	I	Analog	模-数转换器输入 14
	C1o	O	TTL	模拟比较器 1 输出
	I2C7SDA	I/O	OD	I^2C 模块 7 数据
	SSI2XDAT0	I/O	TTL	SSI 模块 2 双向数据引脚 0（传统 SSI 模式中 SSI2TX）
	T0CCP1	I/O	TTL	16/32 位定时器 0 捕获/比较/PWM1

（续）

引脚编号	引脚名	引脚类型	缓冲类型	描 述
3	PD2	I/O	TTL	GPIO 端口 D 位 2
	AIN13	I	Analog	模-数转换器输入 13
	C2o	O	TTL	模拟比较器 2 输出
	I2C8SCL	I/O	OD	I^2C 模块 8 时钟。注意该信号为有源上拉。相应端口引脚不应被配置为开漏
	SSI2Fss	I/O	TTL	SSI 模块 2 帧信号
	T1CCP0	I/O	TTL	16/32 位定时器 1 捕获/比较/PWM0
4	PD3	I/O	TTL	GPIO 端口 D 位 3
	AIN12	I	Analog	模-数转换器输入 12
	I2C8SDA	I/O	OD	I^2C 模块 8 数据
	SSI2Clk	I/O	TTL	SSI 模块 2 时钟
	T1CCP1	I/O	TTL	16/32 位定时器 1 捕捉/比较/PWM1
5	PQ0	I/O	TTL	GPIO 端口 Q 位 0
	EPIOS20	I/O	TTL	EPI 模块 0 信号 20
	SSI3Clk	I/O	TTL	SSI 模块 3 时钟
6	PQ1	I/O	TTL	GPIO 端口 Q 位 1
	EPIOS21	I/O	TTL	EPI 模块 0 信号 21
	SSI3Fss	I/O	TTL	SSI 模块 3 帧信号
7	VDD	—	Power	I/O 和一些逻辑的正电源
8	VDDA	—	Power	模拟电路（ADC、模拟比较器等）的正电源。这些与 VDD 分开，以尽量减少包含在 VDD 中的电干扰（噪声），避免影响模拟功能。VDDA 引脚必须由满足规范的电压供电，而不管系统的实现
9	VREFA +	—	Analog	基准电压用于指定 ADC 转换最大值处的电压。该引脚与 GNDA 一起使用。施加到 VREFA + 的电压，作为 AINn 信号将被转换为 4095
10	GNDA	—	Power	模拟电路（ADC、模拟比较器等）的地基准。这些是从 GND 分离的，以尽量减少包含在 VDD 中的电干扰（噪声），防止影响模拟功能
11	PQ2	I/O	TTL	GPIO 端口 Q 位 2
	EPIOS22	I/O	TTL	EPI 模块 0 信号 22
	SSI3XDAT0	I/O	TTL	SSI 模块 3 双向数据引脚 0（传统 SSI 模式中 SSI3TX）
12	PE3	I/O	TTL	GPIO 端口 E 位 3
	AIN0	I	Analog	模-数转换器输入 0
	U1DTR	O	TTL	UART 模块 1 数据终端就绪，Modem 状态输入信号

引脚编号	引脚名	引脚类型	缓冲类型	描　述
13	PE2	I/O	TTL	GPIO 端口 E 位 2
	AIN1	I	Analog	模数转换器输入 1
	U1DCD	I	TTL	UART 模块 1 数据载波检测 Modem 状态输入信号
14	PE1	I/O	TTL	GPIO 端口 E 位 1
	AIN2	I	Analog	模-数转换器输入 2
	U1DSR	I	TTL	UART 模块 1 数据设置就绪，Modem 输出控制线
15	PE0	I/O	TTL	GPIO 端口 E 位 0
	AIN3	I	Analog	模-数转换器输入 3
	U1RTS	O	TTL	UART 模块 1 请求发送 Modem 流量控制输出线
16	VDD	—	Power	I/O 和一些逻辑的正电源
17	GND	—	Power	逻辑和 I/O 引脚的地基准
18	PK0	I/O	TTL	GPIO 端口 K 位 0
	AIN16	I	Analog	模-数转换器输入 16
	EPI0S0	I/O	TTL	EPI 模块 0 信号 0
	U4Rx	I	TTL	UART 模块 4 接收
19	PK1	I/O	TTL	GPIO 端口 K 位 1
	AIN17	I	Analog	模-数转换器输入 17
	EPI0S1	I/O	TTL	EPI 模块 0 信号 1
	U4Tx	O	TTL	UART 模块 4 发送
20	PK2	I/O	TTL	GPIO 端口 K 位 2
	AIN18	I	Analog	模-数转换器输入 18
	EPI0S2	I/O	TTL	EPI 模块 0 信号 2
	U4RTS	O	TTL	UART 模块 4 请求发送 Modem 流量控制输出线
21	PK3	I/O	TTL	GPIO 端口 K 位 3
	AIN19	I	Analog	模-数转换器输入 19
	EPI0S3	I/O	TTL	EPI 模块 0 信号 3
	U4CTS	I	TTL	UART 模块 4 清除发送 Modem 流量控制输入信号
22	PC7	I/O	TTL	GPIO 端口 C 位 7
	C0 −	I	Analog	模拟比较器 0 负输入
	EPI0S4	I/O	TTL	EPI 模块 0 信号 4
	U5Tx	O	TTL	UART 模块 5 发送
23	PC6	I/O	TTL	GPIO 端口 C 位 6
	C0 +	I	Analog	模拟比较器 0 正输入
	EPI0S5	I/O	TTL	EPI 模块 0 信号 5
	U5Rx	I	TTL	UART 模块 5 接收

（续）

引脚编号	引脚名	引脚类型	缓冲类型	描 述
24	PC5	I/O	TTL	GPIO 端口 C 位 5
	C1 +	I	Analog	模拟比较器 1 正输入
	EPI0S6	I/O	TTL	EPI 模块 0 信号 6
	RTCCLK	O	TTL	休眠模块 32.768 kHz 时钟的缓冲形式。该部分处于休眠模式且在上电复位后被配置之前，该信号不输出
	U7Tx	O	TTL	UART 模块 7 发送
25	PC4	I/O	TTL	GPIO 端口 C 位 4
	C1 −	I	Analog	模拟比较器 1 负输入
	EPI0S7	I/O	TTL	EPI 模块 0 信号 7
	U7Rx	I	TTL	UART 模块 7 接收
26	VDD	—	Power	I/O 和一些逻辑的正电源
27	PQ3	I/O	TTL	GPIO 端口 Q 位 3
	EPI0S23	I/O	TTL	EPI 模块 0 信号 23
	SSI3XDAT1	I/O	TTL	SSI 模块 3 双向数据引脚 1 （传统 SSI 模式中 SSI3RX）
28	VDD	—	Power	I/O 和一些逻辑的正电源
29	PH0	I/O	TTL	GPIO 端口 H 位 0
	EPI0S0	I/O	TTL	EPI 模块 0 信号 0
	U0RTS	O	TTL	UART 模块 0 请求发送 Modem 流量控制输出信号
30	PH1	I/O	TTL	GPIO 端口 H 位 1
	EPI0S1	I/O	TTL	EPI 模块 0 信号 1
	U0CTS	I	TTL	UART 模块 0 清除发送 Modem 流量控制输入信号
31	PH2	I/O	TTL	GPIO 端口 H 位 2
	EPI0S2	I/O	TTL	EPI 模块 0 信号 2
	U0DCD	I	TTL	UART 模块 0 数据载波检测 Modem 状态输入信号
32	PH3	I/O	TTL	GPIO 端口 H 位 3
	EPI0S3	I/O	TTL	EPI 模块 0 信号 3
	U0DSR	I	TTL	UART 模块 0 数据设置就绪 Modem 输出控制线
33	PA0	I/O	TTL	GPIO 端口 A 位 0
	CAN0Rx	I	TTL	CAN 模块 0 接收
	I2C9SCL	I/O	OD	I^2C 模块 9 时钟。注意该信号为有源上拉。相应端口引脚不应被配置为开漏
	T0CCP0	I/O	TTL	16/32 位定时器 0 捕获/比较/PWM 0
	U0Rx	I	TTL	UART 模块 0 接收

（续）

引脚编号	引脚名	引脚类型	缓冲类型	描　　　述
34	PA1	I/O	TTL	GPIO 端口 A 位 1
	CAN0Tx	O	TTL	CAN 模块 0 发送
	I2C9SDA	I/O	OD	I²C 模块 9 数据
	T0CCP1	I/O	TTL	16/32 位定时器 0 捕获/比较/PWM 1
	U0Tx	O	TTL	UART 模块 0 发送
35	PA2	I/O	TTL	GPIO 端口 A 位 2
	I2C8SCL	I/O	OD	I²C 模块 8 时钟。注意，此信号具有一个有源上拉。相应端口引脚不应被配置为漏极开路
	SSI0Clk	I/O	TTL	SSI 模块 0 时钟
	T1CCP0	I/O	TTL	16/32 位定时器 1 捕获/比较/PWM 0
	U4Rx	I	TTL	UART 模块 4 接收
36	PA3	I/O	TTL	GPIO 端口 A 位 3
	I2C8SDA	I/O	OD	I²C 模块 8 数据
	SSI0Fss	I/O	TTL	SSI 模块 0 帧信号
	T1CCP1	I/O	TTL	16/32 位定时器 1 捕获/比较/PWM 1
	U4Tx	O	TTL	UART 模块 4 发送
37	PA4	I/O	TTL	GPIO 端口 A 位 4
	I2C7SCL	I/O	OD	I²C 模块 7 时钟。注意该信号为有源上拉。相应端口引脚不应被配置为开漏
	SSI0XDAT0	I/O	TTL	SSI 模块 0 双向数据引脚 0（传统 SSI 模式中 SSI0TX）
	T2CCP0	I/O	TTL	16/32 位定时器 2 捕获/比较/PWM 0
	U3Rx	I	TTL	UART 模块 3 接收
38	PA5	I/O	TTL	GPIO 端口 A 位 5
	I2C7SDA	I/O	OD	I²C 模块 7 数据
	SSI0XDAT1	I/O	TTL	SSI 模块 0 双向数据引脚 1（传统 SSI 模式中 SSI0RX）
	T2CCP1	I/O	TTL	16/32 位定时器 2 捕获/比较/PWM 1
	U3Tx	O	TTL	UART 模块 3 发送
39	VDD	—	Power	I/O 和一些逻辑的正电源
40	PA6	I/O	TTL	GPIO 端口 A 位 6
	EPI0S8	I/O	TTL	EPI 模块 0 信号 8
	I2C6SCL	I/O	OD	I²C 模块 6 时钟。注意该信号为有源上拉。相应端口引脚不应被配置为开漏
	SSI0XDAT2	I/O	TTL	SSI 模块 0 双向数据引脚 2
	T3CCP0	I/O	TTL	16 位/32 位定时器 3 捕获/比较/PWM 0
	U2Rx	I	TTL	UART 模块 2 接收
	USB0EPEN	O	TTL	可选用于主机模式以控制外部电源对 USB 总线供电

（续）

引脚编号	引脚名	引脚类型	缓冲类型	描 述
41	PA7	I/O	TTL	GPIO 端口 A 位 7
	EPI0S9	I/O	TTL	EPI 模块 0 信号 9
	I2C6SDA	I/O	OD	I^2C 模块 6 数据
	SSI0XDAT3	I/O	TTL	SSI 模块 0 双向数据引脚 3
	T3CCP1	I/O	TTL	16/32 位定时器 3 捕获/比较/PWM 1
	U2Tx	O	TTL	UART 模块 2 发送
	USB0EPEN	O	TTL	可选用于主机模式以控制外部电源对 USB 总线供电
	USB0PFLT	I	TTL	可选用于在主机模式下通过外部电源以通过该电源指示错误状态
42	PF0	I/O	TTL	GPIO 端口 F 位 0
	EN0LED0	O	TTL	以太网 0 LED 0
	M0PWM0	O	TTL	运动控制模块 0 PWM 0。该信号被模块 0 PWM 发生器 0 控制
	SSI3XDAT1	I/O	TTL	SSI 模块 3 双向数据引脚 1（传统 SSI 模式中 SSI3RX）
	TRD2	O	TTL	跟踪数据 2
43	PF1	I/O	TTL	GPIO 端口 F 位 1
	EN0LED2	O	TTL	以太网 0 LED 2
	M0PWM1	O	TTL	运动控制模块 0 PWM 1。该信号被模块 0 PWM 发生器 0 控制
	SSI3XDAT0	I/O	TTL	SSI 模块 3 双向数据引脚 0（传统 SSI 模式中 SSI3TX）
	TRD1	O	TTL	跟踪数据 1
44	PF2	I/O	TTL	GPIO 端口 F 位 2
	M0PWM2	O	TTL	运动控制模块 0 PWM 2。该信号被模块 0 PWM 发生器 1 控制
	SSI3Fss	I/O	TTL	SSI 模块 3 帧信号
	TRD0	O	TTL	跟踪数据 0
45	PF3	I/O	TTL	GPIO 端口 F 位 3
	M0PWM3	O	TTL	运动控制模块 0 PWM 3。该信号被模块 0 PWM 发生器 1 控制
	SSI3Clk	I/O	TTL	SSI 模块 3 时钟
	TRCLK	O	TTL	跟踪时钟

（续）

引脚编号	引脚名	引脚类型	缓冲类型	描　　述
46	PF4	I/O	TTL	GPIO 端口 F 位 4
	EN0LED1	O	TTL	以太网 0 LED 1
	M0FAULT0	I	TTL	运动控制模块 0 PWM 故障 0
	SSI3XDAT2	I/O	TTL	SSI 模块 3 双向数据引脚 2
	TRD3	O	TTL	跟踪数据 3
47	VDD	—	Power	I/O 和一些逻辑的正电源
48	GND	—	Power	逻辑和 I/O 引脚的地基准
49	PG0	I/O	TTL	GPIO 端口 G 位 0
	EN0PPS	O	TTL	以太网 0 每秒脉冲（PPS）输出
	EPI0S11	I/O	TTL	EPI 模块 0 信号 11
	I2C1SCL	I/O	OD	I^2C 模块 1 时钟。注意该信号为有源上拉。相应端口引脚不应被配置为开漏
	M0PWM4	O	TTL	运动控制模块 0 PWM 4。该信号被模块 0 PWM 发生器 2 控制
50	PG1	I/O	TTL	GPIO 端口 G 位 1
	EPI0S10	I/O	TTL	EPI 模块 0 信号 10
	I2C1SDA	I/O	OD	I^2C 模块 1 数据
	M0PWM5	O	TTL	运动控制模块 0 PWM 5。该信号被模块 0 PWM 发生器 2 控制
51	VDD	—	Power	I/O 和一些逻辑的正电源
52	VDD	—	Power	I/O 和一些逻辑的正电源
53	EN0RXIN	I/O	TTL	以太网 PHY 负接收差分输入
54	EN0RXIP	I/O	TTL	以太网 PHY 正接收差分输入
55	GND	—	Power	逻辑和 I/O 引脚的地基准
56	EN0TXON	I/O	TTL	以太网 PHY 负发送差分输出
57	EN0TXOP	I/O	TTL	以太网 PHY 正发送差分输出
58	GND	—	Power	逻辑和 I/O 引脚的地基准
59	RBIAS	O	Analog	以太网 PHY 的 4.87kΩ 电阻（1% 精度）
60	PK7	I/O	TTL	GPIO 端口 K 位 7
	EPI0S24	I/O	TTL	EPI 模块 0 信号 24
	I2C4SDA	I/O	OD	I^2C 模块 4 数据
	M0FAULT2	I	TTL	运动控制模块 0 PWM 故障 2
	RTCCLK	O	TTL	休眠模块 32.768kHz 时钟的缓冲形式。该部分处于休眠模式且在上电复位后被配置之前，该信号不输出
	U0RI	I	TTL	UART 模块 0 振铃指示 Modem 状态输入信号

（续）

引脚编号	引脚名	引脚类型	缓冲类型	描 述
61	PK6	I/O	TTL	GPIO 端口 K 位 6
	EN0LED1	O	TTL	以太网 0 LED 1
	EPIOS25	I/O	TTL	EPI 模块 0 信号 25
	I2C4SCL	I/O	OD	I^2C 模块 4 时钟。注意该信号为有源上拉。相应端口引脚不应被配置为开漏
	M0FAULT1	I	TTL	运动控制模块 0 PWM 故障 1
62	PK5	I/O	TTL	GPIO 端口 K 位 5
	EN0LED2	O	TTL	以太网 0 LED 2
	EPIOS31	I/O	TTL	EPI 模块 0 信号 31
	I2C3SDA	I/O	OD	I^2C 模块 3 数据
	M0PWM7	O	TTL	运动控制模块 0 PWM 7。该信号被模块 0 PWM 发生器 3 控制
63	PK4	I/O	TTL	GPIO 端口 K 位 4
	EN0LED0	O	TTL	以太网 0 LED 0
	EPIOS32	I/O	TTL	EPI 模块 0 信号 32
	I2C3SCL	I/O	OD	I^2C 模块 3 时钟。注意该信号为有源上拉。相应端口引脚不应被配置为开漏
	M0PWM6	O	TTL	运动控制模块 0 PWM 6。该信号被模块 0 PWM 发生器 3 控制
64	$\overline{WAKE}$	I	TTL	外部输入，有效时把处理器拉出休眠模式
65	$\overline{HIB}$	O	TTL	输出，指示处理器处于休眠模式
66	XOSC0	I	Analog	休眠模块晶振输入或外部时钟基准输入。请注意，用于休眠模块 RTC 的可以是晶体或 32.768kHz 振荡器
67	XOSC1	O	Analog	休眠模块晶振输出。使用单端时钟源时不连接
68	VBAT	—	Power	休眠模块的电源。它通常连接到电池的正极，并作为备用电池/休眠模块供电
69	VDD	—	Power	I/O 和一些逻辑的正电源
70	$\overline{RST}$	I	TTL	系统复位输入
71	PM7	I/O	TTL	GPIO 端口 M 位 7
	T5CCP1	I/O	TTL	16/32 位定时器 5 捕获/比较/PWM 1
	TMPR0	I/O	TTL	篡改信号 0
	U0RI	I	TTL	UART 模块 0 振铃指示 Modem 状态输入信号
72	PM6	I/O	TTL	GPIO 端口 M 位 6
	T5CCP0	I/O	TTL	16/32 位定时器 5 捕获/比较/PWM 0
	TMPR1	I/O	TTL	篡改信号 1
	U0DSR	I	TTL	UART 模块 0 数据集就绪，Modem 输出控制线

引脚编号	引脚名	引脚类型	缓冲类型	描　述
73	PM5	I/O	TTL	GPIO 端口 M 位 5
	T4CCP1	I/O	TTL	16/32 位定时器 4 捕获/比较/PWM 1
	TMPR2	I/O	TTL	篡改信号 2
	U0DCD	I	TTL	UART 模块 0 数据载波检测 Modem 状态输入信号
74	PM4	I/O	TTL	GPIO 端口 M 位 4
	T4CCP0	I/O	TTL	16/32 位定时器 4 捕获/比较/PWM 0
	TMPR3	I/O	TTL	篡改信号 3
	U0CTS	I	TTL	UART 模块 0 清除发送 Modem 流量控制输入信号
75	PM3	I/O	TTL	GPIO 端口 M 位 3
	EPI0S12	I/O	TTL	EPI 模块 0 信号 12
	T3CCP1	I/O	TTL	16/32 位定时器 3 捕获/比较/PWM 1
76	PM2	I/O	TTL	GPIO 端口 M 位 2
	EPI0S13	I/O	TTL	EPI 模块 0 信号 13
	T3CCP0	I/O	TTL	16/32 位定时器 3 捕获/比较/PWM 0
77	PM1	I/O	TTL	GPIO 端口 M 位 1
	EPI0S14	I/O	TTL	EPI 模块 0 信号 14
	T2CCP1	I/O	TTL	16/32 位定时器 2 捕获/比较/PWM 1
78	PM0	I/O	TTL	GPIO 端口 M 位 0
	EPI0S15	I/O	TTL	EPI 模块 0 信号 15
	T2CCP0	I/O	TTL	16/32 位定时器 2 捕获/比较/PWM 0
79	VDD	—	Power	I/O 和一些逻辑的正电源
80	GND	—	Power	逻辑和 I/O 引脚的地基准
81	PL0	I/O	TTL	GPIO 端口 L 位 0
	EPI0S16	I/O	TTL	EPI 模块 0 信号 16
	I2C2SDA	I/O	OD	I^2C 模块 2 数据
	M0FAULT3	I	TTL	运动控制模块 0 PWM 故障 3
	USB0D0	I/O	TTL	USB 数据 0
82	PL1	I/O	TTL	GPIO 端口 L 位 1
	EPI0S17	I/O	TTL	EPI 模块 0 信号 17
	I2C2SCL	I/O	OD	I^2C 模块 2 时钟。注意该信号为有源上拉。相应端口引脚不应被配置为开漏
	PhA0	I	TTL	QEI 模块 0 相位 A
	USB0D1	I/O	TTL	USB 数据 1

（续）

引脚编号	引脚名	引脚类型	缓冲类型	描　述
83	PL2	I/O	TTL	GPIO 端口 L 位 2
	C0o	O	TTL	模拟比较器 0 输出
	EPIOS18	I/O	TTL	EPI 模块 0 信号 18
	PhB0	I	TTL	QEI 模块 0 相位 B
	USB0D2	I/O	TTL	USB 数据 2
84	PL3	I/O	TTL	GPIO 端口 L 位 3
	C1o	O	TTL	模拟比较器 1 输出
	EPIOS19	I/O	TTL	EPI 模块 0 信号 19
	IDX0	I	TTL	QEI 模块 0 指针
	USB0D3	I/O	TTL	USB 数据 3
85	PL4	I/O	TTL	GPIO 端口 L 位 4
	EPIOS26	I/O	TTL	EPI 模块 0 信号 26
	T0CCP0	I/O	TTL	16/32 位定时器 0 捕获/比较/PWM 0
	USB0D4	I/O	TTL	USB 数据 4
86	PL5	I/O	TTL	GPIO 端口 L 位 5
	EPIOS33	I/O	TTL	EPI 模块 0 信号 33
	T0CCP1	I/O	TTL	16/32 位定时器 0 捕获/比较/PWM 1
	USB0D5	I/O	TTL	USB 数据 5
87	VDDC	—	Power	大部分逻辑功能的正电源，包括处理器内核和大部分外设。该引脚上电压为 1.2V，且由片上 LDO 提供。该 VDDC 引脚只能相互连接
88	OSC0	I	Analog	主晶振输入或外部时钟基准输入
89	OSC1	O	Analog	主晶振输出。使用单端时钟源时不连接
90	VDD	—	Power	I/O 和一些逻辑的正电源
91	PB2	I/O	TTL	GPIO 端口 B 位 2
	EPIOS27	I/O	TTL	EPI 模块 0 信号 27
	I2C0SCL	I/O	OD	I^2C 模块 0 时钟。注意该信号为有源上拉。相应端口引脚不应被配置为开漏
	T5CCP0	I/O	TTL	16/32 位定时器 5 捕获/比较/PWM 0
	USB0STP	O	TTL	由 USB 控制器生效以指示 USB 发送分组或寄存器写操作的结束
92	PB3	I/O	TTL	GPIO 端口 B 位 3
	EPIOS28	I/O	TTL	EPI 模块 0 信号 28
	I2C0SDA	I/O	OD	I^2C 模块 0 数据
	T5CCP1	I/O	TTL	16/32 位定时器 5 捕获/比较/PWM 1
	USB0CLK	O	TTL	给外部 PHY 的 60MHz 时钟

（续）

引脚编号	引脚名	引脚类型	缓冲类型	描 述
93	PL7	I/O	TTL	GPIO 端口 L 位 7
	T1CCP1	I/O	TTL	16/32 位定时器 1 捕获/比较/PWM 1
	USB0DM	I/O	Analog	用于 USB0 的双向差分数据引脚（每个 USB 规范 D−）
94	PL6	I/O	TTL	GPIO 端口 L 位 6
	T1CCP0	I/O	TTL	16/32 位定时器 1 捕获/比较/PWM 0
	USB0DP	I/O	Analog	用于 USB0 的双向差分数据引脚（每个 USB 规范 D+）
95	PB0	I/O	TTL	GPIO 端口 B 位 0
	CAN1Rx	I	TTL	CAN 模块 1 接收
	I2C5SCL	I/O	OD	I^2C 模块 5 时钟。注意该信号为有源上拉。相应端口引脚不应被配置为开漏
	T4CCP0	I/O	TTL	16/32 位定时器 4 捕获/比较/PWM 0
	U1Rx	I	TTL	UART 模块 1 接收
	USB0ID	I	Analog	该信号感应 USB ID 信号的状态。USB PHY 使能集成的上拉，外部元件（USB 连接器）指示 USB 控制器的初始状态（电缆的 A 侧下拉及 B 侧上拉）
96	PB1	I/O	TTL	GPIO 端口 B 位 1
	CAN1Tx	O	TTL	CAN 模块 1 发送
	I2C5SDA	I/O	OD	I^2C 模块 5 数据
	T4CCP1	I/O	TTL	16/32 位定时器 4 捕获/比较/PWM 1
	U1Tx	O	TTL	UART 模块 1 发送
	USB0VBUS	I/O	Analog	该信号用于会话请求协议期间。该信号可使 USB PHY 感应 VBUS 的电压电平，并且在 VBUS 脉冲时立即上拉 VBUS
97	PC3	I/O	TTL	GPIO 端口 C 位 3
	SWO	O	TTL	JTAG TDO 和 SWO
	TDO	O	TTL	JTAG TDO 和 SWO
98	PC2	I/O	TTL	GPIO 端口 C 位 2
	TDI	I	TTL	JTAG TDI
99	PC1	I/O	TTL	GPIO 端口 C 位 1
	SWDIO	I/O	TTL	JTAG TMS 和 SWDIO
	TMS	I	TTL	JTAG TMS 和 SWDIO
100	PC0	I/O	TTL	GPIO 端口 C 位 0
	SWCLK	I	TTL	JTAG/SWD CLK
	TCK	I	TTL	JTAG/SWD CLK
101	VDD	—	Power	I/O 和一些逻辑的正电源

（续）

引脚编号	引脚名	引脚类型	缓冲类型	描　　述
102	PQ4	I/O	TTL	GPIO 端口 Q 位 4
	DIVSCLK	O	TTL	基于所选择时钟源的可选分频基准时钟输出。注意，此信号不与系统时钟同步
	U1Rx	I	TTL	UART 模块 1 接收
103	PP2	I/O	TTL	GPIO 端口 P 位 2
	EPIOS29	I/O	TTL	EPI 模块 0 信号 29
	U0DTR	O	TTL	UART 模块 0 数据终端就绪，Modem 状态输入信号
	USB0NXT	O	TTL	由外部 PHY 生效以抑制所有数据类型
104	PP3	I/O	TTL	GPIO 端口 P 位 3
	EPIOS30	I/O	TTL	EPI 模块 0 信号 30
	RTCCLK	O	TTL	休眠模块 32.768 kHz 时钟的缓冲形式。该部分处于休眠模式且在上电复位后被配置之前，该信号不输出
	U0DCD	I	TTL	UART 模块 0 数据载波检测 Modem 状态输入信号
	U1CTS	I	TTL	UART 模块 1 清除发送 Modem 流量控制输入信号
	USB0DIR	O	TTL	指示外部 PHY 能够接受来自 USB 控制器的数据
105	PP4	I/O	TTL	GPIO 端口 P 位 4
	U0DSR	I	TTL	UART 模块 0 数据集就绪 Modem 输出控制线
	U3RTS	O	TTL	UART 模块 3 请求发送 Modem 流量控制输出线
	USB0D7	I/O	TTL	USB 数据 7
106	PP5	I/O	TTL	GPIO 端口 P 位 5
	I2C2SCL	I/O	OD	I^2C 模块 2 时钟。注意该信号为有源上拉。相应端口引脚不应被配置为开漏
	U3CTS	I	TTL	UART 模块 3 清除发送 Modem 流量控制输入信号
	USB0D6	I/O	TTL	USB 数据 6
107	PN0	I/O	TTL	GPIO 端口 N 位 0
	U1RTS	O	TTL	UART 模块 1 请求发送 Modem 流量控制输出线
108	PN1	I/O	TTL	GPIO 端口 N 位 1
	U1CTS	I	TTL	UART 模块 1 清除发送 Modem 流量控制输入信号
109	PN2	I/O	TTL	GPIO 端口 N 位 2
	EPIOS29	I/O	TTL	EPI 模块 0 信号 29
	U1DCD	I	TTL	UART 模块 1 数据载波检测 Modem 状态输入信号
	U2RTS	O	TTL	UART 模块 2 请求发送 Modem 流量控制输出线
110	PN3	I/O	TTL	GPIO 端口 N 位 3
	EPIOS30	I/O	TTL	EPI 模块 0 信号 30
	U1DSR	I	TTL	UART 模块 1 数据集就绪 Modem 输出控制线
	U2CTS	I	TTL	UART 模块 2 清除发送 Modem 流量控制输入信号

引脚编号	引脚名	引脚类型	缓冲类型	描　　述
111	PN4	I/O	TTL	GPIO 端口 N 位 4
	EPI0S34	I/O	TTL	EPI 模块 0 信号 34
	I2C2SDA	I/O	OD	I^2C 模块 2 数据
	U1DTR	O	TTL	UART 模块 1 数据终端就绪 Modem 状态输入信号
	U3RTS	O	TTL	UART 模块 3 请求发送 Modem 流量控制输出线
112	PN5	I/O	TTL	GPIO 端口 N 位 5
	EPI0S35	I/O	TTL	EPI 模块 0 信号 35
	I2C2SCL	I/O	OD	I^2C 模块 2 时钟。注意该信号为有源上拉。相应端口引脚不应被配置为开漏
	U1RI	I	TTL	UART 模块 1 振铃指示 Modem 状态输入信号
	U3CTS	I	TTL	UART 模块 3 清除发送 Modem 流量控制输入信号
113	VDD	—	Power	I/O 和一些逻辑的正电源
114	GND	—	Power	逻辑和 I/O 引脚的地基准
115	VDDC	—	Power	大部分逻辑功能的正电源，包括处理器内核和大部分外设。该引脚上电压为 1.2 V，且由片上 LDO 提供。该 VDDC 引脚只能相互连接
116	PJ0	I/O	TTL	GPIO 端口 J 位 0
	EN0PPS	O	TTL	以太网 0 每秒脉冲（PPS）输出
	U3Rx	I	TTL	UART 模块 3 接收
117	PJ1	I/O	TTL	GPIO 端口 J 位 1
	U3Tx	O	TTL	UART 模块 3 发送
118	PP0	I/O	TTL	GPIO 端口 P 位 0
	C2 +	I	Analog	模拟比较器 2 正输入
	SSI3XDAT2	I/O	TTL	SSI 模块 3 双向数据引脚 2
	U6Rx	I	TTL	UART 模块 6 接收
119	PP1	I/O	TTL	GPIO 端口 P 位 1
	C2 −	I	Analog	模拟比较器 2 负输入
	SSI3XDAT3	I/O	TTL	SSI 模块 3 双向数据引脚 3
	U6Tx	O	TTL	UART 模块 6 发送
120	PB5	I/O	TTL	GPIO 端口 B 位 5
	AIN11	I	Analog	模-数转换器输入 11
	I2C5SDA	I/O	OD	I^2C 模块 5 数据
	SSI1Clk	I/O	TTL	SSI 模块 1 时钟
	U0RTS	O	TTL	UART 模块 0 请求发送 Modem 流量控制输出信号

（续）

引脚编号	引脚名	引脚类型	缓冲类型	描　　述
121	PB4	I/O	TTL	GPIO 端口 B 位 4
	AIN10	I	Analog	模-数转换器输入 10
	I2C5SCL	I/O	OD	I²C 模块 5 时钟。注意该信号为有源上拉。相应端口引脚不应被配置为开漏
	SSI1Fss	I/O	TTL	SSI 模块 1 帧信号
	U0CTS	I	TTL	UART 模块 0 清除发送 Modem 流量控制输入信号
122	VDD	—	Power	I/O 和一些逻辑的正电源
123	PE4	I/O	TTL	GPIO 端口 E 位 4
	AIN9	I	Analog	模数转换器输入 9
	SSI1XDAT0	I/O	TTL	SSI 模块 1 双向数据引脚 0（传统 SSI 模式中 SSI1TX）
	U1RI	I	TTL	UART 模块 1 振铃指示 Modem 状态输入信号
124	PE5	I/O	TTL	GPIO 端口 E 位 5
	AIN8	I	Analog	模数转换器输入 8
	SSI1XDAT1	I/O	TTL	SSI 模块 1 双向数据引脚 1（传统 SSI 模式中 SSI1TX）
125	PD4	I/O	TTL	GPIO 端口 D 位 4
	AIN7	I	Analog	模数转换器输入 7
	SSI1XDAT2	I/O	TTL	SSI 模块 1 双向数据引脚 2
	T3CCP0	I/O	TTL	16/32 位定时器 3 捕获/比较/PWM 0
	U2Rx	I	TTL	UART 模块 2 接收
126	PD5	I/O	TTL	GPIO 端口 D 位 5
	AIN6	I	Analog	模-数转换器输入 6
	SSI1XDAT3	I/O	TTL	SSI 模块 1 双向数据引脚 3
	T3CCP1	I/O	TTL	16/32 位定时器 3 捕获/比较/PWM 1
	U2Tx	O	TTL	UART 模块 2 发送
127	PD6	I/O	TTL	GPIO 端口 D 位 6
	AIN5	I	Analog	模-数转换器输入 5
	SSI2XDAT3	I/O	TTL	SSI 模块 2 双向数据引脚 3
	T4CCP0	I/O	TTL	16/32 位定时器 4 捕获/比较/PWM 0
	U2RTS	O	TTL	UART 模块 2 请求发送 Modem 流量控制输出线
	USB0EPEN	O	TTL	可选用于主机模式以控制外部电源对 USB 总线供电

（续）

引脚编号	引脚名	引脚类型	缓冲类型	描　　述
128	PD7	I/O	TTL	GPIO 端口 D 位 7
	AIN4	I	Analog	模-数转换器输入 4
	NMI	I	TTL	非屏蔽中断
	SSI2XDAT2	I/O	TTL	SSI 模块 2 双向数据引脚 2
	T4CCP1	I/O	TTL	16/32 位定时器 4 捕获/比较/PWM1
	U2CTS	I	TTL	UART 模块 2 清除发送 Modem 流量控制输入信号
	USB0PFLT	I	TTL	可选用于在主机模式下通过外部电源以通过该电源指示错误状态

附录 C　TM4C1294 Connected LaunchPad 评估板简介

Tiva C 系列 TM4C1294 Connected LaunchPad 评估板（EK-TM4C1294XL）是基于 ARM® Cortex™-M4F 微处理器的低成本评估平台。LaunchPad 设计集成了 TM4C1294NCPDT 的片上 10/100 以太 MAC 和 PHY、USB 2.0、休眠模块、运动控制 PWM 以及多种串行通信。LaunchPad 也设计了 2 个用户按钮、4 个用户 LED、专用的复位和唤醒按钮、面包板扩展选项和 2 个独立的 BoosterPack XL 扩展端子。

本书例程中用的端口，都是从 BoosterPack 端子接出的端口。具有关键特性的 LaunchPad 照片如图 C-1 所示。

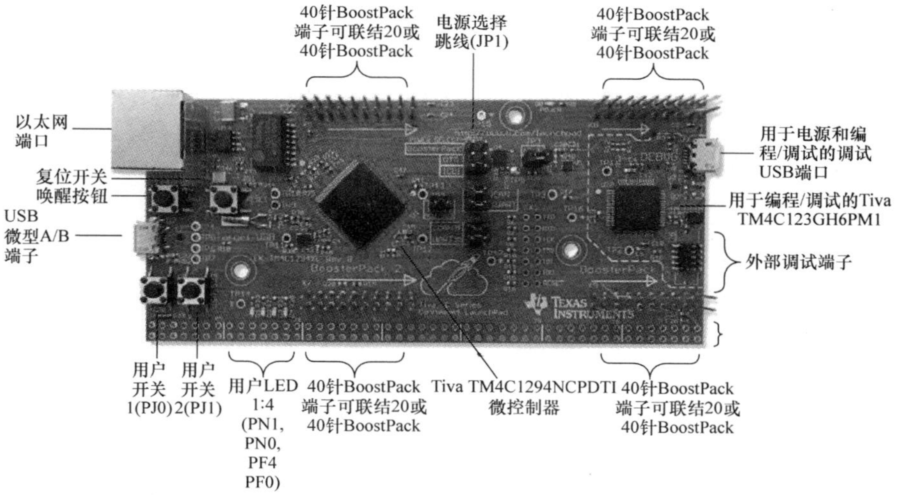

图 C-1　Tiva C 系列 Connected LaunchPad 评估板

ConnectedLaunchPad 具有 2 个完全独立的 BoosterPack XL 连接器。BoosterPack1 围绕板上 ICDI 部分，与 BoostPack 标准完全兼容，除了 GPIO 引脚 PA6（X8-16）不能提供模拟功能。PA6 靠近 BoostPack XL 连接器的内左侧底面。

I^2C 在原始 BoostPack 标准配置与升级的标准位置都有提供。I^2C 在 BoostPack 连接器的底面左侧。

为运动控制应用在内部右侧连接器提供运动控制高级 PWM 连接。BoostPack1 引脚和 GPIO 引脚见表 C-1。表中的连接器从左至右在 10 个引脚列中标示。"A"和"D"组成 BoostPack 标准引脚的外侧，"B"和"C"组成 BoostPack 标准引脚的内侧。BoostPack2 GPIO 和信号混合见表 C-2。

表 C-1　BoostPack1 GPIO 和信号混合

连接器	引脚	标准功能	GPIO	MCU 引脚
A1	1	+3.3 V		
A1	2	模拟	PE4	123
A1	3	UART RX	PC4	25
A1	4	UARTTX	PC5	24
A1	5	GPIO	PC6	23
A1	6	模拟	PE5	124
A1	7	SPI CLK	PD3	4
A1	8	GPIO	PC7	22
A1	9	I²C SCL	PB2	91
A1	10	I²C SDA	PB3	92
B1	1	+5 V		
B1	2	GND		
B1	3	模拟	PE0	15
B1	4	模拟	PE1	14
B1	5	模拟	PE2	13
B1	6	模拟	PE3	12
B1	7	模拟	PD7	128
B1	8	模拟	PA6	40
B1	9	A 输出	PM4	74
B1	10	A 输出	PM5	73
C1	1	PWM	PF1	43
C1	2	PWM	PF2	44
C1	3	PWM	PF3	45
C1	4	PWM	PG0	49
C1	5	捕获	PL4	85
C1	6	捕获	PL5	86
C1	7	GPIO	PL0	81
C1	8	GPIO	PL1	82
C1	9	GPIO	PL2	83
C1	10	GPIO	PL3	84
D1	1	GND		
D1	2	PWM	PM3	75
D1	3	GPIO	PH2	31
D1	4	GPIO	PH3	32
D1	5	复位		
D1	6	SPI MOSI	PD1	2

连接器	引脚	标准功能	GPIO	MCU 引脚
D1	7	SPI MISO	PD0	1
D1	8	GPIO	PN2	109
D1	9	GPIO	PN3	110
D1	10	GPIO	PP2	103

表 C-2　BoostPack2 GPIO 和信号混合

连接器	引脚	标准功能	GPIO	MCU 引脚
A2	1	3.3 V		
A2	2	模拟	PD2	3
A2		UART RX	PP0	118
A2	4	UARTTX	PP1	119
A2	5	GPIO （见 JP4）	PD4 PA0	125 33
A2	6	模拟 （见 JP5）	PD5 PA1	126 34
A2	7	SPI CLK	PQ0	5
A2	8	GPIO	PP4	105
A2	9	I²C SCL	PN5	112
A2	10	I²C SDA	PN4	111
B2	1	5 V		
B2	2	GND		
B2	3	模拟	PB4	121
B2	4	模拟	PB5	120
B2	5	模拟	PK0	18
B2	6	模拟	PK1	19
B2	7	模拟	PK2	20
B2	8	模拟	PK3	21
B2	9	A 输出	PA4	37
B2	10	A 输出	PA5	38
C2	1	PWM	PG1	50
C2	2	PWM	PK4	63
C2	3	PWM	PK5	62
C2	4	PWM	PM0	78
C2	5	捕获	PM1	77
C2	6	捕获	PM2	76
C2	7	GPIO	PH0	29
C2	8	GPIO	PH1	30

（续）

连接器	引脚	标准功能	GPIO	MCU 引脚
C2	9	GPIO	PK6	61
C2	10	GPIO	PK7	60
D2	1	GND		
D2	2	PWM	PM7	71
D2	3	GPIO	PP5	106
D2	4	GPIO	PA7	41
D2	5	复位		
D2	6	SPI MOSI	PQ2	11
		I^2C	PA3	36
D2	7	SPI MISO	PQ3	27
		I^2C	PA2	35
D2	8	GPIO	PP3	104
D2	9	GPIO	PQ1	6
D2	10	GPIO	PM6	72

参 考 文 献

［1］Texas Instruments. SPMS433：Tiva™TM4C1294NCPDT Microcontroller DATA SHEET. 2013.

［2］Texas Instruments. SPMU287B：Stellaris®In-Circuit Debug Interface（ICDI）and Virtual COM Port. 2013.

［3］Texas Instruments. SPMU365A：Tiva™ C Series TM4C1294 ConnectedLaunchPad Evaluation Kit EK-TM4C1294XL USER'S GUIDE. 2014.

［4］Texas Instruments. SPMU352：Tiva™ C Series Development and Evaluation Kits for Code Composer Studio™. 2013.

［5］Texas Instruments. SW-TM4C-RLN-2.1.0.12573：TivaWare™ for C Series Release Notes. 2013.

［6］Texas Instruments. SW-TM4C-DRL-UG-2.0.1.11577：TivaWare™ Peripheral Driver Library USER'S GUIDE. 2013.

［7］Texas Instruments. SW-TM4C-BOOTLDR-UG-2.0.1.11577：TivaWare™ Boot Loader USER'S GUIDE. 2013.

［8］Texas Instruments. SW-TM4C-EXAMPLES-UG-2.0.1.11577：TivaWare™ Examples USER'S GUIDE. 2013.

［9］Texas Instruments. SW-GRL-UG-1.0：TivaWare™ Graphics Library USER'S GUIDE. 2013.

［10］Texas Instruments. SW-USBL-UG-1.0：TivaWare™ USB Library USER'S GUIDE. 2013.

［11］ARM. Cortex™-M4 DevicesGeneric User Guide. 2010.

［12］叶朝辉. TM4C123 微处理器原理与实践［M］. 北京：清华大学出版社, 2014.